南方复杂构造区页岩气富集成藏与勘探实践丛书

# 中扬子高演化页岩气赋存机理与富集规律

陈孝红　罗胜元　李　海　刘　安等　著

中国地质调查局项目（DD20190558、DD20190559）、
国家科技重大专项子课题（2016ZX05034-001-002）
联合资助

科学出版社
北　京

# 内 容 简 介

中扬子地区志留系、寒武系页岩是我国南方页岩气勘探的热点层系,其特殊性在于页岩热成熟度高,且经历复杂构造演化,页岩气成藏条件较复杂。本书以非常规油气地质学理论为指导,以中扬子地区寒武系水井沱组/牛蹄塘组、奥陶系五峰组-志留系龙马溪组页岩为目的层系,系统介绍震旦系-志留系富有机质页岩形成与分布特征、页岩储层的岩石和孔隙特征、页岩气微观赋存机理、保存条件、成藏模式和富集规律。

本书可供从事页岩气勘探开发和理论研究的科研人员参考阅读。

**图书在版编目（CIP）数据**

中扬子高演化页岩气赋存机理与富集规律/陈孝红等著. —北京：科学出版社，2022.6
（南方复杂构造区页岩气富集成藏与勘探实践丛书）
ISBN 978-7-03-070939-4

Ⅰ.① 中… Ⅱ.① 陈… Ⅲ.① 扬子地块-油页岩-油气勘探
Ⅳ.① P618.130.8

中国版本图书馆 CIP 数据核字（2021）第 261853 号

责任编辑：何　念　严艺蒙/责任校对：高　嵘
责任印制：彭　超/封面设计：苏　波

科 学 出 版 社 出版
北京东黄城根北街 16 号
邮政编码：100717
http://www.sciencep.com

武汉精一佳印刷有限公司印刷
科学出版社发行　各地新华书店经销
\*
开本：787×1092　1/16
2022 年 6 月第 一 版　　印张：12 1/2
2022 年 6 月第一次印刷　　字数：293 000
**定价：158.00 元**
（如有印装质量问题，我社负责调换）

# 前　言

　　四川盆地焦石坝气田及长宁—威远志留系页岩气田的发现，极大推动了我国页岩气的发展。下寒武统页岩是我国南方重要的海相烃源岩之一，中扬子地区也是我国页岩气勘探的热点地区之一。中扬子地区寒武系页岩气总体还处于勘探早期阶段，前人的研究主要集中在利用野外露头或部分探井资料，分析页岩的矿物组分、沉积相、物性、岩石学等特征，或结合等温吸附实验测试页岩最大吸附潜力来评价页岩气资源潜力等。虽然下寒武统页岩气探井已钻超过 20 口，但大部分页岩气井产气量较低、$CH_4$ 含量低且常含 $N_2$，下寒武统页岩气勘探前景一直受到质疑。近年来，中国地质调查局在鄂西宜昌地区下寒武统水井沱组、志留系龙马溪组富有机质泥页岩布署的水平井鄂宜页 1HF 井、鄂宜页 2HF 井通过大型水力压裂后获得了高产工业气流，为鄂西地区乃至中扬子地区的页岩气勘探开发打开了一扇窗。

　　本书依托国家科技重大专项子课题"中扬子高演化页岩气赋存机理与富集规律研究"（2016ZX05034-001-002），在现有的勘探成果基础上，结合野外露头、岩心、钻井、测井、测试及地震资料的分析研究，以油气地质理论为基础，油气成藏、演化与保存为核心，指导页岩气勘探实践为目的，详细剖析获得页岩工业气流的宜昌地区，以及构造十分复杂的雪峰山地区的页岩气赋存机理、富集规律，在高演化页岩气成藏理论方面取得一系列新的成果。

　　（1）系统揭示震旦系—寒武系富有机质页岩形成与古地理、古气候和古环境变化的关系，提出古陆边缘凹陷是页岩气勘探有利区。利用稳定碳-氧同位素、全岩氧化物、微量元素等测试，揭示震旦系陡山沱组页岩形成于冰川消融、海水盐度垂直分层、海底广泛缺氧的台内或台地边缘凹陷。寒武系富有机质页岩形成于碳酸盐台地缓坡的凹陷盆地缺氧、非硫化、海水分层的还原环境，整体上受陆源硅质矿物影响较小。志留系页岩在奥陶系—志留系界线附近及志留系兰多维列统内部鲁丹阶—埃隆阶界线附近存在广泛的笔石带缺失，五峰组—龙马溪组富有机质页岩形成于隆后盆地的局限缺氧、非硫化还原环境。

　　（2）查明不同沉积-构造条件下高演化页岩气赋存机理及主控因素，建立"基底控藏型"和"断裂控藏型"页岩气富集模式。分析认为页岩沉积相带控制页岩气储层矿物组合的非均质性，进而控制页岩气储层的物性。页岩气赋存机理受构造和热演化影响，水井沱组页岩气藏是晋宁期结晶基底隔热、保整作用和基底古隆起对水井沱组页岩沉积相分异作用共同造就的基底控藏型页岩气藏。雪峰隆起及西侧鄂西褶皱带受强烈的水平挤压改造，滑脱构造发育。对冲式构造样式对页岩气成藏有利，易于形成断裂控藏型页岩气藏。

本书共 5 章：第一章介绍区域地质概况，包括区域地层与构造特征；第二章介绍富有机质页岩的形成与分布，从地层划分与对比、富有机质页岩的分布、页岩地球化学特征、古地理与古环境等方面分析震旦系陡山沱组、寒武系水井沱组、志留系龙马溪组三套层系页岩的成因；第三章介绍页岩气储层特征与页岩气赋存机理，从典型单井入手，分析三套层系页岩岩相、微观孔隙特征，进一步从页岩含气性影响因素、吸附气占比、页岩气解吸逸散、温压改变等方面阐述页岩气赋存机理；第四章以宜昌地区寒武系页岩气为例，分析页岩气成因、页岩气保存条件和富集模式；第五章以雪峰山地区寒武系页岩气为例，重点介绍区域构造特征及滑脱构造作用对页岩气藏的改造。

参与本书撰写的主要有陈孝红、罗胜元、李海、刘安、李培军、苗凤彬和白云山。其中前言由罗胜元完成；第一章由白云山撰写；第二章由陈孝红撰写；第三章第一节到第三节由李海、陈林撰写，第四节由罗胜元、刘安、李培军撰写；第四章第一、二节由罗胜元、李培军、岳勇撰写，第三节由刘安撰写；第五章第一节由苗凤彬撰写，第二节由刘安撰写，第三节由李培军、罗胜元撰写。全书由陈孝红和罗胜元统稿。中国地质调查局武汉地质调查中心能源地质室张保民、张国涛、吕嵘、李旭兵、田巍、王传尚、周鹏、王强等参与了本书相关的部分基础研究工作。

在本书相关研究过程中，中国地质调查局武汉地质调查中心领导刘同良、邢光福等自始至终给予关心和指导。重大专项课题组专家，包括中国地质调查局油气资源调查中心翟刚毅、石砥石，中国石油大学（北京）姜振学，中国地质大学（北京）郭少斌，北京大学夏遵义，西安地质调查中心李玉宏，南京地质调查中心黄正清等，对研究项目的实施给予大力的支持和协助。此外还得到中国石化江汉油田、中国石油浙江油田、延长油田、湖北省地质调查院、湖南省煤炭地质勘查院、中国地质大学（武汉）地质过程与矿产资源国家重点实验室、中国石化江汉油田分公司勘探开发研究院测试中心、中国科学院地质与地球物理研究所兰州油气资源研究中心等单位的帮助，在此一并致谢！

由于作者水平及时间有限，本书难免存在不足之处，敬请读者批评指正。

作　者

2021 年 9 月于武汉

# 目　　录

# 第一章  区域地质概况

中扬子地区位于华南中部，泛指齐岳山断裂以东、郯庐断裂以西、襄广断裂以南、江南断裂以北的地区，地理上包括湖北省大部、湖南省西北部及重庆东部、江西北部等地区，构造上处于扬子陆块中部，北部与秦岭大别造山带相邻，西接上扬子地块，东南毗邻华夏地块。中扬子地区腹地发育海陆叠合盆地，是典型的南方海相碳酸盐岩发育区。

## 第一节  区域地层特征

中扬子地区地层出露较为齐全，太古代到中新生代地层均有出露，构造复杂且样式多样。

中扬子地区具有由新太古代—早元古代变质杂岩系的结晶基底和中—新元古代变质沉积-火山岩系组成的过渡性基底，震旦纪—中三叠世的海相连续沉积盖层和晚三叠世—新生代的陆相连续沉积盖层构成的"双基双盖"结构。震旦系—中三叠统为海相沉积，早古生界自北向南具有台地稳定型碎屑岩、碳酸盐岩建造，江南斜坡类复理石或复理石建造和盆地硅质岩、碳质板岩，以及半深海碎屑岩建造的分布特征。晚古生界—中三叠统为浅海碳酸盐夹碎屑岩沉积。侏罗系—新生界，中扬子地区主体为陆相沉积，仅在长江中下游一带出现了海相地层，岩性以红色碎屑岩为主。自震旦纪以来，伴随着构造演化、海平面升降等，区域内发育了震旦系陡山沱组、寒武系牛蹄塘组/水井沱组、上奥陶统五峰组—下志留统龙马溪组、泥盆系佘田桥组、石炭系测水组、二叠系孤峰组、龙潭组、大隆组等多套富有机质页岩层系。本节仅对震旦系陡山沱组、下寒武统、志留系龙马溪组地层特征进行简单介绍。

### 一、震旦系陡山沱组

受构造演化和海平面升降等影响，中扬子及邻区震旦系陡山沱组沉积包含不同的岩石组合，隶属不同的地层分区，被命名为不同的同时异相岩石地层名称，对比见表1-1。扬子地层分区以鄂西峡东地区为代表，陡山沱组可划分为4段。

表 1-1　中扬子及邻区震旦系划分对比表

| 年代地层 | 扬子地层分区 | | | | 江南地层分区 | | | | |
|---|---|---|---|---|---|---|---|---|---|
| | 赣西修水 | 滇东 | 川西 | 鄂西峡东 | 黔东南 | 黔北梵净山 | 雪峰山 | 桂北 | 赣北皖南 |
| 震旦系 | 灯影组 | 灯影组 | 洪椿坪组 | 灯影组 | 留茶坡组 | 灯影组 | 留茶坡组 | 老堡组 | 皮园组 |
| | 陡山沱组 | 王家湾组 | 观音崖组 | 陡山沱组 | 陡山沱组 | 陡山沱组 | 陡山沱组 | 陡山沱组 | 兰田组 |

（一）陡山沱组一段（$Z_1d^1$，厚 3.28～16.7 m）

下部为灰白色、浅灰色中-厚层灰质白云岩，含砾灰质白云岩，皮壳状构造发育；中部为灰色、浅灰中-薄层泥晶灰质白云岩，水平层理发育；上部主要为浅灰-灰白色中层白云岩，间夹 2～4 cm 的燧石条带或透镜体。与下伏南沱组呈平行不整合接触。

（二）陡山沱组二段（$Z_1d^2$，厚 100.57～235.4 m）

岩性主要为黑色含碳质页岩与灰色中层（含碳）白云岩不等厚互层，富含燧石结核。与下伏陡山沱组一段呈整合接触。根据区内钻井资料，该组自下而上为：①底部灰绿色泥岩与中-薄层泥晶白云岩不等厚互层，向上过渡为黑色碳质页岩；②中部以灰色泥质白云岩、泥晶白云岩为主夹黑色页岩，黑色页岩与灰色泥晶白云岩不等厚互层，白云岩中发育滑塌构造；③上部以黑色页岩为主，夹中-厚层泥晶白云岩及灰黑色含砂屑鲕粒灰岩。

（三）陡山沱组三段（$Z_1d^3$，厚 11.8～64.73 m）

陡山沱组三段的底部以黑色薄层状、透镜状硅质条带的出现为标志。下部为藻丘发育的中-厚层含砾微晶白云岩；中部为浅灰色中层燧石条带泥-粉晶白云岩；上部为灰色极薄-薄层白云石化泥晶灰岩夹泥岩；顶部由灰色薄-中层白云石化泥晶灰岩、白云质灰岩组成，向上石灰岩单层变厚。

（四）陡山沱组四段（$Z_1d^4$，厚 1～26 m）

岩性主要为黑色碳质页岩、硅质页岩，夹硅质岩、白云岩透镜体［黄陵背斜北东翼钻井揭示为厚 20 m 的泥岩（单长安 等，2015）］；顶部发育 10 cm 厚的灰绿色泥岩。在黄陵背斜东南翼的牛坪—晓峰河一带相变为灰黑色薄层含硅质泥晶白云岩。陡山沱组四段与下伏陡山沱组三段呈整合接触。扬子地层分区中不同地层小区的陡山沱组岩石序列特征相似，仅陡山沱组四段的厚度存在显著差别。

江南地层分区和华夏地层区的陡山沱组同期异相地层分别以湘中的金家洞组和湘东南的埃岐岭组为代表。金家洞组由湖南区域地质调查队于 1980 年创建，命名剖面在溆浦县木溪金家洞，岩性主要为黑色板状页岩夹白云岩、石灰岩、硅质岩，或呈互层状，中部夹数层胶磷矿，底部偶见砂岩。金家洞组的岩石序列特征与陡山沱组相似，但深灰色碳质页岩、硅质岩的含量明显升高，并表现为由西北向东南硅质岩含量增加、白云岩含量减少的特点。埃岐岭组由黄建中等（1994）重新厘定湘东南震旦纪地层时创建，以湖南贵阳大江边剖面为层型剖面，为一套由灰绿色中-厚层石英岩屑杂砂岩与条带状板岩、硅质岩构成的韵律序列。

## 二、下寒武统

中扬子及邻区下寒武统划分对比见表 1-2。

**表 1-2　中扬子及邻区下寒武统划分对比表**

| 年代地层 | | 江南及南秦岭地层分区 | | | | | 扬子地层分区 | | | |
|---|---|---|---|---|---|---|---|---|---|---|
| | | 江西武宁 | 浙江常山 | 湖南凤凰 | 云南曲靖 | 四川峨眉 | 湖北宜昌 | 湖南张家界 | 贵州遵义 | 贵州丹寨 |
| 下寒武统 | 龙王庙阶 | 观音堂组 | 大陈岭组 | 清虚洞组 | 龙王庙组 | 龙王庙组 | 石龙洞组 | 清虚洞组 | 清虚洞组 | 清虚洞组 |
| | 沧浪铺阶 | | | 杷榔组 | 沧浪铺组 | 遇仙寺组 | 天河板组 / 石牌组 | 杷榔组 | 金顶山组 / 明心寺组 | 杷榔组 / 变马冲组 |
| | 筇竹寺阶 | 王音铺组 | 荷塘组 | 牛蹄塘组 | 筇竹寺组 | 九老洞组 | 水井沱组 | 牛蹄塘组 | 牛蹄塘组 | 牛蹄塘组 |
| | 梅树村阶 | | | | | | 岩家河组　天柱山段 | | | |
| 震旦系 | | 灯影组 | 西峰寺组 | 留茶坡组 | 灯影组 | 洪椿坪组 | 灯影组 | 留茶坡组 | 灯影组 | 留茶坡组 |

（一）岩家河组（$\epsilon_1 y$，厚 0～80 m）

岩家河组与天柱山段为同期异相沉积，相变线沿江西岩—凤凰坪一线分布。岩家河组三分性强，下部为灰色中层含泥质白云岩夹浅灰-灰绿色薄层泥岩；中部为黑色薄层硅质岩夹硅质泥岩；上部为灰黑色薄层夹中层泥-粉晶石灰岩，与深灰色中层页岩不等厚互层。岩家河组与下伏灯影组白马沱段厚层白云岩呈整合接触。

（二）天柱山段（$\epsilon_1 t$，厚 0～9.52 m）

下部为灰色薄层细晶白云岩夹薄层泥岩、硅质岩；上部为灰色中层细晶白云岩。该序列在杜家河一带可清楚见到。区域上顶部常见含胶磷矿的硅质砾屑白云岩。含小壳化石 *Cricotheca-Annabarites-Paragloborilus* 组合。天柱山段与下伏灯影组白马沱段呈整合接触。

（三）水井沱组（$\epsilon_1 s$，厚 5～286 m）

水井沱组一段（$\epsilon_1 s^1$）厚 3～86 m，下部为灰黑色薄层碳质页岩，夹多层中层"锅底"石灰岩，见较多薄层硅质岩，海绵骨针化石丰富，局部见软舌螺类化石富集层；上部深灰-灰黑色薄层钙质页岩与中-厚层石灰岩互层，含丰富的海绵骨针化石，产三叶虫 *Tsunyidiscus ziguiensis*、*Hupeidiscus orientalis*、*Hupeidiscus fongdongensis*、*Hupeidiscuslatus*、*T. xiadongensis* 等。水井沱组一段与下伏天柱山段、岩家河组呈平行不整合接触。水井沱组一段总体呈西厚东薄、南厚北薄的特点。黄陵背斜南翼：西部乔家坪至慕阳水井沱组一段厚度为 70～80 m，东部柏木坪至黄山洞一带水井沱组一段厚度一般为 20～30 m。黄陵背斜北翼：新华断裂以东的矿洞垭附近 2 km 范围内水井沱组一段厚约 50 m，但向北至保康、向南至远安急剧减薄，多数矿井仅揭示几米灰色页岩，与石牌组灰绿色页岩不易区分。反映寒武纪早期古地理格局复杂多变。

水井沱组二段（$\in_1 s^2$）厚 0～200 m，岩性为深灰色薄-中层石灰岩夹薄层泥灰岩、钙质页岩。页岩比例较低，露头上常呈陡坎地貌。

湖南张家界小区的牛蹄塘组以黑色碳质板状页岩为主，夹细砂岩及粉砂质板状页岩，底部为黑色薄层硅质岩，在张家界、吉首、古丈等地还夹有石灰岩透镜体，见有三叶虫和海绵骨针化石。其上覆和下伏地层分别为杷榔组和留茶坡组。

江南地层分区的水井沱组/牛蹄塘组同期地层称为小烟溪组，标准地点在安化烟溪，以黑色碳质板状页岩为主，在大多数地区，其上部均夹有层位和厚度不稳定的碳酸盐岩，下部夹大量黑色硅质岩、硅质碳质板状页岩。化石贫乏，除海绵骨针常见外，其他化石少见。下伏和上覆地层分别为留茶坡组和探溪组/污泥塘组。

## 三、志留系龙马溪组

受全球海平面变化影响，研究区志留纪早期地层岩性特征较为一致，均被命名为龙马溪组，其来自李四光和仲揆（1924）命名的龙马页岩，命名地点为湖北秭归东北 15 km 的龙马溪。鄂西峡东地区的龙马溪组底部以产 *Metabolograptus persculptus* 笔石带的黑色页岩出现为标志，与上奥陶统五峰组观音桥层分界，顶部以产 *Lituigraptus convolutus* 笔石带的黄绿色泥岩、页岩与罗惹坪组底部的黄绿色粉砂质泥岩夹瘤状泥灰岩区分。总体上可以分为上、下两段，下段以黑色碳质页岩、硅质页岩或粉砂岩为主，上部以黄绿、蓝灰色粉砂质页岩、水云母页岩、粉砂岩为主，偶夹泥灰岩透镜体及石英砂岩、细砂岩。

中扬子地区页岩气勘探常将奥陶系五峰组黑色页岩与龙马溪组黑色页岩统一为一套黑色页岩作为勘探目标，称为五峰—龙马溪黑色页岩。五峰组命名地点在湖北五峰土家族自治县渔洋关，岩性为黑色薄层含有机质、石英细粉砂质水云母黏土岩，夹黑色薄层硅质岩。

# 第二节　区域构造特征

## 一、构造单元划分

研究区主要横跨湖北、湖南、重庆、江西等省（市）的部分地区，面积范围较大，褶皱构造发育（图 1-1）。

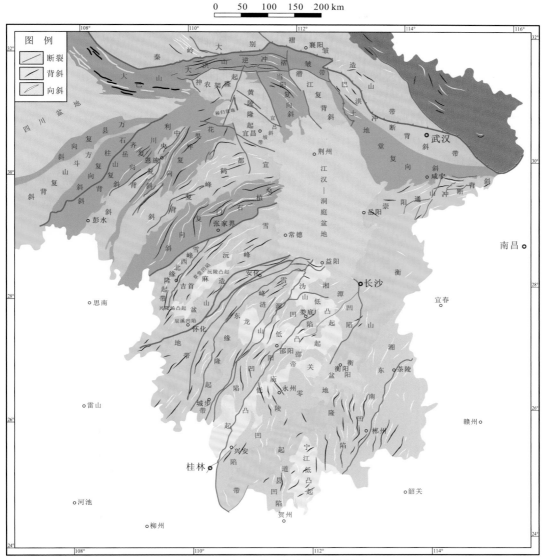

图 1-1　中扬子地区构造单元划分图

## （一）川（渝）东隔挡式褶皱带

石柱复向斜：位于鄂西南最西端，是四川盆地东缘川（渝）东隔挡式褶皱带的组成部分，其主体分布于重庆市境内，湖北省境内分布局限，核部及两翼主要由侏罗系组成，是一北北东向展布、槽部产状平缓的宽缓向斜，东与齐岳山复背斜毗邻。建南气田就位于该构造单元内。

齐岳山复背斜：东大致以齐岳山断裂为界，与鄂西褶皱带衔接，由二叠系和三叠系组成，轴向北北东，长度约为 80 km，宽度约为 5 km，为典型的梳状褶皱，南延至九股林附近变得宽缓，并呈鼻状分叉。其与石柱复向斜共同构成了川（渝）东隔挡式褶皱带在湖北省境的东延部分。

（二）湘鄂西褶断带

利川复向斜：利川复向斜介于湘鄂西隔槽式冲断褶皱带和川（渝）东隔挡式滑脱褶皱带之间，总体上呈向北西凸出、向南收敛的弧形。该构造带以震旦系底面为主滑脱面，志留系为次滑脱面，从南东向北西褶皱逐渐紧密，从隔槽式有序过渡到隔挡式，说明褶皱变形受力方向与方式有成因上的联系，褶皱过渡有序，变形十分协调。该构造带南北构造变形也存在较大差异，地层分布上，北部以二叠系和三叠系为主，局部出露志留系；南部以大片侏罗系—中三叠统为主，仅在复向斜东翼靠近中央复背斜的黄泥塘构造中见志留系分布；在构造样式上，北部褶皱紧密，构造高陡，且断层发育，局部构造数量多、规模大，呈斜列式分布，以背冲式断垒背斜为主；南部构造宽缓，总体表现为一向斜，断层和局部构造均不发育。

中央复背斜：中央复背斜东、西以恩施—黔江和建始—彭水断裂为界，出露寒武系—志留系。复背斜进一步可划分为楠木园—茶山、白果坝—彭水两个局部构造带。由于受边界大断裂影响，构造高陡，断裂发育，地表多见正断层。局部构造以褶皱背斜和断褶型背斜为主，兼有后期反转构造发育。

花果坪复向斜：花果坪复向斜位于中央复背斜和宜都—鹤峰复背斜之间。花果坪复向斜构造细分为三个次级构造单元：西北部和东南部为北东向展布的挤压隆起带；中部为相对宽缓的低幅度隆起带。花果坪复向斜走向为北东向，均被小型北东向断层复杂化，地表主要分布志留系—三叠系。依据构造展布及特征可划为西北部构造带和东南部挤压构造带，平面形态反映了区内局部构造形成时曾受到统一的逆时针方向的扭动构造力作用。中部构造相对宽缓。以南受南东方向构造力的作用较大，构造轴向呈北东方向延伸，地面少见断裂切割。局部构造类型以褶皱型背斜、压扭性背斜为主；该区断裂不甚发育，以压扭、逆及正反转断层为主，断距为 150～500 m，断裂切割层位一般为二叠系、三叠系。

宜都—鹤峰复背斜：宜都—鹤峰复背斜位于花果坪复向斜、桑植—石门复向斜及秭归盆地之间，东北边界为天阳坪断裂。地表主要分布寒武系及其以上地层，其中东山峰、长阳构造核部震旦系至冷家溪群和板溪群已暴露地表。构造展布方向从南西至北东逐渐由北东变为北东东-近东西向，总体特征表现为局部构造多、面积大、隆起幅度高。东部断裂十分发育，长度大于 10 km 的断裂有 90 余条，主要有两组断裂，其一为北东向断裂，规模大、切割深；其二为近北西向断裂，多为走滑断裂。长阳、宜都等局部构造同时受这两组断裂切割。鉴于长阳复背斜区已获得寒武系牛蹄塘组和震旦系陡山沱组页岩气的重要发现，该复背斜地表发育特征主要为以下内容。

长阳背斜：分布于清江流域东北部的杨柳池—榔坪—长阳一带，该背斜为清江流域内规模最大的构造形迹，东起宜都，向西经长阳、榔坪至杨柳池、官店口一带。全长为130 km，宽为 5～10 km。在榔坪以东，背斜轴总体为南东东向，榔坪以西转为北北东-北东向，形成向北西凸出、平面呈"S"形的弧形褶皱。核部由寒武系组成，且层序依次朝西倾没，呈尖棱状封闭，倾角为20°～30°，局部为15°。两翼由志留系—三叠系组成，倾角为30°～50°，于巫岭山—贺家坪之间，沿轴面发生扭曲，北翼陡（倾角为40°～60°）、南翼缓（倾角为30°～45°），向北斜歪。但在贺家坪—溜沙口一线，其北翼较陡，而南翼较缓，向南斜歪。总体来看，长阳背斜的形态较开阔，保存较完整，但在邻区青林口—都镇湾一带，该背斜被仙女山断裂强烈切割错断。

秭归复向斜：秭归复向斜位于扬子陆块北部，南大巴山前陆冲断褶皱带东段，北接神农架隆起，东邻黄陵隆起，南为花果坪冲断褶皱带，核部为以中生代海陆交互相-陆相沉积为主组成的沉积盆地（秭归盆地或拗陷），两翼分别由泥盆系—三叠系组成。

（三）神农架—黄陵基底隆起带

黄陵隆起：黄陵隆起位于宜昌地区西北部，其轴向为北东15°，南北长约75 km，东西宽近40 km。前南华纪变质杂岩分布于黄陵背斜的核部，主体为一套太古宙—元古宙中深变质TTG［奥长花岗质（trondhje mite）-英云闪长质（tonalite）-花岗闪长质（granodiorite）］灰色片麻岩和变质表壳岩系，后被新元古代黄陵花岗杂岩侵入，分为南、北两个区，并被南华系不整合覆盖。黄陵背斜南部的崆岭岩群（水月寺岩群）大致可分为三套岩系，下部古村坪杂岩以太古宙TTG灰色片麻岩为主，夹少量由斜长角闪岩、变粒岩构成的表壳岩系；中部小渔村岩组为一套孔兹岩系，其下段以含石墨和富铝矿物的片麻岩为主，夹云英片岩、大理岩、石英岩，上段以黑云变粒岩、浅粒岩为主；上部庙湾岩组主体为层状细粒斜长角闪岩，其间夹有少量薄层大理岩和石英岩，蛇纹石化纯橄榄岩、方辉橄榄岩、辉长岩、辉绿岩等呈独立岩片或岩块沿北西西向断续出露于庙湾岩组内。震旦系—志留系环绕黄陵结晶基底分布，近南北向的裙边褶皱是其主要的构造样式，其中中北部北东、北西向的断裂较发育。岩层向四周倾斜，东翼稍缓，倾角一般为8°～15°；西翼较陡，倾角一般为30°～40°。隆起周缘被新华断裂、仙女山断裂、天阳坪断裂、通城河断裂等不同方向的断裂环绕，近南北向的背斜东西两翼震旦系—三叠系中发育一系列花边状顺层滑脱褶皱，而南北两翼却未见发育。南侧为北西西-东西向的长阳背斜，北侧为南倒北倾的北东-东西向的弧形逆冲褶皱带，显示其处于多个不同构造线的交会部位。其中黄陵隆起东南缘构造稳定，为一倾向南东的单斜构造，称为"宜昌斜坡带"。宜昌斜坡带西北侧与黄陵隆起相连，东北以通城河断裂为界、西南以天阳坪断裂为界，面积达2 150 km²，地表被白垩系—古近系覆盖。岩层一般走向为北东向，倾向为南东向，倾角极为平缓，大多在10°以下。宜昌斜坡带是震旦系陡山沱组、寒武系牛蹄塘组、奥陶系五峰组—志留系龙马溪组三套富有机质页岩层系的有利目标区，目前该区已取得寒武系牛蹄塘组页岩气的重大突破。

神农架隆起：神农架群位于崆岭地区西北约70 km的神农架穹隆，总出露面积约为1 830 km²，地层的主要岩性为碳酸盐岩，夹多层火山岩和碎屑岩。神农架群变质作用不明显，并受新元古界马槽园群和（或）南华纪—震旦纪地层覆盖，区内未发现结晶基底岩系。神农架群地层总厚度超过12 km，从底向上由鹰窝洞组、大岩坪组、乱石沟组、大窝坑组、矿石山组、台子组、野马河组、温水河组、石槽河组、送子园组、瓦岗溪组及郑家垭组组成。神农架群被新元古界马槽园群类磨拉石建造或震旦纪地层呈角度不整合覆盖。

（四）大巴山前陆冲断褶皱带

南大巴山前陆冲断褶皱带：该带构造变形强烈，经历了多期次的逆冲扩展和强烈隆升，冲断推覆构造十分发育。元古界基底与古生界盖层的变形明显不协调，盖层发生强烈褶皱作用，形成各种褶皱样式，例如尖棱褶皱、箱状褶皱等，基底地层变形较弱，以宽缓褶皱和多个断块为特征。在马桥镇一带残留有少量上白垩统沉积，岩性主要为紫红色块状砂砾岩，其北侧角度不整合于中元古界神农架群之上，南侧受阳日断裂的控制，形成了南断北超的山间断陷盆地。

当阳复向斜：当阳复向斜位于研究区的东部，其北部以阳日断裂与大巴山—大洪山逆冲褶皱带相接，东侧以南漳—荆门断裂为界，西侧以通城河断裂与宜昌斜坡带相隔，南界以纪山寺—潜北断层为界。主体由整个海相中古生界地层与陆相中生界上三叠统—侏罗系及其上叠的白垩系—古近系凹陷组成。

（五）雪峰造山带

沅麻盆地：沅麻盆地位于雪峰造山带的中段，是叠加在雪峰造山带的一个中生代的大规模陆相盆地。盆地内可划分为"两凸两凹"4个次级构造单元，自北向南依次为草堂凹陷、沅陵凸起、兴隆场凸起、辰溪凹陷。沅麻盆地中新生代经历了强度不一的多期构造变形，形成了不同方向的褶皱和不同向、不同性质的断裂。中新生代北北东-北东向正断层、逆断层和平缓褶皱组成沅麻盆地的主体构造格架，其中盆地西部和中部大部以正断层为主，形成复杂的堑-垒构造格局；盆地东缘以多数东倾、少量西倾的逆断层为主，常伴有倒转紧闭褶皱。

江汉—洞庭盆地：江汉—洞庭盆地位于雪峰造山带的北段，是白垩纪—古近纪时期受西太平洋板块向亚洲大陆俯冲的影响发展起来的断陷-拗陷型内陆沉积盆地。江汉—洞庭盆地由澧县凹陷、临澧凹陷、太阳山（次级）隆起、安乡凹陷、赤山（次级）隆起、沅江凹陷等次级构造单元组成。盆地中新生界主要岩性为淡水滨湖-浅湖-半深湖碎屑岩及少量蒸发岩。

（六）湘中拗陷

湘中拗陷位于华南褶皱系北部，西邻雪峰隆起，北靠沩山隆起，南接桂中拗陷，东邻衡山隆起，是以下古生界变质岩系为基底发展起来的一个以晚古生代—中三叠世的碳酸盐岩为主夹碎屑岩的准地台型沉积拗陷区。湘中拗陷可进一步划分为涟源凹陷、龙山低凸起、邵阳凹陷、关帝庙低凸起和零陵凹陷5个二级构造单元。

## 二、主要断裂构造

中扬子地区发育不同时期、不同规模、不同方向、有规律的网络状断裂构造（图1-2）。

在长期的地质发展过程中，这些断裂随时间、空间和构造运动方式的变化，引起不同方式的相对升降和离合。一些重要的断裂构成了次级构造单元的划分边界，并对区域构造样式具明显控制作用，对页岩气的保存也具有重要意义，同时也深刻影响了中扬子地区的地貌特征，制约页岩气勘探开发。区内重要的断裂简述如下。

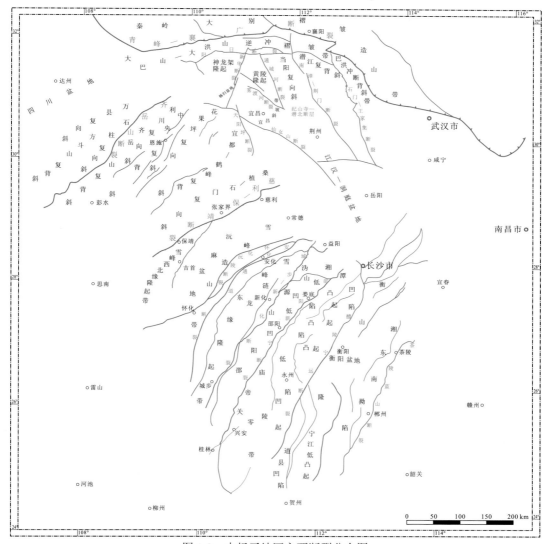

图 1-2 中扬子地区主要断裂分布图

（一）阳日断裂

阳日断裂位于南大巴山东段，属分割扬子板块内二级构造单元。为南大巴山前陆冲断褶皱带和扬子台地褶皱区的边界断裂。阳日断裂北部为南大巴山前陆冲断褶皱带，发育叠瓦断层带和断层相关褶皱等构造变形，南部地层产状平缓，以正常褶皱为主，仅邻近断裂受其影响发生强烈的褶曲变形。阳日断裂呈近东西向展布，西起巫溪徐家坝，经房县九道，神农架松柏、阳日，至保康马桥，在马桥镇被北北东向新华断裂截切，以新华断裂为界，阳日断裂西侧的挤压及变形强度均显著大于东侧。

（二）新华断裂

新华断裂呈北北东向，因通过兴山县新华得名。新华断裂北切阳日断裂抵青峰—襄广断裂，向南经秭归、长阳背斜北北东向转折处，经中营与来凤断裂相接，构成长达360 km的北北东向断裂带。新华断裂为一条较宽的、时断时续呈雁行排列的断裂。北段连续性好，断裂切割神农架群、震旦系—侏罗系，表明该断裂形成于燕山期。该断裂具压剪性质，两侧岩层挤压破碎。该断裂西倾、西盘向南斜冲，马桥附近两侧水平断距约为4 km。

（三）通城河断裂

通城河断裂北起神农架隆起南翼的后坪，总体呈北北西向展布，舒缓波状延伸。向南经马良坪、通城河、回马坡、曹家河后，于远安王家桥西被白垩系掩盖。经地球物理资料综合解释，通城河断裂可继续向南延伸，并在江口附近被问安寺断层所截，全长大于150 km。在马良坪向南至杨家堂（长65 km）地段，断裂常分支合并，以宽约3 km的断裂带出现。通城河断裂为一条切穿基底的深大断裂。其力学性质大致与南漳—荆门断裂的演化过程相似，具有早期压扭、中期张扭（形成并控制远安地堑的发育）、晚期压扭的特征，为当阳滑脱褶皱带的西部边界断裂。

（四）南漳—荆门断裂

南漳—荆门断裂为一组由北北西向断层组成的复杂断裂带，北段横截扬子台缘断褶带，是当阳复向斜西侧边缘的控制断裂。地震资料显示，该断裂可南延至五里铺、拾回桥附近，长度约为170 km，断面倾向东。南漳—荆门断裂系多期复合断裂，白垩纪前具压扭性质，白垩纪—古近纪经历断裂张性陷落的同沉积发展阶段，后期转右行压扭阶段。

（五）雾渡河断裂

雾渡河断裂沿雾渡河—当阳一线横切黄陵隆起，并延伸进入江汉—洞庭盆地，总长度约为560 km，为扬子地台内部规模宏大的基底断裂。动力变质作用明显，两侧的变质程度、混合岩化和岩浆岩的发育程度有明显的区别。扬子期的花岗岩和基性岩体沿该断裂分布的现象，表明雾渡河断裂在前南华纪的强烈活动性。中新生代复活现象明显，清楚切割盖层构造。该断裂具多期活动特征，主体于区外切入黄陵基底区，具韧性剪切特征，断裂两侧区域性片理走向异同，常见红色花岗质脉体顺围岩片理分布，说明断裂至少形成于新元古代中期。

（六）天阳坪断裂

天阳坪断裂位于长阳背斜的北翼，经红花套、高家堰，北西端被仙女山断裂截断，红花套以东被第四系覆盖，地面出露长达 60 余千米，区内长度约为 40 km，呈北西西向延伸。根据地球物理勘探和地震资料推断，断裂具剩余重力异常，红花套以东转为隐伏断裂，继续向南东方向延长，经老城、公安、监利一带，长江及其曲流段总体沿断裂延展，为一条区域性大断裂。

### （七）仙女山断裂

仙女山断裂北起秭归县荒口坪，斜切长阳背斜，南至五峰土家族自治县渔洋关，长近百千米，区内长度约为 60 km，呈北北西向展布。仙女山断裂的断面倾向南西，是一条力学性质极为复杂的断裂，具多期活动性，早期具有顺扭剪切型特点，白垩纪初期表现为张扭性断裂，晚期力学性质发生改变，表现为压扭性断裂，古近纪之后，表现出较强的活动性。沿断裂两侧地貌景观、水系特征和河流阶地性质有明显差异。

### （八）齐岳山断裂

齐岳山断裂为一北北东向的断褶带，北延巫山，南抵娄山，构成四川盆地的东界，区内长度约为 50 km。断面总体倾向北西。断裂在印支—燕山期强烈活动，明显切割盖层褶皱，沿齐岳山背斜轴部发育，并造成局部二叠系的缺失。该断裂中、新生代的活动特征及力学性质转化与建始—恩施断裂和咸丰断裂相似，整体呈压剪性质。

### （九）慈利—保靖断裂

慈利—保靖断裂总体呈北东或北北东向展布，从花垣呈北东向经保靖、青天坪、张家界、慈利向东潜没于江汉—洞庭盆地之下。慈利—保靖断裂发育于加里东期与印支期褶皱前锋带的西北侧，断裂作用始于燕山早期。慈利—保靖断裂带不是一条简单的推覆构造带，而是一条结构、构造极为复杂，包括花状构造、反冲构造及叠瓦式构造的组合，遭受了两度推覆一度走滑的作用，经历了加里东—燕山—喜山三期构造运动的复性断裂带。

### （十）城步—新化断裂

城步—新化断裂总体呈北东向展布，北起桃江，往南西经邵阳，城步至广西融江，长度约为 400 km。在桃江板溪、新邵大乘山、城步苗儿山等隆起区，地表形迹清晰，表现为倾向北西、倾角为 60°～80°、东盘强烈上升的正断层，以挤压变形为主，兼具剪切、拉张变形特征；在涟源、邵阳等凹陷内，地表形迹不明显，呈隐伏状。城步—新化断裂活动时限为加里东—燕山期，早期北东向城步—新化断裂为加里东地槽的南北边界断裂，西侧沉积有巨厚的类复理石建造，东侧为剥蚀区；海西期区内整体下降，泥盆系广泛超覆，断裂西盘下降幅度大，形成断陷式台盆，东侧为台地相，沉积厚度和沉积相有明显差异；印支—燕山期为涟源凹陷盖层变形的控制边界断裂，西侧为紧密线状褶皱叠瓦扇冲断构造区，东侧为侏罗山式褶皱推覆构造区。

# 第二章　富有机质页岩的形成、分布与成因

## 第一节　震旦系陡山沱组页岩

### 一、地层划分与对比

#### （一）鄂西宜昌地区

宜昌地区是我国震旦系标准剖面所在地。该地震旦系出露广泛，分布稳定。陈孝红等（2015）基于宜昌黄陵隆起东翼和西翼沉积相的差异和震旦系碳同位素研究程度的不同，在黄陵穹窿不同古地理部位分别选取剖面连续、露头新鲜，碳酸盐岩相对发育、相关地层学（岩石地层、生物地层和层序地层）研究程度高的剖面进行了精细的碳同位素地层划分与对比研究。在宜昌地区陡山沱组识别出 5 次碳同位素负异常或区域变化旋回，碳同位素最为明显的第一次、第二次负偏离（SN1 和 SN4）形成分别与马林诺（Marinoan）冰期和新元古代噶斯奇厄斯（Gaskier）冰期的结束紧密相关，具有重要的年代地层划分意义。在此基础上，陈孝红等（2015）提出了震旦系两统四分的年代地层单位划分方案，推测与宜昌地区震旦系台地-台地边缘礁滩相带灯影组下部相当的地层，在盆地边缘斜坡—盆地相带被前人划归为陡山沱组第三段和第四段。

#### （二）鄂西北神农架—樟村坪地区

扬子北缘神农架—樟村坪地区震旦系大致以宋洛为界分为东西两个沉积相区，西部震旦系陡山沱组以神农架兴山红花剖面为代表。该区陡山沱组底部为薄层细晶白云岩，以紫红色粉砂岩、砂岩夹薄层白云岩为特点，为潮坪相沉积。上覆灯影组下部为角砾状白云岩，向上相变为白云岩、黑色碳质页岩，沉积序列与宜昌西部同期地层相似，具有潟湖相的沉积特点。陡山沱组上部白云岩碳同位素测试结果显示，$\delta^{13}C$ 自下而上有由负转正再转向负的变化趋势，证明陡山沱组中上部存在两次碳同位素负偏离，与鄂西峡东陡山沱组—灯影组下部的碳同位素组成特点相似，彼此可以对比。

神农架东部在武山和东蒿坪一带陡山沱组表现为黑色碳质泥岩夹泥质白云岩或粉砂岩，中下部发育多层火山凝灰岩，上部以白云岩为主，是区内下磷矿层的主要含矿层位。南部樟村坪一带的陡山沱组与东蒿坪一带陡山沱组的特征相似，由含磷碎屑岩-白云岩两个沉积层序组成，上部含磷岩系中发育指示冷水环境的六水方解石，暗示上部沉积

时气候变冷。碳同位素样品测试结果显示陡山沱组底部白云岩的 $\delta^{13}C$ 具有明显的负偏离特征，最小 $\delta^{13}C$ 达到-1.88‰（图 2-1）。下部旋回中上部白云岩的 $\delta^{13}C$ 自下而上由正转负。最小 $\delta^{13}C$ 出现在上磷矿层底部，达到-7‰，此后随海平面升高而升高至 5‰附近。碳同位素组成特点与宜昌地区陡山沱组一致，证明当时海水环境相似，为潮下带上部。

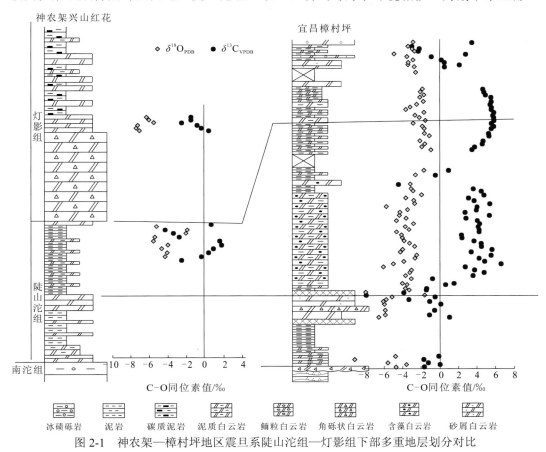

图 2-1　神农架—樟村坪地区震旦系陡山沱组—灯影组下部多重地层划分对比

VPDB（Vienna Pee Dee belemnite）为维也纳 Pee Dee 组箭石标准

## （三）湘西北慈利—大庸地区

湘西北慈利溪口剖面沿公路连续出露，大庸田坪剖面沿小溪出露，两个剖面的露头良好，层序清楚。碳同位素组成和层序地层特点与宜昌樟村坪地区陡山沱组相似，可以划分为两个海平面旋回（图 2-2）。

第一个海平面旋回的底界面为陡山沱组底部灰色厚-中层细-粉晶白云岩与下伏南华系南沱组冰碛砾岩形成的岩性转换面。在慈利溪口剖面上，该层序的海进体系域（transgressive system tract，TST）自下而上由灰色厚-中层细-粉晶白云岩、灰色薄层含泥质白云岩，含碳质泥质白云岩、中层夹薄层微晶石灰岩组成，高水位体系域（high system tract，HST）由向上变厚的碳质、泥质白云岩，含硅质结核白云岩组成，具有局限台地

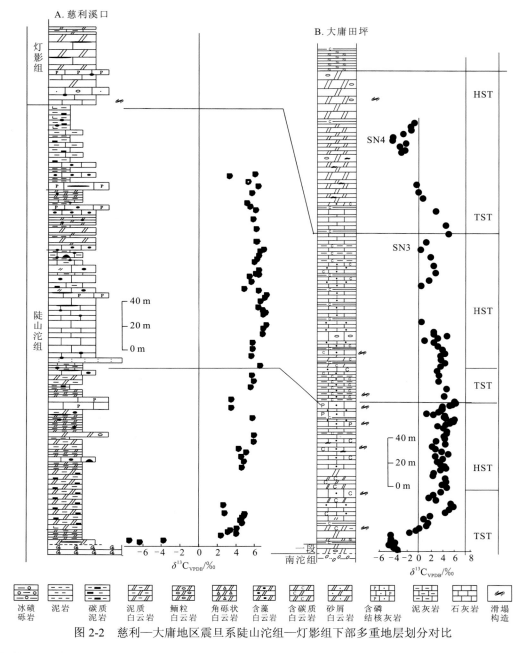

图 2-2　慈利—大庸地区震旦系陡山沱组—灯影组下部多重地层划分对比

相的沉积特点。与此对应地层中碳同位素组成在盖帽白云岩下部表现为明显的负异常，盖帽白云岩上部和陡山沱组二段下部表现为碳同位素向上稳步升高的特点，$\delta^{13}C$ 从 0‰ 附近向上升高至 4.933‰（图 2-2）。往南至大庸田坪一带，陡山沱组的底界面和海进沉积特征与慈利溪口剖面相似，但厚度明显变小，且高位沉积相变为砂屑、砾屑灰岩，并伴有少量滑塌沉积，具有台地边缘相的沉积特点。

　　第二个海平面变化旋回的海进沉积，在慈利溪口剖面自下而上表现为中-厚层含磷质灰岩、中层微晶石灰岩和黑色中层含泥质灰岩夹黑色极薄-薄层含碳质钙质泥岩。高水位体系域由中-厚层微晶石灰岩、白云质灰岩、白云岩和泥质白云岩组成，表现为开阔台地相沉积。该层的碳同位素组成稳定，除在层序底部存在轻微振荡、不明显的碳同位素负偏离外，总体上延续了前一个海平面变化旋回高位沉积时的碳同位素的组成特点，$\delta^{13}C$保持在 5‰左右的高值。同期地层在大庸田坪剖面上，下半部至少发育 7 层伴有滑塌角砾岩出现的滑塌变形层，指示当时田坪处于一个台地边缘斜坡的古地理位置。上部为碳质砂屑灰岩夹（互）黑色薄层碳质页岩，具深水陆棚沉积的特点。与慈利溪口相比，田坪陡山沱组的岩性和岩相不同，但碳同位素组成变化特点相似，彼此可以对比（图 2-2）。

（四）湘西常德—沅陵地区

在常德理公港、沅陵岩屋潭剖面与震旦系陡山沱组相当层位的地层被命名为金家洞组，湘西常德理公港叶溪峪震旦系上部产有重要的碳质印模化石群——武陵山生物群（陈孝红和汪啸风，1998）。该剖面上与鄂西峡东震旦系陡山沱组相当层位碳酸盐岩样品的$\delta^{13}C$，除下部个别样品$\delta^{13}C$为正外，其他样品则随所处地层位置自下而上逐步降低，在下部碳酸盐岩层顶部出现最小$\delta^{13}C$，金家洞组中部稳定碳同位素组成总体上表现为一次强烈的负偏离（图 2-3），与大庸田坪陡山沱组及沅陵岩屋潭金家洞组上部同期地层碳酸

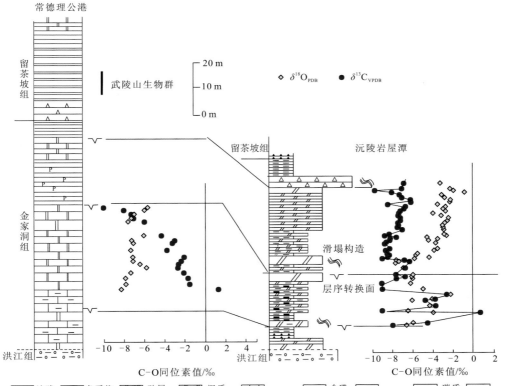

图 2-3　常德—沅陵地区震旦系金家洞组—留茶坡组下部多重地层划分对比

PDB（Pee Dee belemnite）为 Pee Dee 组箭石标准

盐岩 $\delta^{13}C$ 组成的垂向变化特点一致。沅陵岩屋潭剖面上虽然也只有个别 $\delta^{13}C$ 为正，$\delta^{13}C$ 同样具有随地层变新而逐步下降的趋势。值得注意的是，沅陵岩屋潭金家洞组 $\delta^{13}C$ 的下降可以细分为两次碳同位素负偏离的地层间隔和夹持其中一段 $\delta^{13}C$ 相对稳定的地层间隔，与宜昌地区震旦系陡山沱组斜坡相区碳酸盐岩碳同位素组成的变化特征一致，反映金家洞组上部白云岩同样可能与礁滩相的灯影组下部对比。因此，常德理公港同期含磷地层，应与石门杨家坪灯影组底部磷矿层位相当。

湘西地区震旦系金家洞组出现异常低的 $\delta^{13}C$，推测是海洋分层、碳同位素组成随海水深度变化存在明显的分层。沅陵岩屋潭震旦系金家洞组白云岩的野外调查发现，剖面下部黑色页岩、硅质岩相间的白云岩或具有滑塌构造，或为纹层状白云岩，指示它们或为外来体，或形成于低能环境。金家洞组上部白云岩由于普遍发育槽状交错层理，推测它们的水深在正常风暴浪基面附近（Vernhet et al.，2007），水体并没有想象中的那么深。若以白云岩与黑色页岩的岩性转换面为层序界面，并将黑色碳质页岩中白云岩滑塌层视为海平面下降之后低水位时期的产物，则可以在沅陵岩屋潭震旦系金家洞组内部识别出能与鄂西峡东陡山沱组对比的两个层序（图 2-3）。其中第一个层序的底界面为盖帽白云岩与冰碛砾岩之间的岩性转换面，第二个层序的底界面为斜坡重力流冲刷侵蚀面，发育有由具有滑塌变形构造的白云岩组成的低水位体系域。沅陵岩屋潭的这种层序地层划分结果能够很好地在常德理公港剖面上得到反映，只是在常德理公港剖面上，第一个层序相变为白云岩，而含磷页岩则出现在第二个层序中，与沅陵岩屋潭的情况相反，证明冰川事件结束之后湘西地区的地形并非平坦，但也不像中寒武统—中奥陶统那样一开始就是台地边缘斜坡。

## 二、页岩的地层分布与成因

跨越中扬子北缘神农架、武山、宜昌樟村坪、秭归、湘西、湘西北地区的早震旦世地层格架，中扬子地区早震旦世地层的厚度自北向南大致可划分为厚度不等的三个区域，分别为北部鄂西北神农架地区、中部鄂西湘西北地区和南部湘西地区（图 2-4）。结合每一个地区的沉积相特点，上述三个地区大致与局限台地、开阔台地和深水陆棚对应。由于每一个沉积相之间的厚度存在明显差异，每一个沉积相的边界可能由同沉积断裂分开。在同沉积断裂两侧水体相对较深，水流不畅，有利于富有机质页岩的沉积。

在秭归青林口剖面上，陡山沱组页岩主要分布在陡山沱组二段中下部。该段地层总有机碳量（total organic carbon，TOC）为 0.48%~4.42%，平均为 2.65%，主要集中在 2%~4%，其中 TOC 大于 1.0% 的样品占总数的 88%（陈孝红 等，2016）（图 2-5）。该剖面页岩相对较纯，化学蚀变指数（chemical index of alteration，CIA）分布较为规则，第一次碳同位素正异常（EP1）和第二次碳同位素负异常（EN2）对应地层的 CIA<65，两次碳同位素组成的异常变化与寒冷潮湿的气候对应。页岩中钒（V）和镍（Ni）的富集系数（ $V_{ef}$ 和 $Ni_{ef}$ ）均大于 1，表现为富集的特点，相比之下，Ni 的富集程度更为明显，局部层段的 Ni 的富集系数大于 3，表现出明显富集的特点。局部层段较高的 Ni 的富集系数

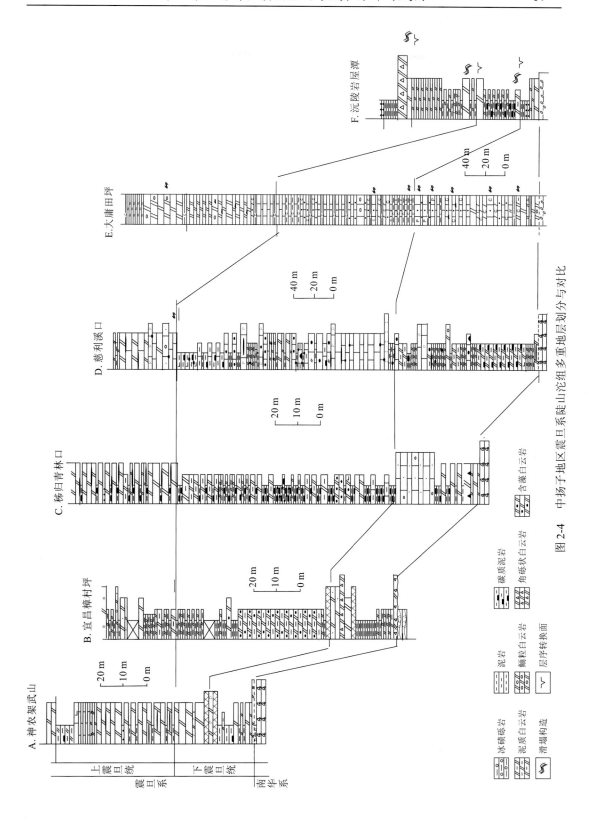

图 2-4　中扬子地区震旦系陡山沱组多重地层划分与对比

与自生镍（Ni$_{xs}$）的出现相关，显示局部地区 Ni 的富集与偶然的生物事件相关。但从 Ni$_{xs}$ 分布零星、自生钼（Mo$_{xs}$）分布连续来看，底流活动可能是页岩中有机质的主要来源。Ni 和 V 同步富集，显示青林口为缺氧环境，但从 V/(V+Ni)普遍小于 0.6 来看，青林口地区的缺氧可能不是海洋表层生物繁盛、生物活动和有机质分解耗氧的结果，而应该与寒冷时期海水分层有关。

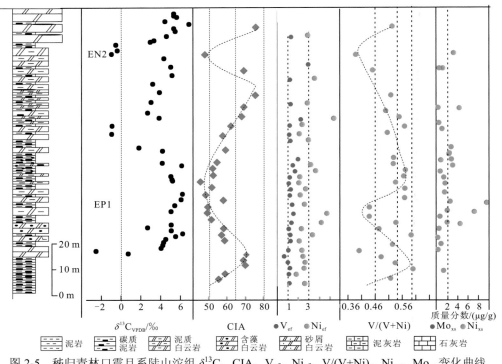

图 2-5　秭归青林口震旦系陡山沱组 $\delta^{13}$C、CIA、V$_{ef}$、Ni$_{ef}$、V/(V+Ni)、Ni$_{xs}$、Mo$_{xs}$ 变化曲线

# 第二节　寒武系水井沱组页岩

在南方寒武系页岩气勘探中，"牛蹄塘组黑色页岩"似乎成为寒武系含气页岩的代名词，被寒武系页岩气基础地质调查和勘探开发工作者广泛运用。实际上黔北—湘西北地区的牛蹄塘组与川西渝东地区的筇竹寺组、中扬子地区的水井沱组及湘中地区的小烟溪组满足岩石地层单位组的条件，即野外宏观岩类或岩石组合相同、结构类似、颜色相近，呈现整体岩性和变质程度特征一致、空间上有一定延展性，并能据以填图的地层体，但上述各岩石地层单位中段的形成环境和区域变质程度不同，下段和上段岩性、岩相并不一致，不能作为一个岩石地层单位组对待。本书仍然维持牛蹄塘组、水井沱组和小烟溪组原始含义，但对其分布范围进行了修订。水井沱组仅限于中扬子地台内部凹陷盆地区，小烟溪组仅限于华南盆地，其他地区统称为牛蹄塘组。

# 一、地层划分与对比

## （一）湘西北地区

湘西北地区寒武系富有机质页岩分布在牛蹄塘组。牛蹄塘组由刘之远（1947）命名的"牛蹄塘页岩"演变而来，创名地点在贵州省遵义市牛蹄塘，选型剖面位于贵州省金沙县岩孔，由下部黑色碳质页岩、中上部黑色碳质页岩夹灰绿色砂质页岩和钙质页岩组成。牛蹄塘组整合伏于灯影组之上，覆于明心寺组之下。杨瑞东等（2004）对黔北牛蹄塘组岩石组合进行系统研究，牛蹄塘组下部黑色页岩大致可以划分为6个小层，自下而上分述如下。

第Ⅰ层：底部黑色粗-细晶碳酸盐岩，风化后呈黄褐色，岩石坚硬，含有大量的方解石，很少含化石，与下伏的磷质岩呈整合接触。碳酸盐岩具有显著的碳同位素负异常，可能属于热水成因的碳酸盐岩。厚1.5 m。

第Ⅱ层：黑色碳质泥岩段，具有较少的水平层理，含有大量的高肌虫化石和海绵动物化石碎片，黄铁矿少。岩石呈黑色是含有大量的碳质，而不是由硫化物造成的。这段地层沉积时环境缺氧不严重，海洋中生活高肌虫动物和海绵动物。厚2.0 m。

第Ⅲ层：黑色含黄铁矿粉砂质泥岩段，含大量的微细粒星散状黄铁矿，局部富集成黄铁矿结核体，具球状风化。岩石坚硬致密，不含生物化石，水平纹理不发育。这段地层沉积时环境严重缺氧，属强还原环境，该地层也可能是海底热液喷流作用形成的产物。厚1.5 m。

第Ⅳ层：黑色页岩层段，具有少量的水平纹理，不含化石。厚3.0 m。

第Ⅴ层：黑色泥岩段，水平纹理较发育，含有微细粒星散状黄铁矿，含少量的海绵骨针、完整海绵动物化石和高肌虫化石。厚3.0 m。

第Ⅵ层：深灰色泥岩段，夹风化后的灰白色泥岩，含大量的生物化石，有三叶虫、完整海绵动物、海绵骨针、藻类、簇状生长的软舌螺类、单板类、高肌虫动物、类苔藓动物、蠕虫动物，还有呈碳质薄膜状、印模状分类位置难以确定的盘状化石。表明海洋环境含氧条件明显改善，大量的动物和藻类繁盛。

郑昊林等（2014）详细研究了贵州金沙岩孔剖面牛蹄塘组的三叶虫，自下而上划分出 *Tsunyidiscus armatus* 延限带和 *Tsunyidiscus niutitangensis* 顶峰带。其中 *Tsunyidiscus niutitangensis* 顶峰带最初出现的位置与 *Tsunyidiscus armatus* 延限带接近，结合牛蹄塘组与灯影组之间呈平行不整合接触，牛蹄塘组 *T.armatus* 最低层位出现在距牛蹄塘组底界5.5 m处，Ni-Mo矿层之上0.3 m处（杨兴莲等，2005），推测贵州地区牛蹄塘组的底界与鄂西峡东水井沱组的底界位置大致可以对比，属于南皋阶。根据周明忠等（2008）对遵义松林地区下寒武统牛蹄塘组底部凝灰岩中的锆石斑晶进行U-Pb测年，结果显示凝灰岩的就位年龄为（518±5）Ma[平均标准权重偏差（mean squared weighted deviation，MSWD）为0.37]，明显高于寒武系底界年龄，而与国际上推测的黔东统底界年龄（521Ma）接近。

## （二）鄂西地区

鄂西地区寒武系富有机质页岩分布在水井沱组。水井沱组最早是由张文堂等（1957）从原石牌页岩（李四光和仲揆，1924）下部划分出来的一个岩石地层单位。最初的水井沱组包括底部黑色页岩夹薄层石灰岩，中部黄绿色砂质页岩，顶部薄层砂岩及铁质鲕粒灰岩。湖北省地质局三峡地层研究组（1978）修改"水井沱组"定义，将其上限下移至"水井沱组"下部灰黑色或黑色页岩夹黑色薄层石灰岩的上界，这样该组层型剖面在宜昌石牌村水井沱处，厚度仅为 24 m。之后，陈平（1984）在宜昌岩家河灯影组与水井沱组含"锅底"石灰岩的黑色页岩之下发现一套碳质灰岩夹硅质岩、碳质页岩，产小壳化石的地层，并将其命名为"岩家河组"。湖北省地质矿产局（1996）将鄂西峡东水井沱组与岩家河组合并，并沿用贵州的牛蹄塘组取代水井沱组。合并后的水井沱组虽然在时代跨度上与牛蹄塘组接近，但鄂西峡东地区合并之后的水井沱组与标准的牛蹄塘组的下部、上部岩性差别明显，不宜作为一个岩石地层单位。另外，岩家河组成因特别，生物和岩性特征独特，没有与水井沱组合并的必要。因此，本书维持湖北省地质局三峡地层研究组（1978）、陈平（1984）关于岩家河组和水井沱组的定义，但推测水井沱组的分布范围有限，仅分布在宜昌、秭归和长阳等地。根据张磊（2014）对秭归乔家坪剖面牛蹄塘组下段的进一步研究，可将水井沱组下段黑色页岩归并为 6 个小层，自下而上分述如下。

第 I 层：黑色硅质页岩夹石灰岩结核。该层底部为黑色薄层含碳质、粉砂质页岩，偶见一层厚仅数厘米的薄层黑色含磷结核碳质页岩，富含多金属矿物。往上为薄-厚层黑色硅质页岩夹石灰岩结核，下部石灰岩夹层较多，结核个体大，形状多为透镜体状，长轴直径为 1.5～2.0 m，再往上石灰岩减少，黑色硅质页岩逐渐增加。上部石灰岩结核中可见较为丰富的海绵动物及海绵骨针化石，岩石表面可见丰富的化石碎屑。厚 10～20 m。

第 II 层：以中-厚层至巨厚层钙质硅质页岩为主，下部夹薄层黑色页岩。局部可见自下而上由中层黑色硅质泥岩和含粉砂质、碳质组成的韵律。厚 1.6～1.7 m。

第 III 层：以中-薄层硅质页岩为主，可见大量的高肌虫化石，局部地区可见三叶虫化石及碎片和海绵骨针化石。厚 3～5 m。

第 IV 层：以大套的厚层钙质硅质页岩夹薄层黑色硅质页岩为主，局部可见石灰岩结核、结核状黄铁矿和燧石条带。下部和上部可见大量的高肌虫化石等。中部完整化石较少，化石碎屑丰富。在滚子坳到乔家坪一带，此层厚度相对较薄，石灰岩夹层较少。厚 12～18 m。

第 V 层：以富碳质的薄层-极薄层碳质泥岩为主。下部以中-薄层钙质页岩为主，可见少量石灰岩结核。上部以薄层黑色碳质页岩为主，偶夹少量中层黑色硅质页岩。该层为石煤的主要产段。不同地区厚度不一，一般为 3～9 m，乔家坪地区厚度为 4 m 左右，罗家村地区厚度为 9 m 左右。

第 VI 层：以黑色中-厚层石灰岩和黑色薄层含粉砂质碳质页岩互层为特征。石灰岩厚度约为 40 cm，水平纹层发育，质地坚硬。向上间夹灰黄色薄-极薄层含粉砂质泥岩，或呈不等厚韵律性互层叠置，水平层理十分发育。中上部为灰黑色极薄层钙质泥岩与黄灰色极薄层含粉砂质泥岩呈韵律性向上叠置。厚 12～20 m。

（三）湘西地区

湘西地区寒武系富有机质页岩主要分布在小烟溪组。小烟溪组系王超翔和边效曾（1948）以安化烟溪剖面为层型命名的"小烟溪黑色板岩"演变而来。底部碳质板岩普遍含铀、钒等多金属矿，下部主要为硅质岩、硅质碳质板岩夹石煤层及结核状磷矿，上部为黑色碳质板岩。小烟溪组伏于污泥塘组碳质泥岩、石灰岩之下，覆于留茶坡组纹层状硅质岩之上。显然小烟溪组的岩性和岩石组合，特别是变质程度与标准的牛蹄塘组不一致，应该予以保留。

小烟溪组中的化石稀少，仅在湖南新化留茶坡组厚层硅质岩中发现管状动物化石，从其个体大小、结构特征分析，与同期层位的陕西宁强高家山生物群、鄂西峡东灯影组管状化石对比，留茶坡组厚层硅质岩归属震旦系。由于小烟溪组与留茶坡组呈整合接触，留茶坡组上部薄层硅质岩应与寒武系底部纽芬兰统对比，含磷硅质岩之上，石煤层出现位置大致与牛蹄塘组底部多金属层位对比，为南皋阶下部。

## 二、页岩的地层分布与成因

（一）鄂西宜昌鄂宜地 2 井水井沱组

鄂宜地 2 井水井沱组页岩的 TOC>1%的层段对应井深为 1687～1730 m，厚 53 m，TOC 变化于 1.06%～5.98%，平均为 3.14%。在该段地层中，V/(V+Ni)自下而上经历了从大变小 4 个旋回，证明水井沱组页岩可能经历了 4 次氧化还原的环境变化（图 2-6）。第一次发生在水井沱组底部，相当于宜地 2 井 1725～1730 m，V/(V+Ni)从 0.84 下降到 0.56，证明沉积环境从缺氧的强还原环境逐步转化为贫氧的弱氧化还原环境。此后至 1719 m V/(V+Ni)再迅速上升至 0.88 后振荡下降，在 1700 m 附近达到 0.65，证明该段地层一直处于缺氧的强还原环境。此后 V/(V+Ni)又轻微上升，但幅度不大，主要在 0.7 附近振荡，证明宜昌地区寒武系水井沱组页岩主要形成于缺氧的强还原环境之中。

从鄂宜地 2 井 V 和 Ni 的富集特征来看，仅在 1723～1718 m 井段存在 V、Ni 的同步富集，且 V 具有更明显的富集特征，指示该段地层应沉积于硫化分层的强还原环境（胡亚和陈孝红，2017；Tribovillard et al.，2006；Rimmer，2004；Hatch and Leventhal，1992）。但其他层段的 V、Ni 均表现为一定的亏损。从鄂宜地 2 井 $Ni_{xs}$ 和 $Mo_{xs}$ 含量的变化来看，从水井沱组底部井深 1730 m 向上至 1725 m 达到最大值，之后振荡下降，至井深 1687 m 附近，$Ni_{xs}$、$Mo_{xs}$ 消失，证明海洋表层生物生产力水平和海水中有机质通量对有机质的富集保存均具有重要作用。从 V、Ni 的富集特征上看，除 1723～1718 m 井段页岩环境的缺氧与生物繁盛有关外，其他层段应与海水分层有关，是海水分层造成海底缺氧，有利于有机质的埋藏。

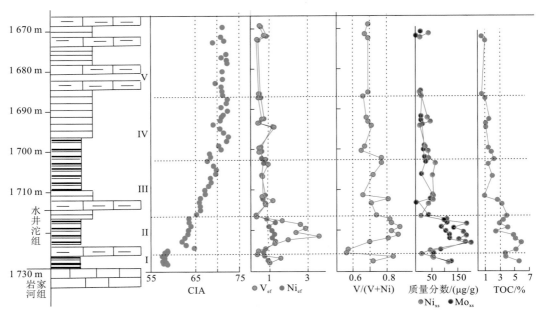

图 2-6　鄂宜地 2 井水井沱组页岩 CIA、$V_{ef}$、$Ni_{ef}$、V/(V+Ni)、$Ni_{xs}$、$Mo_{xs}$、TOC 变化曲线

### （二）湘西北地区牛蹄塘组

中扬子地区的牛蹄塘组主要分布在鄂西和湘西北地区。以张家界慈利湘张地 1 井为代表介绍如下。

湘张地 1 井位于张家界市沅古坪镇尹家巷。对井深为 1770～1997.9 m 的牛蹄塘组 29 件页岩样品进行了全岩氧化物和微量元素分析，结果显示井深为 1800～1997.9 m 的样品的 TOC 连续大于 1%，为 1.19%～10.3%，平均为 4.44%。综合 CIA、Ni 和 V 的富集系数、$Ni_{xs}$ 和 $Mo_{xs}$ 的含量、V/(V+Ni)、TOC 的变化特点（图 2-7），可以将牛蹄塘组页岩划分为 4 个小层，自下而上分述如下。

第 I 层：对应湘张地 1 井井深为 1970～1995 m。该层 $CIA_{corr}$（$CIA_{corr}$ 为校正的 CIA）分布于 65～76，指示温暖潮湿的气候特点。该层 V 和 Ni 明显同步富集，且 V 的富集特征更为显著，指示海洋环境具有硫化分层特点。该层 V/(V+Ni)变化于 0.80～0.96，$Ni_{xs}$ 和 $Mo_{xs}$ 的含量丰富，为 Ni、Mo 和 V 多金属富集层。该层 TOC 大于 4%，自下而上逐步升高，顶部 TOC 超过 10%。

第 II 层：对应湘张地 1 井井深为 1935～1970 m。该层 $CIA_{corr}$ 小于 65，指示寒冷干燥的气候特点。该层 V 和 Ni 同步明显富集，且 V 的富集特征更显著，V/(V+Ni)变化于 0.8～0.9，指示海洋环境具有硫化分层特点。与第 I 层相比，该层 $Ni_{xs}$ 和 $Mo_{xs}$ 的含量高，为 Ni、Mo 和 V 多金属富集层。但该层的 $V_{ef}$ 和 TOC 自下而上逐步降低，TOC 从 10% 下降到 4% 左右。

第 III 层：对应湘张地 1 井井深为 1850～1935 m。该层 $CIA_{corr}$ 从 60 振荡上升到 65，表明气候有回暖的趋势，但仍指示寒冷干燥的气候特点。该层 V 和 Ni 同步富集，但富

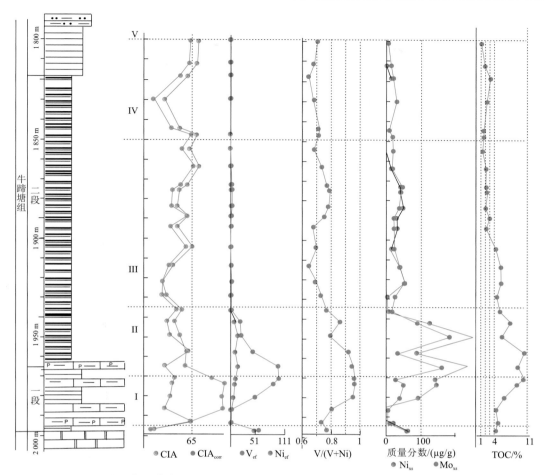

图 2-7　湘张地 1 井牛蹄塘组页岩 TOC、CIA、Ni$_{ef}$、V$_{ef}$、V/(V+Ni)、Ni$_{xs}$ 和 Mo$_{xs}$ 变化曲线

集特征不明显，也无富集分异现象，V/(V+Ni)从 0.8 振荡下降至 0.7，指示海洋环境为分层不强的缺氧环境。该层 Ni$_{xs}$ 和 Mo$_{xs}$ 均较发育，但与第 I、II 层一样，Ni$_{xs}$ 和 Mo$_{xs}$ 的含量明显降低。该层的 TOC 自下而上逐步降低，从 4%附近下降到 2%左右。

　　第 IV 层：对应湘张地 1 井井深为 1800～1850 m。该层 CIA$_{corr}$ 大于 65，主要为温暖潮湿的气候。该层 V 和 Ni 同步富集，但富集特征不明显，也无富集分异现象，V/(V+Ni)在 0.7 附近振荡，指示页岩沉积于分层不强的缺氧环境。该层 Mo$_{xs}$ 较发育，局部有 Ni$_{xs}$ 存在。TOC 变化于 1%～3%。

　　与宜昌地区水井沱组相比，湘张地 1 井牛蹄塘组的第 I 层与宜昌地区岩家河组上部相当。湘张地 1 井牛蹄塘组第 II、III 和 IV 层大致与宜昌地区水井沱组第 I、第 II 和第 III 层对比。

（三）湘西安化地区小烟溪组

　　2015H-D1 井位于湖南省安化县滔溪镇。对该井井深为 1190～1420 m 的小烟溪组中下部页岩进行系统测试。总体上看，小烟溪组中下部 TOC 均大于 2%，为优质的烃源岩，其中下部 1 300~1 410 m 的 TOC 普遍大于 8%。综合分析 CIA、V 和 Ni 的富集特点，以及 Mo 和 Ni 的来源，可以把小烟溪组中下部富有机质页岩划分为三个小层（图 2-8）。第 I 层对应井深为 1 410~1 420 m 的小烟溪组底部硅质页岩，该层 CIA 小于 65，为寒冷气候条件下的沉积产物。与此对应的 V、Ni 非常富集，且 V 的富集程度明显高于 Ni，V/(V+Ni) 为 0.9 左右，指示当时为硫化分层的海水环境。与第 I 层相比，第 II 层 V 和 Ni 的富集特征相似，但第 II 层的 CIA 大于 65，为温暖潮湿气候条件下的沉积产物，TOC、Ni_{xs} 和 Mo_{xs} 的含量明显高于第 I 层，指示随着气候转暖，海洋的硫化分层特点没有改变，但海洋生物生产力和海底有机碳通量明显升高，更有利于有机质的埋藏和保存。第 III 层的 CIA 与第 II 层接近，约为 75，指示温暖潮湿的气候。但该层的 V 和 Ni 的富集程度接近，V/(V+Ni) 从 0.9 下降到 0.7 左右，指示海洋环境从硫化分层逐步转化为分层不强的弱氧化还原环境。同期 Ni_{xs} 和 Mo_{xs} 的含量较第 II 层明显下降，且自下而上有逐步降低的趋势，TOC 也表现为同步下降，从 8%附近逐步下降到 3%附近。

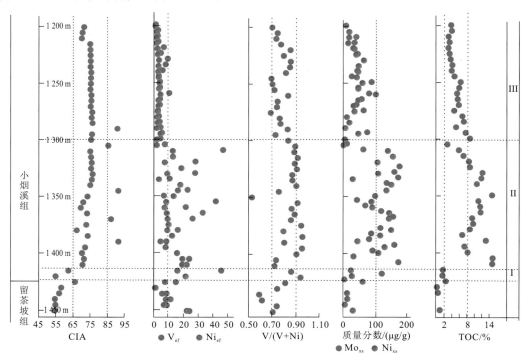

图 2-8　2015H-D1 井小烟溪组页岩 TOC、CIA、Ni_{ef}、V_{ef}、V/(V+Ni)、Ni_{xs}、Mo_{xs} 变化曲线

安化滔溪寒武系小烟溪组黑色页岩这种地球化学的变化特点，同样反映气候的剧烈变化影响海水的分层和海底的氧化还原条件。气候变暖可能引起洋流活动和海洋表面生物的繁盛。富有机质页岩的形成是气候和海洋氧化还原条件共同影响的结果。

## 三、页岩形成的古地理与古环境特点

由于化石记录的不连续性，目前仍然很难利用古生物化石对震旦纪晚期—寒武纪早期的富有机质页岩进行精细对比。由于气候事件在区域上可对比，与气候相关的 CIA 无疑对提高富有机质页岩的对比精度具有重要的参考作用。根据鄂宜地 2 井、湘张地 1 井和 2015H-D1 井震旦系—寒武系界线附近富有机质页岩 CIA 的变化规律，以代表寒冷和温暖潮湿气候变化的分界点 65 为对比标志，宜昌地区水井沱组与湘西地区小烟溪组的对比关系与传统的观点一致，但湘张地 1 井富有机质页岩的时代与湘西地区的留茶坡组对比，与传统观点出入较大（图 2-9）。从鄂宜页 3 井、鄂宜地 2 井、湘张地 1 井和湘安地 1 井富有机质页岩的 Mo-U、Mo-TOC 共轭关系图 2-10 可以看出，鄂宜页 3 井、鄂宜地 2 井和湘安地 1 井 Mo 和 U 的富集特征与现代卡里亚科盆地（Cariaco Basin）的 Mo-U 富集特征相似，富有机质页岩主要形成于缺氧和硫化环境中，指示鄂宜地 2 井、鄂宜页 3 井

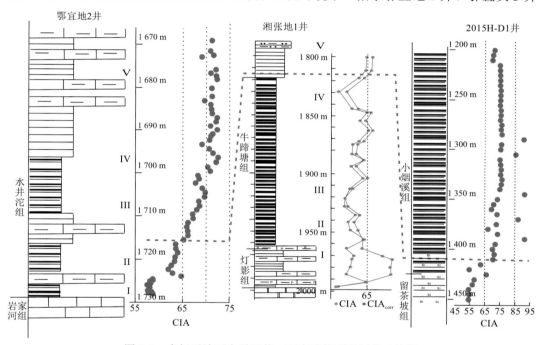

图 2-9　中扬子地区上震旦统—下寒武统页岩划分对比图

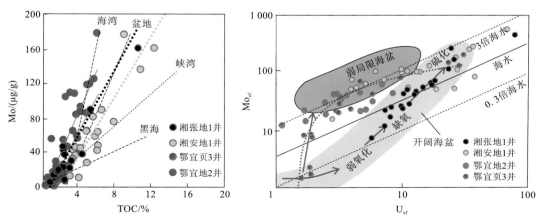

图 2-10　中扬子地区震旦系—寒武系界线附近富有机质页岩 Mo-U、Mo-TOC 共轭关系图

和湘安地 1 井富有机质页岩沉积时应位于局限海盆内。相比之下，鄂宜页 3 井更靠近陆地，为潮坪潟湖，而湘安地 1 井局限性更强，为陆棚盆地。与鄂宜页 3 井、鄂宜地 2 井和湘安地 1 井不同，湘张地 1 井的富有机质页岩具有开阔海盆性质，应该是典型深水陆棚的沉积产物。

# 第三节　奥陶系五峰组—志留系龙马溪组页岩

汪啸风等（1983）在宜昌黄花场—分乡王家湾一带的五峰组上部发现了一套以产三叶虫和腕足类等壳相化石的钙质泥岩、泥灰岩和石灰岩地层，岩石和古生物化石组合与四川綦江上奥陶统顶部的观音桥层一致，因此将五峰组进一步划分为下部笔石页岩段和上部观音桥段，其中下部笔石页岩段为富含笔石的碳质硅质岩。龙马溪组源于李四光和仲揆（1924）在湖北秭归新滩龙马溪创建的龙马页岩，以黑色页岩的出现与下伏五峰组观音桥段泥灰岩、泥岩区分，分为下部黑色页岩段和上部黄绿色泥岩段。

奥陶系五峰组—志留系龙马溪组跨越了上奥陶统凯迪阶、赫南特阶及志留系兰多维列统鲁丹阶、埃隆阶。该组合沉积时期广泛分布的黑色笔石页岩，有机质含量高，是典型的富有机质页岩，是我国迄今为止南方页岩气勘探的主力层系。这个地质时期不仅是加里东运动的重要窗口期，发生了古地理的重要变化，而且伴随南冈瓦纳大陆冰川的形成和消融，发生了气候的明显波动和生物灭绝与复苏事件，因此对这一时期富有机质页岩成因机制的系统研究将有助于从水圈、生物圈和岩石圈的相互作用上揭示页岩气富集机制的地质背景和物质基础。本节拟选择中扬子地区不同古地理部位，包括中扬子北缘湖北神农架、中部湖北宜昌五峰，以及南缘湖南桃源志留系典型剖面，基于高分辨率生物地层学建立的年代地层格架开展五峰组—龙马溪组笔石页岩古地理、古气候和古环境的对比研究，确定富有机质页岩的空间展布和成因，为页岩气有利区预测提供基础资料。

古地理、古环境研究主要基于富有机质页岩中氧化-还原敏感元素的含量和变化特点，结合页岩的岩石矿物组合、沉积结构构造特点确定。古气候主要通过页岩的全岩氧化物含量测定和 CIA 计算确定。

## 一、页岩的地层分布与成因

### （一）鄂西神农架百草坪—木鱼铁炉沟剖面

百草坪剖面沿宜昌—神农架木鱼公路出露有完整的五峰组。该处五峰组以硅质岩为主，厚 6.3 m，与下伏奥陶系临湘组石灰岩界线清楚，与上覆龙马溪组下部硅质页岩渐变过渡，未见观音桥层常见的壳类化石，也未采集到赫南特阶最顶部的笔石化石，该地奥陶系顶部地层发育程度还有待进一步确定。采用 0.5 m 间隔共采集样品 25 件。全岩氧化物和微量元素含量测定结果显示，五峰组的 CIA 介于 60~70，按照 50<CIA<65 的划分标准，指示为寒冷气候，推测五峰组沉积时期具有冷暖交替的特征（图 2-11）。五峰

组的 V/(V+Ni) 变化于 0.73～0.91，且在纵向上构成两个完整的变化旋回。按照 0.84<V/(V+Ni)<0.89 的划分标准，反映其水体高度分层，水体底部为含硫化氢（$H_2S$）的强厌氧环境；按照 0.54<V/(V+Ni)<0.82 的划分标准，指示水体为分层不强的厌氧环境（胡亚和陈孝红，2017），推测五峰组沉积时期为缺氧环境，间隔性出现硫化分层的强厌氧环境。元素 Ni 和 V 均表现出一定的富集特征，且五峰组上部较下部富集，V 较 Ni 更为富集。从 $Ni_{xs}$ 和 $Mo_{xs}$ 的含量来看，$Ni_{xs}$ 主要分布在五峰组上部，$Mo_{xs}$ 在五峰组中下部含量较低，上部随深度增加有逐步升高的特点。$Ni_{xs}$ 和 $Mo_{xs}$ 的含量变化指示神农架地区五峰组沉积时期生物的生产力不高，海底富含有机质的洋流活动应该是该区五峰组有机质的主要来源。

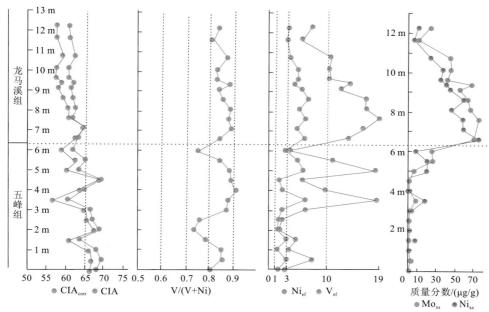

图 2-11　神农架百草坪奥陶系五峰组—龙马溪组下部 CIA、$Ni_{ef}$、$V_{ef}$、V/(V+Ni)）、$Ni_{xs}$ 和 $Mo_{xs}$ 变化曲线

神农架木鱼铁炉沟志留系剖面沿公路发育了厚约 58 m 的黑色页岩，其中富有机质页岩厚 36 m，TOC 为 1.02%～5.42%，平均为 2.62%。时代跨越了志留系兰多维列统鲁丹阶和埃隆阶的绝大部分（*Demtrastrites triangulatus* 笔石带至 *Stimulograptus sedgwickii* 笔石带）（图 2-12）。综合 42 件样品的全岩氧化物和微量元素含量的测定结果，大致可以将湖北神农架志留系龙马溪组黑色页岩划分为如下 5 小层。

第 I 层：对应于 *Metabolograptus persculptus* 笔石带至 *Akidograptus ascensus* 笔石带，CIA 从 65 下降到 55，指示当时气候寒冷。V、Ni 的富集系数均大于 3，具有明显富集的特点，中下部 V 的富集系数大于 10，表现为特别富集。V 和 Ni 的富集特点及 V/(V+Ni) 从底部的 0.91 下降到 0.82，指示该层沉积于缺氧-硫化分层的海洋环境中。$Ni_{xs}$ 和 $Mo_{xs}$ 的含量较高，海洋生物生产力和海底富含有机质的洋流活动对盆地有机质的富集均发挥重要作用。该层富有机质页岩是龙马溪组 TOC 最高的层位，TOC 普遍大于 4%。

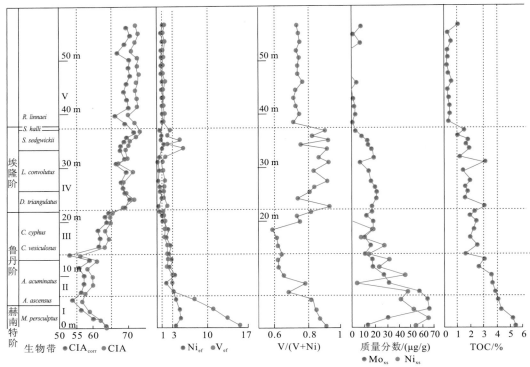

图 2-12　神农架木鱼铁炉沟志留系龙马溪组下部 TOC、CIA、$Ni_{ef}$、$V_{ef}$、V/(V+Ni)）、$Ni_{xs}$
和 $Mo_{xs}$ 变化曲线

第 II 层：大致对应于 *Akidograptus acuminatus* 笔石带。该层 CIA 稳定分布在 55～60，指示当时气候具有寒冷干旱的特点。V、Ni 的富集系数分布在 1～3，自下而上除了两者具有同步逐步下降的特点，还存在 Ni 的富集系数大于 V 的富集系数的特点。V 和 Ni 的富集特点及 V/(V+Ni)在该层从 0.83 下降到 0.61，指示该层沉积于分层不强的厌氧环境。$Ni_{xs}$ 和 $Mo_{xs}$ 的含量较高，海洋生物生产力的提升对该段地层有机质的富集有较为明显的作用。该层富有机质页岩是龙马溪组 TOC 较高的层位，TOC 分布在 3%～4%。

第 III 层：对应于 *Cystograptus vesiculosus* 笔石带至 *Coronograptus cyphus* 笔石带。该层 CIA 从 55 上升到 65 左右，具气候转暖的特点，但总体上仍为寒冷干旱的气候。该层 V 和 Ni 的富集系数、V/(V+Ni)及 $Ni_{xs}$ 和 $Mo_{xs}$ 延续第 II 层的变化边特点，自下而上地层中的 V 和 Ni 的富集系数、V/(V+Ni)及 $Ni_{xs}$ 和 $Mo_{xs}$ 的含量进一步下降。至该层顶部时，V、Ni 已不再富集，$Ni_{xs}$ 消失。由于 Ni 的下降幅度高于 V，V/(V+Ni)在该层顶部存在不降反升的特点。该层 TOC 分布在 2%左右，是龙马溪组 TOC 较高的层位。

第 IV 层：对应于 *D.triangulatus* 笔石带至 *Lituigraptus convolutus* 笔石带，该层 CIA 稳定在 70 左右，指示温暖潮湿的气候特点。该层 Ni 的富集系数小于 1，V 的富集系数大于 1，表现出 Ni 不富集、V 轻度富集的特点。V 和 Ni 富集的解耦性使得该地层中的 V/(V+Ni)普遍大于 0.84，具有高度分层和硫化的海洋环境特点。从该层 $Mo_{xs}$ 的含量较高、$Ni_{xs}$ 的含量小于 0 来看，该地层沉积时期的海水分层可能不是生物繁盛或生物降解作用所致，海洋中生物生产力也不是地层中有机质含量的决定因素。该层 TOC 分布在 1%～2%，是志留系富有机质页岩的重要组成部分。

第 V 层：对应于 *Rastrites linnaei* 笔石带及以上部分地层（未见顶），该层 CIA 稳定在 70 左右，指示温暖潮湿的气候特点。该层 V、Ni 的富集系数接近，均略大于 1，指示该层 Ni 和 V 均存在一定富集的特点，该地层的 0.6<V/(V+Ni)<0.82 指示其沉积形成于分层不强的厌氧环境。从第 V 层 $Mo_{xs}$ 的含量低、$Ni_{xs}$ 的含量小于 0 来看，该地层沉积时期的海水缺氧不是生物降解作用所致，海洋中生物生产力也不是地层中有机质含量的决定因素。第 V 层 TOC 含量较低，普遍小于 1%，已不属于富有机质页岩的范畴。

### （二）五峰红渔坪剖面

五峰红渔坪剖面位于宜昌西南地区，沿五峰土家族自治县红渔坪村乡村公路出露。露头良好，构造简单，自下而上划分为龙马溪组、小河坝组、溶溪组和秀山组。根据区域地质资料和该剖面几丁虫的系统研究（陈孝红 等，2018），该剖面溶溪组底界大致与志留系兰多维列统特列奇阶底界接近。考虑目前已知的富有机质页岩最高层位不超过 *S.sedgwickii* 笔石带顶界或特列奇阶底界，为便于对比和建立富有机质页岩区域年代地层格架，本节重点介绍该剖面龙马溪组以下地层的生物地层单位划分及全岩氧化物含量反映的古环境特点。

五峰红渔坪奥陶系—志留系界线附近常见笔石页岩地层厚度较小，不足 5 m，笔石化石少。其上覆龙马溪组上部地层以灰、黄绿色页岩（泥岩）、粉砂质页岩为主，厚 681 m，自下而上产与 *L.convolutus* 笔石带相当的 *Conochitina alargata* 几丁虫带和 *Conochitina emmastensis* 几丁虫带。小河坝组为灰、灰绿、黄绿色粉砂岩、细砂岩、泥质粉砂岩、石灰岩，厚 423 m，自下而上产 *Conochitina rossica* 几丁虫带、*Conochitinamalleus* 几丁虫带和 *Ancyrochitina shiqianensis* 几丁虫带，层位上分别与 *L.convolutus* 笔石带上部、*S.sedgwickii* 笔石带和 *Stimulograptus halli* 笔石带大致对比。

该剖面 CIA 变化特点与神农架木鱼铁炉沟志留系同期地层埃隆阶 CIA 的变化特点相似，CIA 主要分布在 70 左右，但自下而上在 *L.convolutus* 笔石带下部有振荡下降的特点，而在该带上部有振荡上升的特点，并一直延续到 *S.halli* 笔石带。

U/Th 在龙马溪组上部和小河坝组十分稳定，证明红渔坪埃隆期为相对稳定的氧化环境。龙马溪组在底部约 5 m 的黑色页岩中，U/Th 有从底部不到 0.2 快速上升到 0.8，之后逐步下降到 0.2 的完整变化旋回，证明这个不到 5 m 地层曾经发生一次快速的海平面上升和下降事件。但该段地层的 CIA 并没有随海平面变化而变化，而是整体上表现为振荡下降的特点。考虑宜昌、远安等地志留纪鲁丹期为寒冷干旱气候，地层中的 CIA 普遍小于 65，并结合黑色页岩层之上 15 m 出现的 *C.alargata* 几丁虫带，其下限可以延伸至 *D.triangulatus* 笔石带上部或 *Pribylograptus leptotheca* 笔石带，推测该段地层可能与 *D.triangulatus* 笔石带上部或宜昌 *P.leptotheca* 笔石带相当。按照这个划分，宜昌地区在奥陶系—志留系界线附近的五峰组及志留系下部埃隆阶在五峰红渔坪一带缺失。

## （三）湖南桃源湘桃地2井

湘桃地2井位于湖南省桃源县热市镇天会村，是钻探于江南隆起或雪峰隆起北缘的一口志留系页岩气调查井。对该井五峰组—龙马溪组页岩按照0.5 m的间距进行了全岩氧化物和微量元素样品的系统采集与分析。分析结果显示湖南桃源地区奥陶系五峰组—志留系龙马溪组下部富有机质页岩分两段，上段富有机质页岩厚10 m，对应井深为1 518～1 528 m，TOC为1.53%～2.74%，平均为2.00%，层位上与 *D.triangulatus* 笔石带中部相当。下段富有机质页岩厚28 m，对应井深为1 540～1 568 m，TOC为1.24%～4.99%，平均为2.80%，层位上跨越奥陶系凯迪阶 *Paraothograptus pacificus* 笔石带—志留系鲁丹阶 *C.cyphus* 笔石带（图2-13）。

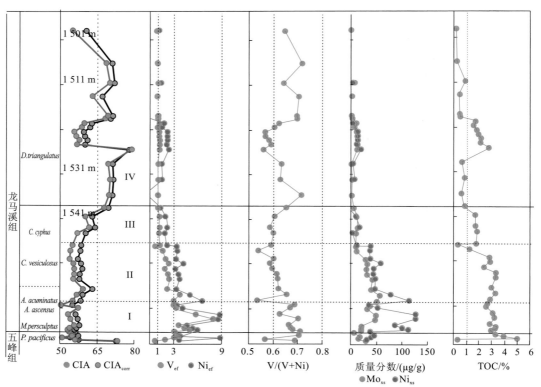

图2-13　桃源地区奥陶系五峰组—志留系龙马溪组下部TOC、CIA、$Ni_{ef}$、$V_{ef}$、$V/(V+Ni)$）、$Ni_{xs}$ 和 $Mo_{xs}$ 变化曲线

与神农架、宜昌地区相比，湖南桃源地区奥陶系五峰组页岩不发育，厚度不足2 m。湘桃地2井五峰组—临湘组之间发育一层砾屑灰岩，产丰富的小个体薄壳腕足类化石。临湘组顶部（或五峰组底部）泥岩TOC低，颜色浅，但V/(V+Ni)达到0.7，沉积环境具有缺氧的特点，证明当时五峰组底部沉积时期仍处于深水陆棚环境。

除未见明显的V富集层外，湘桃地2井龙马溪组下部 *M.persculptus* 笔石带至 *C.cyphus* 笔石带地层的地球化学特征与宜昌、神农架地区相似，根据富有机质页岩的地球化学特征可以进一步划分为三个小层。

第Ⅰ层：对应于 *M.persculptus* 笔石带至 *A.ascensus* 笔石带，CIA 稳定分布在 55～60，显示出与宜昌、神农架同期的寒冷干燥气候条件。地层中 V、Ni 的富集系数均大于 3，具有明显同步富集的特点。V 和 Ni 的富集特点及 V/(V+Ni)在 0.7 附近振荡，指示该层沉积于分层不强的厌氧环境中。$Ni_{xs}$ 和 $Mo_{xs}$ 的含量较高，海洋生物生产力和海底富含有机质的洋流活动对盆地有机质的富集均发挥有重要作用。该富有机质页岩层是湘桃地 2 井龙马溪组 TOC 最高的地层，TOC 普遍大于 3%。

第Ⅱ层：大致对应于 *A.acuminatus* 笔石带至 *C.vesiculosus* 笔石带下部。该层 CIA 稳定分布在 55～60，与第Ⅰ层沉积时期的古气候特点一致。V、Ni 的富集特点与第Ⅰ层相似，两者同步富集，且 Ni 的富集系数大于 V 的富集系数，但与第Ⅰ层相比，第Ⅱ层 V、Ni 的富集系数明显小于第Ⅰ层，且自下而上同步逐步下降。该层的 V/(V+Ni)从第Ⅰ层的 0.7 下降到 0.6，但仍形成于分层不强的厌氧环境中。$Ni_{xs}$ 和 $Mo_{xs}$ 延续第Ⅰ层的特点，$Ni_{xs}$ 的含量大于 $Mo_{xs}$ 的含量，但两者的值，特别是 $Ni_{xs}$ 的含量下降近一半，暗示当时的海洋生物生产力与志留纪初期相比已明显下降。该富有机质页岩层是湘桃地 2 井龙马溪组 TOC 较高的地层，TOC 分布在 3%左右，略低于第Ⅰ层。

第Ⅲ层：对应于 *C.vesiculosus* 笔石带上部至 *C.cyphus* 笔石带。该层 CIA 指数从 55 上升到 65 左右，指示气候从寒冷干燥逐步向温暖潮湿转变，但总体上仍以寒冷干旱气候为特点。该层 V 和 Ni 的富集系数、V/(V+Ni)及 $Ni_{xs}$ 和 $Mo_{xs}$ 的含量延续第Ⅱ层的变化特点，自下而上，地层中的 V 和 Ni 的富集系数、V/(V+Ni)及 $Ni_{xs}$ 和 $Mo_{xs}$ 的含量进一步下降。至该层顶部时，V 的富集系数接近 1，Ni 的富集系数略大于 1，$Ni_{xs}$ 和 $Mo_{xs}$ 的含量较低。V/(V+Ni)在该层顶部受气候变暖、海平面上升的影响，从下部 0.6 上升到 0.7 附近。该层 TOC 分布在 2%左右，是湘桃地 2 井龙马溪组中 TOC 较高的层位。

第Ⅳ层：分布在 *D.triangulatus* 笔石带。与神农架、宜昌地区不同，湘桃地 2 井志留纪埃隆期早期的气候具有冷暖交替的特征，与气候变冷、海平面下降有关，在 *D.triangulatus* 笔石带中下部发育一层富有机质页岩。该层的 TOC 分布在 0%～2%，但富有机质页岩层位中 CIA、V 和 Ni 的富集系数、V/(V+Ni)及 $Ni_{xs}$ 和 $Mo_{xs}$ 的含量均与第Ⅲ层接近，证明两者的沉积环境接近。

由于老地层中细碎屑岩常会因再沉积作用导致细碎屑岩成分改变，需要对样品进行再沉积作用的判别，即成分变异指数（index of compositional variability，ICV）判别。ICV 被广泛用于估计细碎屑岩的原始成分变化，即判断细碎屑岩是第一次沉积的产物还是源于再循环的沉积物（Cox et al.，1995）。当 ICV 大于 1 时，表明含较少的黏土矿物，属构造活动时期的初始沉积；当 ICV 小于 1 时，表明含较多的黏土矿物，可能经历了再沉积作用或属强烈风化条件下的初始沉积（Cullers and Podkovyrov，2002）。为此，本小节还对上述剖面的 ICV 进行了计算，结果表明，神农架木鱼铁炉沟剖面距底 6～12 m 处（或 *A.acuminatus* 笔石带）、远安鄂宜地 1 井 1329～1334 m（或 *A.acuminatus* 笔石带）及湖南桃源湘桃地 2 井 1520～1526 m（*D.triangulatus* 笔石带下部）、1544～1555 m（*C.vesiculosus* 笔石带）、1558～1567 m（*A.acuminatus* 笔石带）样品的 ICV 大于 1，证明这一时期沉积的泥岩为构造活动时期的初始沉积。反过来，在一定程度上也暗示中扬子地区在志留纪鲁丹期早期及埃隆期早期可能发生了抬升剥蚀作用，并造成了奥陶系—志留系界线附近及志留系兰多维列统内部鲁丹阶—埃隆阶界线附近笔石带（地层）的广泛缺失。

## 二、页岩形成的古地理与古环境特点

从神农架木鱼铁炉沟、五峰红渔坪和桃源湘桃地 2 井奥陶系五峰组—志留系龙马溪组页岩划分对比中不难看出，在 *A.acuminatus* 笔石带发育期前后，湘西、鄂西地区的构造隆升已经造成湘西北与鄂西地区海盆的分隔。而发生在埃隆期初期的构造抬升导致宜昌与桃源地区的海盆连通，并与神农架两地发生沉积分异。这种特点在三个地区的凯迪期—鲁丹期及埃隆期两个阶段的 Mo-U 富集共轭关系及 Mo-TOC 共轭关系图上已有所体现。

在凯迪期—鲁丹期的 $Mo_{ef}$-$U_{ef}$ 共轭关系图上［图 2-14（a）］，宜昌地区南侧的湘桃地 2 井和北侧神农架木鱼铁炉沟剖面所在地表现为弱局限海盆的特点，而远安地区同期地层的沉积环境虽表现为弱局限海盆的特点，但发生悬浮态 Mo 颗粒的沉积。在同期 Mo-TOC 共轭关系图上［图 2-15（a）］，神农架木鱼铁炉沟剖面所在地的缺氧程度相对较好，与现代萨尼奇（Saanich）海湾接近，其次是桃源地区，与现代卡里亚科（Cariaco）盆地接近，相比之下，宜昌地区海洋的含氧量最低，Mo-TOC 沉积特征介于现代 Cariaco 盆地与弗拉姆瓦伦（Framvaren）峡湾之间，证明远安地区海底地形更复杂，除存在南部湘鄂西水下潜隆的阻隔外，北部与神农架木鱼铁炉沟海盆之间可能也存在水下隆起阻隔。事实上，远安东部兴山大峡口—古夫一带，北部木鱼—南漳以东荆门一带奥陶系—志留系界线附近均有不同程度的地层（笔石带）缺失，证明远安周边地形复杂，是一个四周均不同程度发育水下隆起的局限盆地。

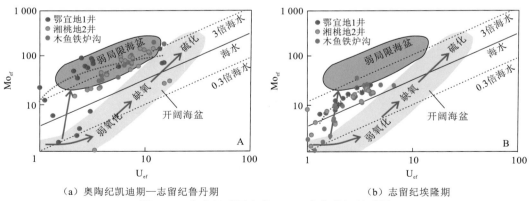

（a）奥陶纪凯迪期—志留纪鲁丹期　　　　　　　（b）志留纪埃隆期

图 2-14　富有机质页岩的 Mo-U 富集共轭关系图

在志留纪埃隆期 $Mo_{ef}$-$U_{ef}$ 共轭关系图上［图 2-14（b）］，无论是远安地区的鄂宜地 1 井，还是湘桃地 2 井和神农架木鱼铁炉沟剖面所在地均表现为强局限海盆的特点。相比之下，鄂宜地 1 井悬浮态 Mo 颗粒沉积特征不明显。在同期 Mo-TOC 共轭关系图上［图 2-15（b）］，湘桃地 2 井和鄂宜地 1 井所在地的沉积环境与现代黑海相似，神农架木鱼铁炉沟剖面所在地的缺氧程度相对较好，Mo-TOC 沉积特征与现代 Saanich 海湾的沉积特征接近，而神农架木鱼铁炉沟剖面所在地的 Mo-TOC 沉积特征介于现代 Cariaco 盆地与 Framvaren 峡湾的沉积特征之间，证明桃源和远安地区在埃隆期已经成为孤立的内陆海盆，而神农架地区与秦岭还保有一定的沟通海湾［图 2-15（b）］。

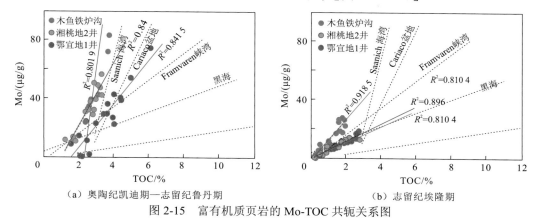

（a）奥陶纪凯迪期—志留纪鲁丹期　　　　　（b）志留纪埃隆期

图 2-15　富有机质页岩的 Mo-TOC 共轭关系图

# 第三章　页岩气储层特征 与页岩气赋存机理

## 第一节　典型井储层概述

### 一、鄂宜页1井

鄂宜页1井是位于扬子板块黄陵背斜南缘宜昌斜坡带的参数井，地理位置位于湖北省宜昌市点军区土城乡茅家店村。目的层为寒武系水井沱组和震旦系陡山沱组，开孔层位为白垩系石门组，向下依次钻遇奥陶系南津关组，寒武系娄山关组、覃家庙组、石龙洞组、天河板组、石牌组、水井沱组、岩家河组，震旦系灯影组、陡山沱组，完钻层位为南华系南沱组，井深2418 m。

（一）页岩层系岩心特征

寒武系水井沱组取心段位于1760.2～1871.5 m，总进尺为111.3 m。岩心资料显示水井沱组自上而下钙质含量减少，下部地层中高角度裂缝较发育，多被方解石充填。页岩层中见藻类、软舌螺类、介形虫、三叶虫和海绵骨针等化石。根据岩性特征可将取心段划分为上段（1760.2～1786.8 m）、中段（1786.8～1827.7 m）和下段（1827.7～1871.5 m），中下段为页岩发育层段。上段岩性为灰色-深灰色石灰岩、含泥质灰岩和泥质灰岩；中段岩性为深灰色-灰黑色含钙质页岩、钙质页岩与灰色-深灰色石灰岩、泥质灰岩；下段岩性为灰黑色-黑色碳质泥岩、碳质页岩、含钙质泥岩夹灰色石灰岩、泥质灰岩。

水井沱组暗色泥页岩的镜下薄片观测结果显示，页岩均为泥质结构，主要组分有泥质、碳质、石英和方解石，部分样品中见椭圆形、圆形生物化石（图3-1）。泥质呈显微鳞片状，体积分数为50%～70%；碳质呈浸染状、凝块状、条带状，体积分数为20%～30%；石英碎屑分选性好，通常为次棱角状-圆状（图3-1）。

震旦系陡山沱组取心段位于2244.0～2388.9 m，总进尺为144.9 m。岩心资料显示陡山沱组整体碳酸盐矿物含量较多，泥页岩颜色较浅，暗色页岩相对水井沱组不发育，且连续厚度较薄；地层中高角度和低角度裂缝较发育，多被方解石充填，页岩层中见藻类化石。根据岩性特征可将取心段划分为陡一段（2379.0～2388.9 m）和陡二段（2244.0～2379.0 m），其中陡一段岩性为浅灰色-灰色灰质白云岩夹白云质灰岩，陡二段为页岩发育层段，岩性为深灰色-灰黑色白云质页岩、钙质页岩、碳质页岩与灰色-深

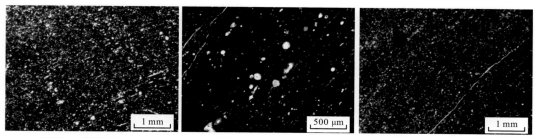

　（a）单偏光，钙质泥岩，1 820.5 m　　（b）单偏光，碳质页岩，1 840.6 m　　（c）单偏光，含硅碳质页岩，1 862.5 m

图 3-1　鄂宜页 1 井寒武系水井沱组泥页岩薄片特征

灰色含泥质白云岩、泥质白云岩、灰质白云岩等。陡山沱组暗色泥页岩薄片在镜下多显示出泥晶-微晶结构，可见层理构造，主要组分有方解石、白云石和石英。方解石和白云石多为不规则状，体积分数多在 60%以上；石英碎屑分选性好，通常为次棱角-次圆状（图 3-2）。

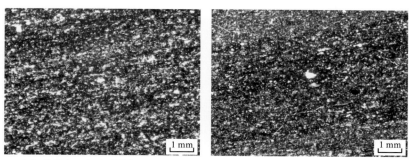

　　（a）单偏光，白云质页岩，2 305.0 m　　　（b）单偏光，含碳白云质页岩，2 367.0 m

图 3-2　鄂宜页 1 井震旦系陡山沱组泥页岩薄片特征

## （二）页岩有机质特征

鄂宜页 1 井水井沱组页岩的干酪根碳同位素值（$\delta^{13}C_{org}$）分布在-32.5‰～-30.9‰，平均为-31.6‰，按照 $\delta^{13}C_{org}$ 小于-28‰的为腐泥型（I 型）的标准，有机质类型均属 I 型，为以海洋菌藻类为主的生源组合，其原始组分富氢、富脂质，具高生烃潜力。

鄂宜页 1 井寒武系水井沱组泥页岩段 125 块岩心的 TOC 为 0.43%～10.45%，平均为 2.62%。其中：1 786～1 828 m 段的页岩 TOC 为 0.43%～2.5%，平均为 1.09%，TOC 大于 2.0%的样品仅占 4.9%；1 828～1 872 m 段的页岩 TOC 为 1.07%～10.45%，平均为 3.37%，TOC 大于 2.0%的样品可达 73%。纵向上 TOC 随埋深增加逐渐升高，在靠近底部位置达到最大，然后略微降低（图 3-3）。

对水井沱组 8 块页岩样品 143 个测点的沥青反射率（$R_b$）统计表明，$R_b$ 分布在 2.74%～2.92%，平均为 2.86%，测试离差为 0.092%。利用公式 $R_o=0.319\,5+0.679\times R_b$（丰国秀和陈盛吉，1988）换算镜质体反射率（$R_o$）为 2.18%～2.30%，平均为 2.26%，表明水井沱组页岩处于过成熟演化阶段。

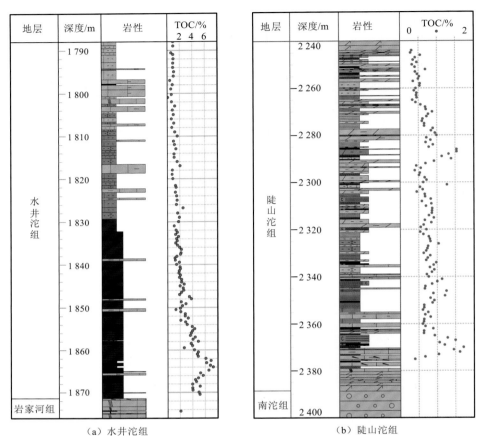

（a）水井沱组　　　　　　　　　　（b）陡山沱组

图 3-3　鄂宜页 1 井水井沱组和陡山沱组泥页岩 TOC 纵向分布特征

鄂宜页 1 井陡山沱组页岩样品干酪根显微组分镜检结果显示，其显微组分以腐泥组为主，腐泥组体积分数在 85% 以上，惰质组体积分数在 9%～13%，仅含有微量的镜质组。根据干酪根类型划分标准《透射光-荧光干酪根显微组分鉴定及类型划分方法》（SY/T 5125—2014）计算的干酪根类型指数为 70.5～82.0，表明干酪根以 $II_1$ 型为主，含少量 I 型。

鄂宜页 1 井陡山沱组泥页岩段 132 块岩心的 TOC 为 0.29%～1.72%，平均为 0.76%。绝大部分样品的 TOC 都在 1.0% 以下，较水井沱组明显偏低，但存在两个高值段：上部 2 285.6～2 290.2 m 段的 TOC 为 1.13%～1.54%，平均为 1.38%；下部 2 366.0～2 373.0 m 段的 TOC 为 1.04%～1.72%，平均为 1.36%。纵向上 TOC 在 2 285.6 m 以上和 2 290.2 m 以下都随埋深增加逐渐升高（图 3-3）。

对陡山沱组 8 块页岩镜质组样品 58 个测点的随机反射率（$R_r$）统计表明，$R_r$ 分布在 2.25%～3.05%，平均为 2.74%，表明陡山沱组页岩处于过成熟演化阶段。

（三）页岩矿物组成特征

系统采集鄂宜页 1 井 1 788～1 872 m 含气页岩段的 36 块岩心样品，进行矿物 X 射线衍射分析。结果表明，水井沱组页岩中的矿物组分主要为石英、碳酸盐矿物（包括方解石和白云石，以方解石为主）和黏土矿物。其中：石英的体积分数为 13.9%～45.6%，平均为 30.4%；长石的体积分数为 1.7%～13.4%，平均为 5.3%；碳酸盐矿物的体积分数为 13.4%～65.4%，平均为 26.1%；黏土矿物的体积分数为 15.9%～45.8%，平均为 31.5%；黄铁矿的体积分数为 2.0%～13.4%，平均为 6.0%。矿物组成在纵向上差异明显，总体表现出随深度增加石英、长石和黄铁矿矿物含量升高，碳酸盐矿物和黏土矿物含量降低的趋势（图 3-4）。此外，1 788～1 832 m 段页岩中的碳酸盐矿物和黏土矿物含量较高，石英含量较低，且较小深度范围内的矿物含量变化较大，页岩物质组成非均质性明显；而 1 832～1 872 m 段页岩中的石英和黏土矿物含量较高，碳酸盐矿物含量较低，并且较小深度范围内的矿物含量变化相对较小，页岩矿物组成相对较为稳定（图 3-4）。鄂宜页 1 井寒武系水井沱组页岩与北美的巴奈特（Barnett）页岩、重庆涪陵龙马溪组页岩矿物组成区别明显，但与马塞勒斯（Marcellus）和伊格尔福特（Eagle Ford）页岩矿物组成具有较大相似性，均表现出"低硅、高钙"的特征。

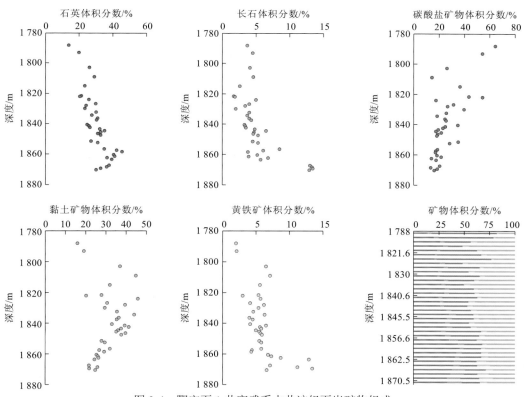

图 3-4　鄂宜页 1 井寒武系水井沱组页岩矿物组成

　　系统采集鄂宜页 1 井 2 246～2 373 m 含气页岩段的 35 块岩心样品，进行矿物 X 射线衍射分析。结果表明，陡山沱组页岩中的矿物组分主要为碳酸盐矿物（包括方解石和白云石，以白云石为主）、石英和黏土矿物（图 3-5）。其中：碳酸盐矿物的体积分数基本都在 50%以上，分布在 53.2%～73.0%，平均为 62.6%；石英的体积分数为 13.0%～32.0%，平均为 19.6%；长石的体积分数为 0～13.0%，平均为 4.5%；黏土矿物的体积分数为4.0%～16.0%，平均为10.3%；黄铁矿的体积分数为0～6.1%，平均为2.8%。整体来看，陡山沱组页岩中的碳酸盐矿物含量较水井沱组明显更高，而石英、黏土矿物和黄铁矿等含量较低，单从矿物组成而言储层品质较差。纵向上陡山沱组页岩中的碳酸盐矿物和石英含量变化相对较小，而长石、黏土矿物和黄铁矿在不同深度层段页岩中的含量变化较大，规律不明显。

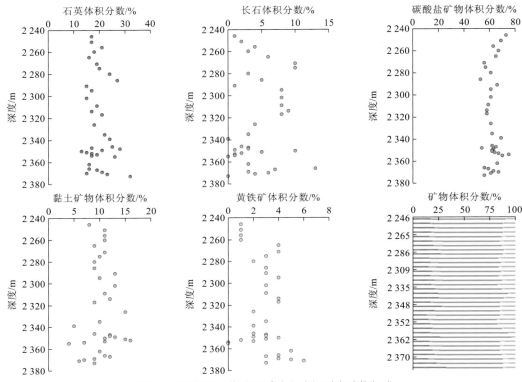

图3-5　鄂宜页1井震旦系陡山沱组页岩矿物组成

## 二、鄂宜页2井

鄂宜页2井是位于扬子板块黄陵隆起东南缘宜昌斜坡带的参数井，地理位置位于湖北省宜昌市龙泉镇双泉大队。目的层为上奥陶统五峰组—下志留统龙马溪组，开孔层位为白垩系五龙组，向下依次钻遇三叠系嘉陵江组、大冶组，二叠系大隆组、下窑组、龙潭组、茅口组、栖霞组、梁山组，石炭系黄龙组、大埔组，泥盆系云台观组，志留系纱帽组、罗惹坪组、龙马溪组，奥陶系五峰组、临湘组、宝塔组、庙坡组、牯牛潭组，完钻层位为奥陶系中—下统大湾组，井深2801.88 m。

（一）页岩层系岩心特征

奥陶系五峰组—志留系龙马溪组取心段位于2623.7～2719 m，总进尺为95.3 m。岩心资料显示五峰组—龙马溪组自上而下砂质含量减少、硅质含量增加，下部地层中高角度裂缝较发育，多被石英和方解石充填，页岩层中见腕足类和大量笔石化石。根据岩性特征划分，龙马溪组分布在 2 623.7～2 714 m，其中 2 623.7～2 700 m 岩性为深灰色极薄-薄层泥岩、粉砂质泥岩夹灰黑色泥岩，偶夹薄层粉砂岩；2 700～2 714 m 岩性为灰褐色薄-极薄层含粉砂质页岩，灰黑色薄层硅质岩与含硅质泥岩不等厚互层，富含笔石化石。五峰组分布在 2 714～2 719 m，底部为灰黑-灰黄色极薄层硅质泥岩，由下而上硅质成分增加，向上为黑色薄层硅质岩夹硅质泥岩，水平纹层发育，产笔石化石，偶见腕足类化石；中部为黑色薄层硅质岩与硅质泥岩不等厚互层，褶曲发育，硅质岩中水平纹层发育；上部为黑色薄层硅质岩夹灰黑色薄层硅质泥岩，水平层理发育，顶部为 30 cm 观音桥层。

## （二）页岩有机质特征

鄂宜页 2 井五峰组—龙马溪组泥页岩段 52 块岩心的 TOC 为 0.21%～5.53%，平均为 1.55%。其中 2 626.1～2 702 m 段的页岩 TOC 为 0.21%～1.39%，平均为 0.48%；2 702～2 719 m 段的页岩 TOC 为 1.76%～5.53%，平均为 3.25%，TOC 大于 2.0%的样品占 95%以上，TOC 大于 3.0%的样品占 40%。纵向上 TOC 随埋深增加逐渐升高，在靠近底部位置达到最大，然后略微降低（图 3-6）。

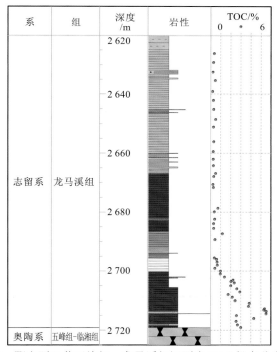

图 3-6　鄂宜页 2 井五峰组—龙马溪组泥页岩 TOC 纵向分布特征

鄂宜页 2 井 8 件页岩样品干酪根显微组分镜检结果显示，腐泥组 TOC 为 55%～96%，镜质组 TOC 为 4%～45%，未发现壳质组。干酪根类型指数显示有 4 件样品大于 80，为 I 型干酪根，有 3 件样品为 40～80，为 II$_1$ 型干酪根，有 1 件样品小于 40，为 II$_2$

型干酪根。干酪根 $\delta^{13}C_{org}$ 测定结果为 $-28.9‰ \sim -30.4‰$，表明为 I 型干酪根。综上分析，宜昌地区五峰组—龙马溪组页岩的有机质类型主要为 I 型，少量为 $II_1 \sim II_2$ 型。鄂宜页2井8件页岩样品的 $R_o$ 结果显示，$R_o$ 等效值为 $1.82\% \sim 2.03\%$，平均为 $1.93\%$，表明该井五峰组—龙马溪组页岩正处于高成熟晚期—过成熟早期演化阶段，仍具有一定的生气潜力。

（三）页岩矿物组成特征

系统采集鄂宜页2井 $2\,626 \sim 2\,719$ m 含气页岩段的49块岩心样品，进行矿物 X 射线衍射分析。结果表明，五峰组—龙马溪组页岩中矿物组分主要为石英、黏土矿物和长石（包括钾长石和斜长石）。其中：石英的体积分数为 $32.3\% \sim 88.8\%$，平均为 $43.3\%$；黏土矿物的体积分数为 $8.5\% \sim 58.1\%$，平均为 $43.3\%$；长石的体积分数为 $0.8\% \sim 10.6\%$，平均为 $7.7\%$；黄铁矿的体积分数为 $0 \sim 19.3\%$，平均为 $2.9\%$；碳酸盐矿物的体积分数为 $0 \sim 15.4\%$，平均为 $2.0\%$。纵向上页岩矿物组成在 $2\,626 \sim 2\,700$ m 段相对稳定，变化不大，但在 $2\,700$ m 以后石英、碳酸盐矿物、长石和黄铁矿含量都出现了先升后降的变化，仅黏土矿物含量表现出明显的先降后升的特点。总体上，鄂宜页2井五峰组—龙马溪组页岩组成均质性较好，底部的优质页岩段具有"高硅、低钙"特征，与重庆涪陵焦石坝地区页岩类似（图3-7）。

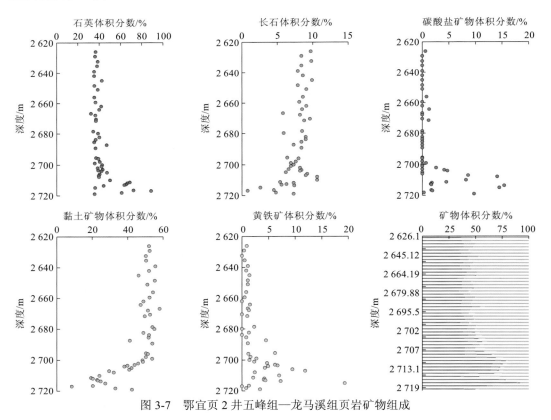

图 3-7　鄂宜页2井五峰组—龙马溪组页岩矿物组成

## 三、湘张地1井

湘张地1井是位于雪峰山隆起西缘沅古坪向斜中心的调查井,地理位置位于湖南省张家界市永定区沅古坪镇柏杨坪村。目的层为寒武系牛蹄塘组,开孔层位为下奥陶统锅塘组,向下依次钻遇上寒武统追屯组、比条组、车夫组,中寒武统花桥组、敖溪组,下寒武统清虚洞组、杷榔组和牛蹄塘组,完钻层位为震旦系灯影组,井深2018.25m。

### (一)页岩层系岩心特征

寒武系牛蹄塘组取心段位于1792.8～1998 m,总进尺为205.2m,其中黑色碳质页岩、硅质页岩累计厚度为199 m。岩心资料显示牛蹄塘组自上而下砂质含量减少,硅质含量增加,下部地层中高角度裂缝和水平裂缝较发育,多被方解石或石英充填。根据岩性特征可将牛蹄塘组划分为6小段:1792.8～1807 m段岩性为灰黑色碳质页岩,局部含粉砂;1807～1890 m段岩性为黑色碳质页岩;1890～1905 m段岩性为黑色碳质页岩,局部为含钙质碳质页岩;1905～1964.1 m段岩性为黑色碳质页岩,偶见深灰色薄层泥质灰岩;1964.1～1982.4 m段岩性为黑色碳质页岩夹深灰色薄层泥质灰岩,含硅磷钙质结核;1982.4～1998 m段岩性为灰黑色硅质岩、硅质泥岩、白云质页岩夹灰色中-薄层硅质灰岩。

### (二)页岩有机质特征

湘张地1井牛蹄塘组页岩样品干酪根显微组分镜检结果显示,腐泥组体积分数最大,超过80%,镜质组和惰质组含量较少,几乎不含壳质组,干酪根类型指数计算结果表明干酪根类型主要为I型。页岩干酪根$\delta^{13}C_{org}$为-29.77‰～-34.54‰,平均为-31.28‰,明显低于腐泥型$\delta^{13}C$干酪根值上限,表明有机质类型为I型。

湘张地1井牛蹄塘组泥页岩段40块岩心的TOC为1.19%～12.12%,平均为5.17%,整体有机质含量较高。其中1801.8～1856.1 m段的页岩TOC为1.19%～3.15%,平均为1.93%,TOC大于2.0%的样品占比为28.6%;1864.9～1998 m段的页岩TOC为2.13%～12.12%,平均为5.86%,TOC大于3.0%的样品占比为75.8%。纵向上TOC随埋深增加逐渐升高,在靠近底部位置达到最大,然后又逐渐降低(图3-8)。

由于雪峰隆起及周缘地区寒武系牛蹄塘组页岩缺乏来源于高等植物的标准镜质组,却富含沥青,本小节利用显微光度计测定固体沥青反射率换算得到镜质体反射率,即等效的有机质反射率$R_o$。测试结果显示,湘张地1井牛蹄塘组页岩等效$R_o$为2.56%～3.30%,平均为3.0%,表明该井牛蹄塘组页岩总体处于过成熟演化阶段。

### (三)页岩矿物组成特征

系统采集湘张地1井1880～1990 m含气页岩段的36块岩心样品,进行矿物X射线衍射分析。结果表明,牛蹄塘组页岩中的矿物组分主要为石英和黏土矿物,两者体积

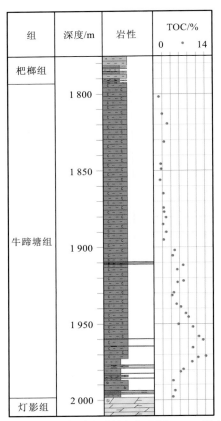

图 3-8　湘张地 1 井寒武系牛蹄塘组泥页岩 TOC 纵向分布特征

分数之和超过 70%，长石、碳酸盐矿物和黄铁矿的体积分数都小于 10%。其中：石英的体积分数普遍都在 40%以上，为 37.9%～80.0%，平均为 54.3%；黏土矿物的体积分数为 11.0%～41.8%，平均为 24.7%；碳酸盐矿物的体积分数为 0～25.6%，平均为 6.1%；长石的体积分数为 0～13.1%，平均为 8.1%；黄铁矿的体积分数为 0～11.0%，平均为 6.8%。纵向上牛蹄塘组页岩矿物组成均质性较好，石英含量随深度的增加逐渐升高，黄铁矿的含量整体也呈现出随深度增加而升高的趋势，而长石和黏土矿物的含量随深度增加逐渐降低，碳酸盐矿物的含量整体较稳定，呈现出局部升高的特征。总体上，湘张地 1 井寒武系牛蹄塘组页岩表现出高石英、低碳酸盐矿物含量的"高硅、低钙"特征，尤其是 1 900 m 以下的页岩段，石英体积分数均大于 55%（图 3-9）。

## 四、湘安地 1 井

湘安地 1 井是位于雪峰山隆起南缘锯木岭向斜的调查井，地理位置位于湖南省益阳市安化县江南镇存粮村。目的层为寒武系小烟溪组，开孔层位为奥陶系桥亭子组，向下依次钻遇奥陶系白水溪组，寒武系探溪组、污泥塘组、小烟溪组，震旦系留茶坡组、金家洞组，完钻层位为南华系南沱组冰碛砾岩，井深 1 522.60 m。

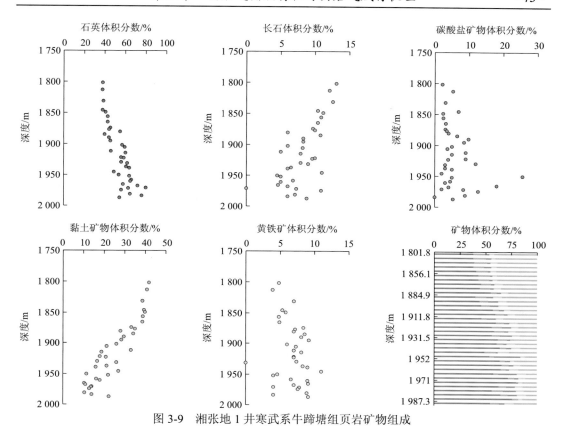

图 3-9　湘张地 1 井寒武系牛蹄塘组页岩矿物组成

## （一）页岩层系岩心特征

寒武系小烟溪组取心段位于 1156.8～1412.5 m，总进尺为 255.7 m。其上覆地层为中寒武统污泥塘组灰色中-厚层含泥灰岩、泥质灰岩夹深灰色-灰黑色中-薄层泥岩、钙质泥岩，偶夹深灰色中层泥灰岩，两者呈平行整合接触；下伏地层为震旦系留茶坡组青灰色、灰黑色中-薄层硅质岩，两者呈平行整合接触。岩心资料显示小烟溪组岩性以灰黑色-黑色板状页岩、泥岩、硅质泥岩为主，下部地层中见少量深灰色薄层石灰岩。按地层中硅质成分含量在纵向上的变化可以大致划分为两个岩性段：1156.8～1335.9 m 段岩性为黑色中-薄层碳质页岩夹灰色-深灰色中-薄层钙质泥岩，泥岩颜色较深、质地较硬，污手严重，星点状黄铁矿发育，多处见黄铁矿似层状分布或呈结核状顺层延伸，局部可见 10 cm 厚的黄铁矿层，泥岩中也发育较多的节理和高角度裂缝；1335.9～1412.5 m 段岩性为黑色中-薄层硅质泥岩夹薄层板状页岩，偶见深灰色薄层泥质灰岩，硅质泥岩中节理和高角度裂缝发育，多被方解石脉或硅磷质不完全充填，靠顶部位置的硅质泥岩中发育菱铁矿脉体或结核。

小烟溪组暗色泥页岩的镜下薄片观测结果显示，页岩均为泥质结构、块状构造，主要组分有泥质、碳质、硅质和碳酸盐矿物。泥质主要是黏土矿物，多呈土状，矿物粒径多小于 0.005 mm，体积分数均为 65%～90%；碳质呈浸染状，与泥质混杂难以区分；硅质主要是一些碎屑颗粒小于 0.03 mm 的长英质或燧石等硅质矿物，个别呈圆形或眼球形集合体状；碳酸盐矿物多呈它形粒状，正交偏光镜下呈高级白干涉色。

（二）页岩有机质特征

湘安地 1 井小烟溪组页岩样品干酪根显微组分镜检结果显示，腐泥组体积分数最大，为 80%～96%，壳质组体积分数为 4%～12%，几乎不含惰质组，干酪根类型指数计算结果表明干酪根类型主要为 I 型。页岩干酪根 $\delta^{13}C_{org}$ 为 -32.8‰～-31.1‰，平均为 -31.8‰，明显低于腐泥型 $\delta^{13}C$ 干酪根值上限，表明有机质类型为 I 型。

湘安地 1 井小烟溪组泥页岩段 46 块岩心的 TOC 测试结果显示，除了 1 个样品的 TOC 为 2.87%，其他泥页岩样品的 TOC 都在 3.0%以上，为 3.17%～14.80%，主要集中于 4.16%～12.10%，平均为 7.6%。纵向上来看，TOC 由浅至深整体呈现逐渐增大的趋势，尤其是在小烟溪组下段（1330～1370 m）泥页岩 TOC 明显较高；但向下又略微降低，在距底部 10 m 左右处又明显升高（图 3-10）。从岩性分段来看，小烟溪组下段硅质泥岩的 TOC 较上段纯泥岩明显较高，硅质泥岩的平均 TOC 可达 10.9%，具有较好的成烃物质基础。

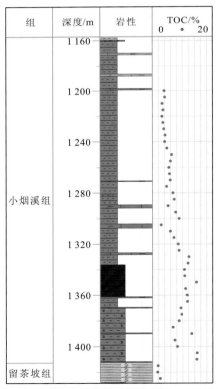

图 3-10　湘安地 1 井寒武系小烟溪组泥页岩 TOC 纵向分布特征

对小烟溪组 8 件页岩样品 58 个测点的随机反射率统计表明，$R_r$ 为 2.76%～2.96%，平均为 2.83%，表明小烟溪组页岩处于过成熟演化阶段。

（三）页岩矿物组成特征

系统采集湘安地 1 井 1200～1420 m 含气页岩段的 23 块岩心样品，进行矿物 X 射线衍射分析。结果表明，小烟溪组页岩中的矿物组分主要为石英和黏土矿物，除个别样品外，页岩全岩组分中石英+黏土矿物的体积分数都达到了 86%。其中：石英矿物的体积分数都在 50% 以上，为 50.9%～88.4%，主要集中在 60.4%～83.1%，平均为 70.2%；黏土矿物的体积分数基本都在 30% 以下，仅 3 块样品除外，为 7.9%～37.7%，主要集中在 15.7%～29.7%，平均为 21.68%；碳酸盐矿物的体积分数为 0～24.7%，平均为 2.87%；长石的体积分数为 0～15.0%，平均为 3.15%；黄铁矿的体积分数为 0～5.3%，平均为 1.95%。纵向上小烟溪组页岩中的碳酸盐矿物和黄铁矿含量变化相对较小，而石英和黏土矿物在不同深度段页岩中的含量变化较大，但规律不明显，长石含量表现出明显的三分特征，中部 1250～1370 m 段长石缺失，下部 1370 m 以下的深度段的页岩长石含量明显高于上部 1200～1250 m 段（图 3-11）。

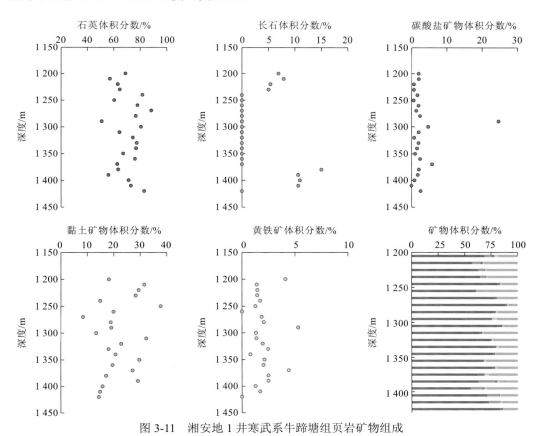

图 3-11　湘安地 1 井寒武系牛蹄塘组页岩矿物组成

# 第二节 页岩气储层的岩相类型

## 一、岩相划分标准

针对细粒沉积岩,根据当前国内外学者对其岩相的划分方法,划分依据可分为三类:①依据泥页岩宏观结构、构造沉积特征;②依据岩石矿物组分含量;③依据岩石中发育的古生物组合。由于岩矿测试方法能够获得精确的矿物组分含量,且泥页岩类矿物组分构成通常较为均一,本节主要依据矿物组分含量对泥页岩的岩相类型进行划分。通过硅质矿物(石英+长石)、碳酸盐矿物和黏土矿物含量上的差异可将页岩类型划分为硅质类页岩、碳酸盐质类页岩、黏土质类页岩和混合质类页岩 4 个大类及对应的页岩岩相组合:①当硅质矿物的体积分数大于 50%时,为硅质页岩岩相组合;②当碳酸盐矿物的体积分数大于 50%时,为灰质页岩岩相组合;③当黏土矿物的体积分数大于 50%时,为黏土质页岩岩相组合;④当硅质、碳酸盐矿物及黏土矿物的体积分数均小于 50%且大于 25%时,为混合质页岩岩相组合。按照三端元体积分数的 25%、50%、75%可将上述 4 个页岩岩相组合(大类)进一步细分为 16 种页岩岩相(类)(表 3-1)。

表 3-1 页岩类型划分方案

| 类型 | | 硅质矿物体积分数/% | 碳酸盐矿物体积分数/% | 黏土矿物体积分数/% |
|---|---|---|---|---|
| 硅质类页岩 | 硅质页岩 | >75 | <25 | <25 |
| | 含灰硅质页岩 | 50~75 | 25~50 | 0~25 |
| | 混合硅质页岩 | 50~75 | 0~25 | 0~25 |
| | 含黏土硅质页岩 | 50~75 | 0~25 | 25~50 |
| 碳酸盐质类页岩 | 灰质页岩 | <25 | >75 | <25 |
| | 含硅灰质页岩 | 25~50 | 50~75 | 0~25 |
| | 混合灰质页岩 | 0~25 | 50~75 | 0~25 |
| | 含黏土灰质页岩 | 0~25 | 50~75 | 25~50 |
| 黏土质类页岩 | 黏土质页岩 | <25 | <25 | >75 |
| | 含硅黏土质页岩 | 25~50 | 0~25 | 50~75 |
| | 混合黏土质页岩 | 0~25 | 0~25 | 50~75 |
| | 含灰黏土质页岩 | 0~25 | 25~50 | 50~75 |
| 混合质类页岩 | 混合质页岩 | 25~50 | 25~50 | 25~50 |
| | 含灰/硅混合质页岩 | 25~50 | 25~50 | 0~25 |
| | 含黏土/硅混合质页岩 | 25~50 | 0~25 | 25~50 |
| | 含黏土/灰混合质页岩 | 0~25 | 25~30 | 25~50 |

## 二、震旦系页岩岩相

宜昌地区鄂宜页 1 井的震旦系主要发育混合灰质页岩和含硅灰质页岩，表现出明显钙质富集的特征（图 3-12）。纵向上，硅质矿物、碳酸盐矿物、黏土矿物含量变化不大，其中以碳酸盐矿物为主，含硅灰质页岩集中分布在陡山沱组中部。据岩相组合特征，主要可分为两个组合段：组合段 I 处于下部，主要由含硅灰质页岩组成；组合段 II 处于上部，主要由混合灰质页岩组成。自下而上表现出钙质含量增加的特征（图 3-12 和图 3-13）。

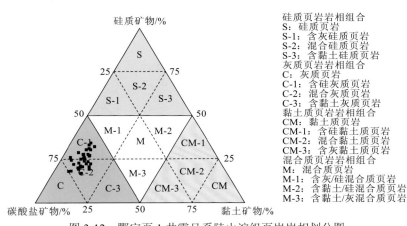

图 3-12 鄂宜页 1 井震旦系陡山沱组页岩岩相划分图

## 三、寒武系页岩岩相

选择宜昌黄陵隆起周缘和张家界雪峰隆起周缘的典型页岩气井进行剖析，研究区内寒武系黑色页岩以硅质类页岩和碳酸盐质类页岩为主，混合质类页岩次之，黏土质类页岩仅见零星分布（图 3-14）。平面上，页岩岩相分布特征受沉积相带控制明显，位于碳酸盐台地—斜坡带的宜昌地区寒武系水井沱组页岩中碳酸盐矿物含量较高，主要为碳酸盐质类页岩和混合质类页岩，而位于半深盆—深盆地带的张家界—安化地区寒武系牛蹄塘组页岩中的碳酸盐矿物含量明显降低，均为硅质类页岩。

此外，从单井的页岩岩相纵向分布特征可知，宜昌地区寒武系水井沱组页岩段的下部多为含黏土硅质页岩，向上变为混合质页岩，上部则以含黏土灰质页岩为主；张家界—安化地区寒武系牛蹄塘组虽然都以硅质页岩岩相组合为主，但也表现出下部硅质矿物明显富集，向上硅质矿物含量逐渐减少，出现含黏土硅质页岩、混合硅质页岩和含灰硅质页岩的特征（图 3-15 和图 3-16）。

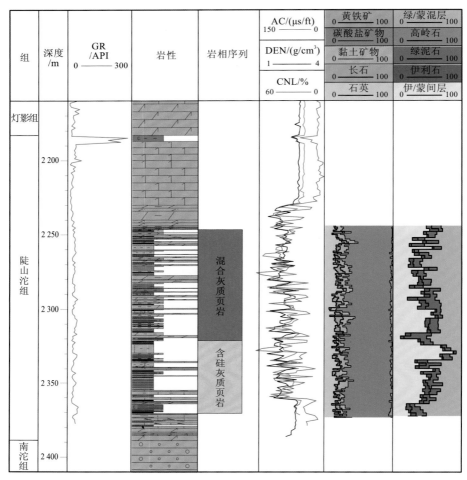

图 3-13 鄂宜页 1 井震旦系陡山沱组页岩岩相垂向发育序列图

GR 为自然伽马；AC 为声波时差；DEN 为密度；CNL 为补偿中子；1 ft = 0.304 8 m

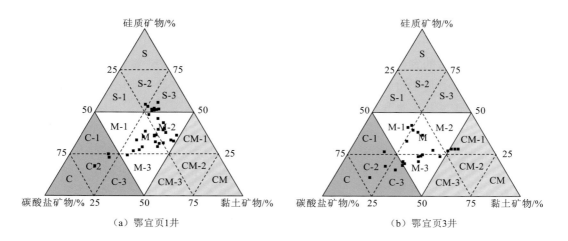

（a）鄂宜页1井

（b）鄂宜页3井

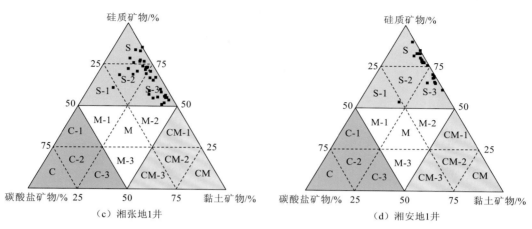

（c）湘张地1井　　　　　　　　　　　　（d）湘安地1井

| 硅质页岩岩相组合 | 灰质页岩岩相组合 | 黏土质页岩岩相组合 | 混合质页岩岩相组合 |
|---|---|---|---|
| S：硅质页岩 | C：灰质页岩 | CM：黏土质页岩 | M：混合质页岩 |
| S-1：含灰硅质页岩 | C-1：含硅灰质页岩 | CM-1：含硅黏土质页岩 | M-1：含灰/硅混合质页岩 |
| S-2：混合硅质页岩 | C-2：混合灰质页岩 | CM-2：含灰黏土质页岩 | M-2：含硅混合质页岩 |
| S-3：含黏土硅质页岩 | C-3：含黏土灰质页岩 | CM-3：含灰黏土质页岩 | M-3：含黏土/灰混合质页岩 |

图 3-14　寒武系水井沱组页岩岩相划分图

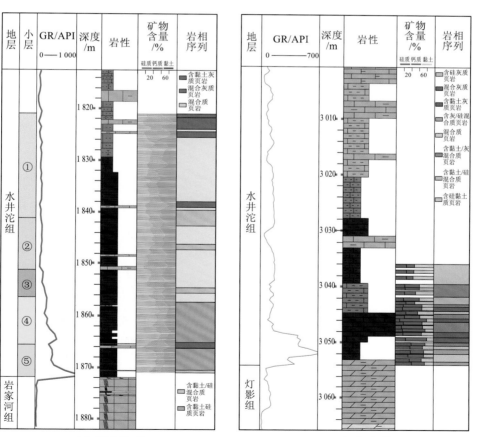

（a）鄂宜页1井　　　　　　　　　　　　（b）鄂宜页3井

图 3-15　宜昌地区寒武系水井沱组页岩岩相序列图

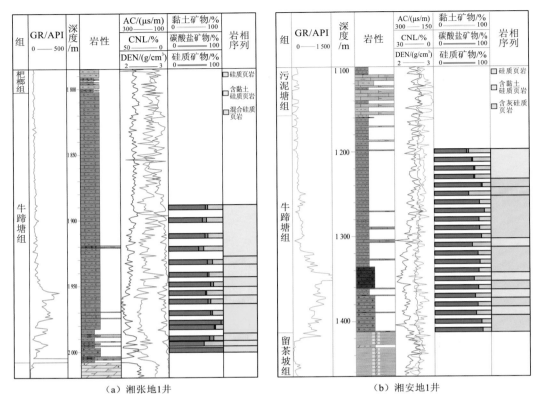

（a）湘张地1井　　　　　　　　　　　　　（b）湘安地1井

图 3-16　张家界—安化地区寒武系牛蹄塘组页岩岩相序列图

## 四、志留系页岩岩相

宜昌地区鄂宜页 2 井的奥陶系五峰组—志留系龙马溪组页岩主要发育硅质类页岩、黏土质类页岩和少量混合质类页岩，以硅质类页岩为主，表现出富硅质的特征（图 3-17）。

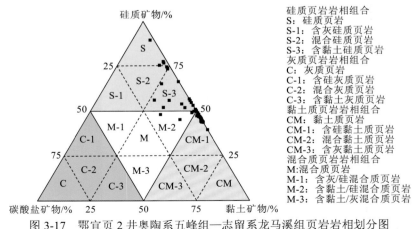

图 3-17　鄂宜页 2 井奥陶系五峰组—志留系龙马溪组页岩岩相划分图

纵向上，奥陶系五峰组—志留系龙马溪组页岩段下部具有相对最高的硅质矿物含量，自下而上表现出硅质矿物含量先逐渐升高后逐渐降低的特征，下部黏土矿物含量相对最少，总体表现出硅质类页岩主要发育在五峰组和龙马溪组下部，向上变为以黏土质类页岩为主的特征（图3-18）。

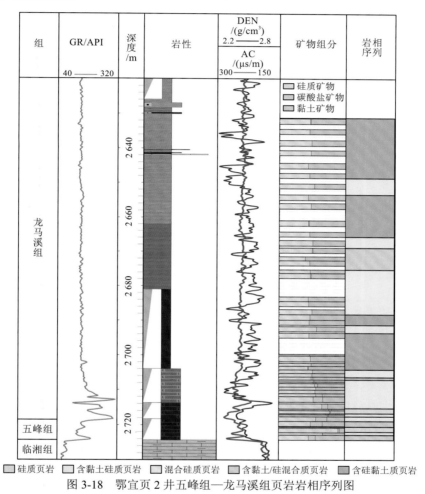

图 3-18　鄂宜页 2 井五峰组—龙马溪组页岩岩相序列图

# 第三节　页岩微观孔隙特征

页岩气勘探开发在国内外迅速发展，极大地促进了页岩气微观储层相关方面的研究，最显著的进展主要表现在对页岩微观孔隙的研究，已从微米级扩展到纳米级。越来越多的实例和数据证实在页岩内部存在众多的微米级、纳米级微孔隙，它们构成了页岩气储层中最重要的储集空间，对天然气的储存和渗流起到了至关重要的作用。

## 一、页岩微观孔隙类型划分

　　页岩微观储集空间分类方案较多，具有代表性的方案可以归纳为基于孔隙尺寸、孔隙产状-结构和孔隙成因三大综合分类。

　　基于孔隙尺寸的分类方案随着实验技术的更新和测量精度的提高，现已被广泛使用。最具代表性的分类方案主要包括国际纯粹与应用化学联合会（International Union for Pure and Applied Chemistry，IUPAC）（Thommes et al.，2015）、钟太贤（2012）和 Loucks 等（2012）的分类方案，其中又以 IUPAC 的分类方案应用最广泛（图 3-19）。

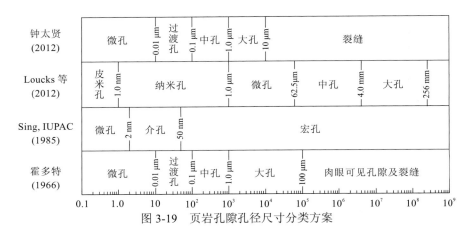

图 3-19　页岩孔隙孔径尺寸分类方案

　　基于孔隙产状-结构的分类方案主要是利用光学显微镜、扫描电镜、纳米计算机断层扫描（Nano-CT）等微区观察技术对页岩中孔隙大小、形状及赋存位置进行直观分析，在孔隙形态学上具有明显优势。该方案主要是源于 Loucks 等（2012）对二叠纪（Permian）盆地和沃思堡（Fort Worth）盆地的 Barnett 页岩、阿科玛（Arkoma）盆地的费耶特维尔（Fayetteville）页岩及德州泥盆系的伍德福德（Woodford）页岩的场发射扫描电镜照片观察总结，将页岩孔隙分为粒间孔隙、粒内孔隙和有机质孔隙及微裂缝，再根据发育孔隙的颗粒属性及与颗粒之间的关系进一步细分。粒间孔隙分为颗粒间孔隙、晶间孔隙、黏土矿物片间孔隙及刚性颗粒边缘孔隙；粒内孔隙分为黄铁矿集合体晶间孔隙、黏土矿物集合体内孔隙、球粒内孔隙、颗粒边缘孔隙、化石体腔孔隙、化石铸模孔隙和晶体铸模孔隙。

　　基于孔隙成因的分类方案主要以孔隙成因机制为主要依据，突出了孔隙成因的重要性，何建华等（2014）在前人研究的基础上系统归纳整理的方案具有广泛借鉴意义（表 3-2）。由于孔隙成因可以从不同角度分析，此分类方案需要准确甄别孔隙成因，有时还需兼顾孔隙的其他特征，导致此方案相对前面两种方案较为复杂。

表 3-2　页岩微观孔隙划分方案

| 成因大类 | 亚类 | 次亚类 | 成因机制简述 |
|---|---|---|---|
| 原生沉积型孔隙 | 粒间孔隙 | 粒屑孔隙 | 矿物颗粒堆积时形成微米级孔隙 |
| | | 絮凝团块孔隙 | 静电凝絮作用形成 |
| | 古生物化石孔隙 | 体腔孔隙 | 古生物死后体腔内保存的微孔隙 |
| | | 格架孔隙 | 低等藻类内残留的孔隙 |
| | | 生物扰动孔隙 | 沉积物的生物扰动作用 |
| | 自生矿物晶间孔隙 | 黄铁矿晶间孔隙 | 草莓状黄铁矿立方体晶形排列时保存的微孔隙 |
| | | 菱铁矿晶间孔隙 | 菱铁矿菱形体晶形排列时保存的微孔隙 |
| | 自生矿物晶内孔隙 | 方解石晶内孔隙 | 晶体缺陷 |
| 成岩后生改造型孔隙 | 有机质孔隙 | 有机质内部孔隙 | 有机质絮团内部微孔隙 |
| | | 干酪根网络孔隙 | 干酪根后期生烃作用形成 |
| | | 沥青质孔隙 | 生烃残余沥青质内部微孔隙 |
| | 矿物质孔隙 | 溶蚀孔隙 | 易溶矿物发生溶蚀形成 |
| | | 黏土矿物孔隙 | 后期黏土矿物之间发生转化形成 |
| | 有机质与矿物颗粒间孔隙 | 疏导孔隙 | 有机质与骨架矿物颗粒接触时所形成的孔隙 |
| | | 闭塞孔隙 | — |
| | 微裂缝 | 充填缝 | — |
| | | 连通缝 | 构造运动、成岩作用及后期生烃膨胀作用等形成 |
| 混合成因型孔隙 | 原生-次生孔隙 | | 早期为原生孔隙，后期一次遭受次生改造 |
| | 重次生孔隙 | | 早期改造的次生孔隙又遭成岩作用的破坏或重建 |

## 二、页岩微观孔隙电镜观察

### （一）陡山沱组

陡山沱组页岩样品源自宜昌地区，镜下观察结果显示页岩中的矿物组分以碳酸盐矿物为主，矿物基质孔隙和微裂缝相对发育，有机质孔隙相对不发育。其中，矿物基质孔隙主要包括粒间孔隙和粒内孔隙，此两种孔隙形态大部分为不规则状，粒间孔隙连通性相对较好，粒内孔隙之间相对孤立、分散，除局部通过孔缝连接，整体连通性较差。陡山沱组页岩在镜下观察到的有机质较少，显微组分为沥青质体，可见典型的纳米球粒结构，有机质内部可见不规则状的孔隙。

**1. 粒间孔隙**

陡山沱组页岩中的粒间孔隙以颗粒间孔隙、晶间孔隙和刚性颗粒边缘孔隙为主。颗粒间孔隙见于碳酸盐矿物之间及碳酸盐矿物与黏土矿物、有机质接触部位，晶间孔隙见于较规则的碳酸盐晶体或石英晶体之间，刚性颗粒边缘孔隙多沿着碳酸盐颗粒或石英颗粒边缘呈不规则线状分布，具有一定的连通性（图 3-20）。

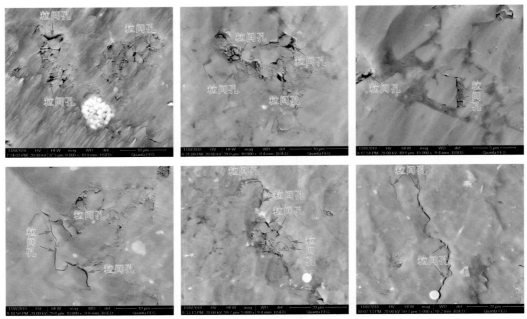

图 3-20　陡山沱组页岩粒间孔隙特征

**2. 粒内孔隙**

陡山沱组页岩中的粒内孔隙见于易溶矿物颗粒或晶体内部及微生物体腔的内部，包括 4 种类型：①颗粒或晶体溶蚀后形成的不规则状（粒内溶孔）和较规则状的孔隙（铸模孔）；②黄铁矿集合体晶间孔隙；③层状黏土矿物集合体内孔隙；④微生物化石内部孔隙。镜下观察到的粒内孔隙以溶蚀孔隙和层状黏土矿物集合体内孔隙为主，其余孔隙类型虽然也有一定分布，但由于孔隙较小且分布位置相对局限，对总孔隙贡献较小。此外，除了铸模孔和层状黏土矿物集合体内孔隙形态具有一定的规则度，其他粒内孔隙均为不规则状，孔隙的结构相对复杂（图 3-21）。

**3. 有机质孔隙**

有机质孔隙源于干酪根热解生烃，见于沥青体内部，镜下观察到的有机质多以不规则填隙状充填于溶蚀孔隙内，也可见条带状有机质与黄铁矿共生。由于陡山沱组页岩热成熟度过高，有机质孔隙总体不发育，甚至有些有机质内部未见孔隙。有机质内部的孔隙形态也较复杂，有似椭圆状、棱角状、港湾状及不规则状等，孔径大小分布不均，但大部分均在 100 nm 以下（图 3-22）。

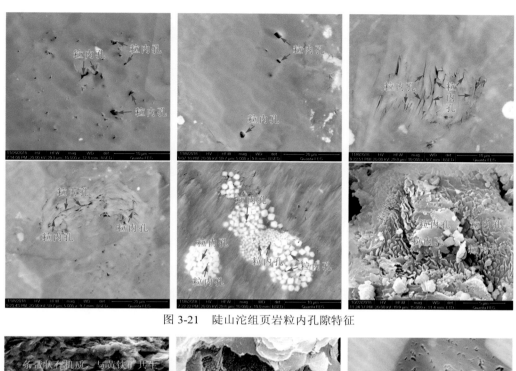

图 3-21　陡山沱组页岩粒内孔隙特征

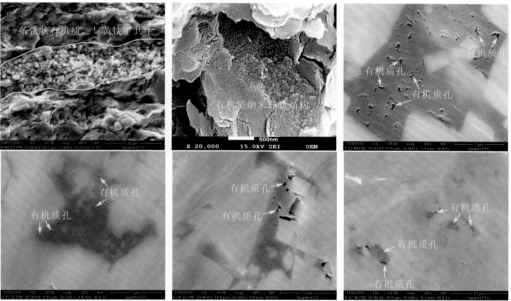

图 3-22　陡山沱组页岩有机质孔隙特征

**4. 微裂缝**

陡山沱组页岩中微裂缝可大致分为构造微裂缝和成岩微裂缝两类：构造微裂缝多切穿矿物颗粒，呈较规则的线状分布，连通性较好；成岩微裂缝多见于具有一定脆性的碳酸盐矿物之间或内部，呈折曲状，局部见一定程度的充填（图 3-23）。

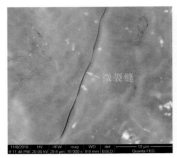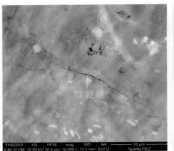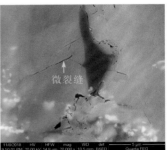

图 3-23　陡山沱组页岩中的微裂缝

## （二）水井沱组/牛蹄塘组

水井沱组/牛蹄塘组页岩样品源自宜昌和张家界地区，页岩孔隙按赋存位置及结构特征可以分为矿物基质孔隙（粒间孔隙和粒内孔隙）、有机质孔隙和微裂缝三类。粒间孔隙主要见于石英颗粒或黏土矿物集合体之间，而页岩中的碳酸盐矿物相对陡山沱组明显降低，粒内溶孔明显减少。页岩中的有机质较陡山沱组明显增加，部分有机质内部孔隙较发育，但部分有机质内部未见孔隙。

### 1. 粒间孔隙

由于宜昌黄陵隆起周缘从侏罗纪开始经历了多期抬升，宜昌地区水井沱组经历的最大埋深比张家界地区牛蹄塘组浅，受成岩压实作用较弱，粒间孔隙相对更为发育。水井沱组/牛蹄塘组页岩中的粒间孔隙以颗粒间孔隙、黏土矿物片间孔隙和刚性颗粒边缘孔隙为主。颗粒间孔隙见于石英、碳酸盐矿物、黏土矿物集合体之间，多为残余粒间孔，可见其受压实或挤压作用而收缩变小，多为不规则状，整体连通性较差；黏土矿物片间孔隙见于黏土矿物集合体之间，也多为不规则状，但具有一定的连通性；刚性颗粒边缘孔隙多沿着石英颗粒边缘呈不规则线状分布，具有一定的连通性（图 3-24）。

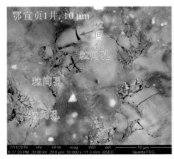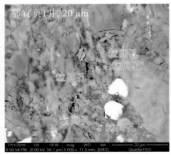

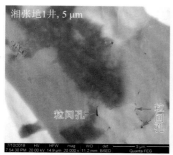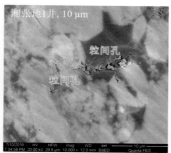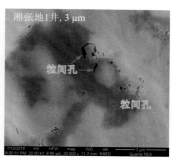

图 3-24　水井沱组/牛蹄塘组页岩粒间孔隙特征

## 2. 粒内孔隙

水井沱组/牛蹄塘组页岩镜下观察到的粒内孔隙以粒内溶孔、黄铁矿集合体晶间孔隙及晶体铸模孔为主，黏土矿物集合体内孔隙多被有机质充填，其余孔隙类型虽然也有一定分布，但由于孔隙较小且分布位置相对局限，对总孔隙贡献较小。粒内溶孔多见于可溶性矿物内部，鄂宜页 1 井寒武系页岩由于富含碳酸盐矿物，可在其内部见较多呈不规则状但相互孤立的粒内溶孔，而湘张地 1 井寒武系页岩中以较稳定的石英类矿物为主，溶蚀孔相对不发育，仅见零星分布。黄铁矿集合体晶间孔隙发育特征相似，尤其是形成于更深水还原环境下的湘张地 1 井，其页岩中的黄铁矿集合体晶间孔隙整体更为发育（图 3-25）。

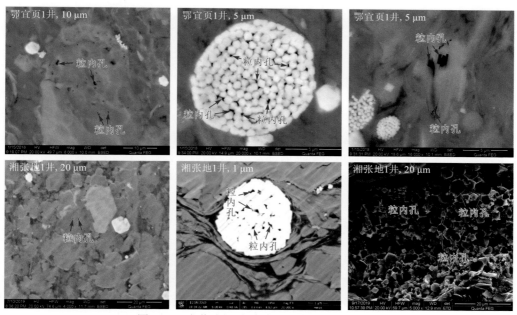

图 3-25　水井沱组/牛蹄塘组页岩粒内孔隙特征

## 3. 有机质孔隙

水井沱组/牛蹄塘组页岩镜下观察发现的有机孔载体主要为沥青质体，呈不规则填隙状、散块状、条带状分布，多与自生（硅质）石英、黏土矿物、黄铁矿等矿物共生。有机质孔隙主要赋存于有机质内部，粒径一般为 20～300 nm。对比分析发现，鄂宜页 1 井寒武系页岩样品中的有机质孔隙大小及面孔率明显优于湘张地 1 井，这可能是湘张地 1 井寒武系页岩热演化程度过高，有机孔发生塌陷并受到上覆围岩的压实作用，导致数量减少、孔径变小。值得注意的是，湘张地 1 井寒武系页岩中有机质可与硅质以复合形式的薄膜状存在，层面上极其发育筛网状孔隙。根据能谱分析结果显示其中含有钼（Mo）和钡（Ba）元素，推测其可能与热液活动的烘烤作用有关（图 3-26）。

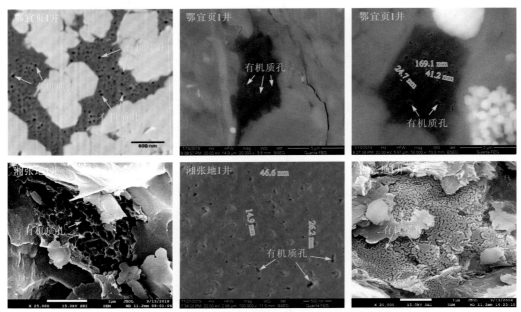

图 3-26　水井沱组/牛蹄塘组页岩有机质孔隙特征

#### 4. 微裂缝

水井沱组/牛蹄塘组页岩镜下观察到的微裂缝可分为成岩微裂缝和构造微裂缝两种，成岩微裂缝分布多限于矿物颗粒或有机质内部及边缘，构造微裂缝多切穿矿物颗粒和有机质，有一定的延伸性，且缝宽较大。这两种微裂缝都呈不规则线状分布，边缘较为平直、光滑。鄂宜页 1 井寒武系页岩中的微裂缝数量多，密度大，较湘张地 1 井更为发育（图 3-27）。

### （三）五峰组—龙马溪组

奥陶系五峰组—志留系龙马溪组页岩样品源自宜昌地区，镜下观察结果显示页岩中的矿物组分以石英为主，矿物基质孔隙、有机质孔隙和微裂缝均较为发育。其中，矿物基质孔隙以粒间孔隙为主，多分布在石英颗粒之间或围绕石英颗粒边缘延伸，形态多不规则，具有一定的连通性。页岩中有机质较为富集，有机质内部见明显的孔隙发育，面孔率较高。由于页岩中石英类矿物多而脆性较大，易受构造应力作用影响产生较多的微裂缝，且微裂缝形态较规则，具有一定的延展性，是页岩气渗流的重要通道。

#### 1. 粒间孔隙

粒间孔隙可按照保留的完整程度分为原生粒间孔隙和残余粒间孔隙。页岩镜下观察

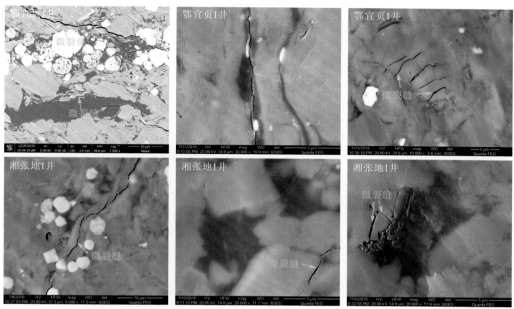

图 3-27　水井沱组/牛蹄塘组页岩微裂缝特征

到的原生粒间孔隙较少，以残余粒间孔隙为主，其容易受压实或挤压作用而收缩变小甚至消失，多见于石英颗粒之间及其与黏土、碳酸盐矿物的接触部位，多为不规则状，其中围绕刚性石英颗粒边缘分布的孔隙多表现为不规则线状的孔缝，具有一定的连通性。碳酸盐矿物和黏土矿物集合体之间也发育一定程度的粒间孔隙，形态也多为不规则状，但数量明显较少（图 3-28）。

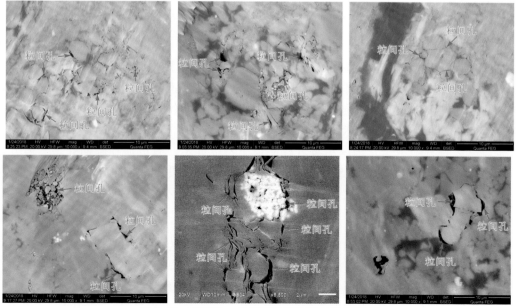

图 3-28　五峰组—龙马溪组页岩粒间孔隙特征

**2. 粒内孔隙**

页岩镜下观察到的粒内孔隙以粒内溶孔、黄铁矿集合体晶间孔隙和黏土矿物集合体内孔隙为主。粒内溶孔多分布在颗粒内部，以不规则状为主，也见少量较规则的铸模孔，多呈孤立状分布。黄铁矿集合体晶间孔隙和黏土矿物集合体（伊利石为主）内孔隙都可见不同程度的有机质充填，前者未被充填的孔隙多为不规则状，后者未被充填的孔隙则表现出一定程度的定向排列特征，孔隙形态多为狭缝状（图3-29）。

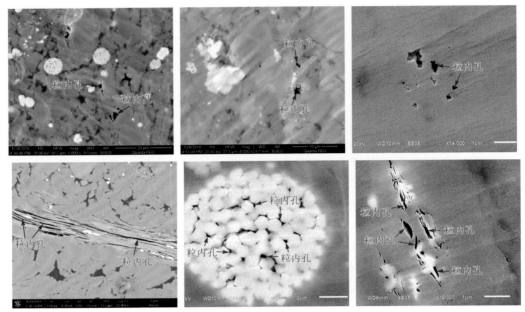

图 3-29　五峰组—龙马溪组页岩粒内孔隙特征

**3. 有机质孔隙**

页岩镜下观察到的有机质多与矿物（石英、黄铁矿、黏土矿物）共生出现，呈散块状、条带状和填隙状分布。其载体多为沥青质体，内部孔隙较为发育，孔隙形态多样，主要发育有圆形、椭圆形、不规则形状、弯月形等形态。有机质孔隙孔径变化范围较大，从纳米级到微米级，且以纳米级孔隙为主，一般镜下多见数十到几百纳米（图3-30）。据鄂宜页2井五峰组—龙马溪组页岩样品镜下特征显示，有机质孔隙面孔率一般介于20%～60%，平均面孔率为36.5%左右。但是，页岩中有机质孔隙的发育也存在非均质性，部分纳米有机质孔隙发育程度差，甚至在扫描电镜下观测不到有机质孔隙。

**4. 微裂缝**

五峰组—龙马溪组页岩中的微裂缝较为发育，可分为成岩微裂缝和构造微裂缝两种：成岩微裂缝分布多限于矿物颗粒或有机质内部及边缘，多为不规则锯齿状；构造微裂缝多切穿矿物颗粒和有机质，多呈线状展布。页岩中观察到的微裂缝多与刚性颗粒伴生，并且具有较好的延展性，尤其是构造微裂缝，其产状平直光滑，在空间上可以连通其他孔隙系统，对页岩气储层物性具有明显的改善作用（图3-31）。

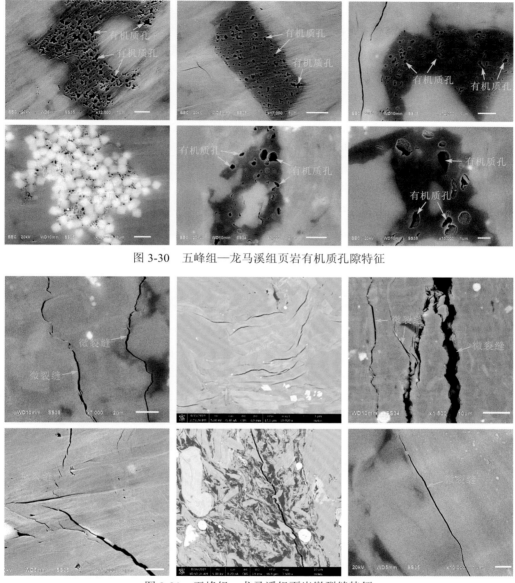

图 3-30　五峰组—龙马溪组页岩有机质孔隙特征

图 3-31　五峰组—龙马溪组页岩微裂缝特征

## （四）页岩孔隙发育差异及定量化表征

### 1. 不同层位的页岩孔隙发育差异

为定量评价不同层位的页岩孔隙发育差异，借鉴王玉满等（2016a）建立的页岩三层岩石物理模型，选择鄂宜页 1 井陡山沱组、水井沱组和鄂宜页 2 井龙马溪组实测数据丰富的页岩层段，根据 TOC、岩石矿物组成及孔径分布特征，选择具有代表性的页岩样品点（表 3-3），分别计算岩石中有机质孔隙、脆性矿物孔隙及黏土矿物孔隙对页岩基质孔隙的贡献。结果表明，三组地层中页岩单位质量有机质产生的孔隙体积（$V_{TOC}$）最大，具有明显的数量级优势。水井沱组和龙马溪组中黏土矿物产生的孔隙体积（$V_{clay}$）次之，脆性矿物产生的孔隙体积（$V_{bri}$）最小，而陡山沱组中则是脆性矿物产生的孔隙体积（$V_{bri}$）次之，黏土矿物产生的孔隙体积（$V_{clay}$）最小。但总体而言，脆性矿物和黏土矿物产生的孔隙体积差距相对较小。

表 3-3　宜昌斜坡带典型富有机质页岩样品参数

| 井名 | 组 | 代表样<br>深度/m | 实验数据 | | | | | 单位质量孔隙体积/（m³/t） | | |
| --- | --- | --- | --- | --- | --- | --- | --- | --- | --- | --- |
| | | | TOC/% | 石英+长石+碳酸<br>盐矿物体积分数<br>/% | 黏土矿物<br>体积分数<br>/% | 总孔隙<br>度/% | 岩石密度<br>/（g/cm³） | $V_{bri}$ | $V_{clay}$ | $V_{TOC}$ |
| 鄂宜<br>页1井 | 水井<br>沱组 | 1 828.00 | 1.64 | 60.50 | 39.50 | 3.28 | 2.589 | 0.008 2 | 0.012 4 | 0.170 0 |
| | | 1 847.50 | 3.47 | 62.30 | 37.60 | 4.10 | 2.613 | | | |
| | | 1 870.50 | 5.13 | 75.10 | 24.70 | 4.59 | 2.556 | | | |
| | 陡山<br>沱组 | 2 334.00 | 0.97 | 87.10 | 11.00 | 2.10 | 2.210 | 0.008 4 | 0.005 1 | 0.169 7 |
| | | 2 348.00 | 1.21 | 80.98 | 15.37 | 2.40 | 2.495 | | | |
| | | 2 370.00 | 1.72 | 86.66 | 10.33 | 2.86 | 2.672 | | | |
| 鄂宜<br>页2井 | 龙马<br>溪组 | 2 708.72 | 2.37 | 55.00 | 38.20 | 5.09 | 2.569 | 0.011 9 | 0.012 5 | 0.359 2 |
| | | 2 716.62 | 3.78 | 75.40 | 20.40 | 6.00 | 2.428 | | | |
| | | 2 722.92 | 2.68 | 65.30 | 33.90 | 5.41 | 2.503 | | | |

通过计算得到的 $V_{bri}$、$V_{clay}$ 和 $V_{TOC}$ 值，对宜昌地区三套富有机质页岩层段的基质孔隙组成的纵向变化规律进行定量表征。

陡山沱组页岩以碳酸盐矿物为主，TOC 较低，页岩中的脆性矿物孔隙对基质孔隙的贡献较大，其体积分数为 66.8%～82.13%，平均为 75.3%；有机质孔隙的贡献率大部分都小于 20%，为 14.2%～27.3%，平均为 18.9%；黏土矿物孔隙对页岩孔隙贡献最小，平均仅为 5.8%。纵向上，脆性矿物孔隙和黏土矿物孔隙对页岩基质孔隙的贡献率变化不明显，有机质孔隙对页岩基质孔隙的贡献率随着深度增加略微升高 [图 3-32 （a）]。

水井沱组页岩中的碳酸盐矿物较陡山沱组明显较低，TOC 明显增加，脆性矿物孔隙对基质孔隙的贡献率为 29.34%～46.62%，平均为 36.78%；有机质孔隙及黏土矿物孔隙对页岩孔隙的贡献率变化较大，分别为 20%～59.2%（平均为 38.31%）和 9.59%～44.81%（平均为 24.92%）。纵向上，脆性矿物孔隙对页岩基质孔隙的贡献率变化不明显，黏土矿物孔隙的贡献率由浅至深逐渐降低，而有机质孔隙的贡献率则随着深度增加逐渐升高，特别是当深度超过 1 847 m 后，随着 TOC 增大（均大于 2.5），其对页岩基质孔隙的贡献率都在 40% 以上 [图 3-32 （b）]。

五峰组—龙马溪组富含硅质，TOC 较高，有机质孔隙对页岩基质孔隙的贡献率最高可达 64.26%，平均为 44.83%；脆性矿物孔隙的贡献率为 25.73%～42.93%，平均为 33.8%；

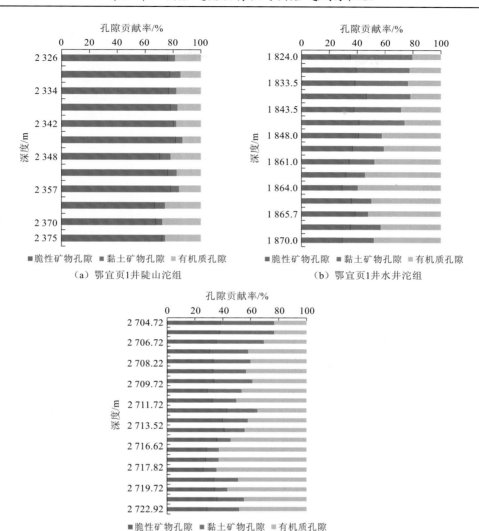

（a）鄂宜页1井陡山沱组　　　　（b）鄂宜页1井水井沱组

（c）鄂宜页2井五峰组-龙马溪组

图 3-32　页岩基质孔隙贡献定量表征

黏土矿物孔隙的贡献率变化较大，为 9.2%～39.4%，平均为 21.37%。纵向上，脆性矿物孔隙对页岩基质孔隙的贡献率变化不明显，黏土矿物孔隙的贡献率由浅至深逐渐降低，而有机质孔隙的贡献率则随着深度增加呈现出先升高后略微降低的趋势［图 3-32（c）］。

**2. 不同岩相的页岩孔隙发育差异**

由于陡山沱组页岩样品均为碳酸盐质类页岩，在垂相上的岩相差异较小，主要以宜昌地区寒武系水井沱组和奥陶系五峰组—志留系龙马溪组页岩为研究对象，通过对电镜图像的统计分析和孔隙定量计算来阐述不同岩相的页岩孔隙发育差异。

寒武系水井沱组以混合质类页岩和硅质类页岩为主，含有少量的碳酸盐质类页岩。硅质类页岩孔隙度整体较高，混合质类页岩次之，碳酸盐质类页岩孔隙度最低［图 3-33（a）］。进一步分析发现：硅质类页岩中有机质孔隙最发育，脆性矿物孔隙次之，黏土矿物孔隙最少；混合质类页岩中脆性矿物孔隙最多，有机质孔隙和黏土矿物孔隙相当；黏土质类页岩中黏土矿物孔隙最多，有机质孔隙和脆性矿物孔隙相当；碳酸盐质类页岩中脆性矿物孔隙最多，黏土矿物孔隙次之，有机质孔隙最少 [图 3-33（b）]。总体而言，硅质类页岩中的有机质孔隙最多，混合质类页岩次之，碳酸盐质类页岩有机质孔隙最少。混合质类页岩中的无机质孔隙最发育，硅质类页岩和碳酸盐质类页岩差别不明显（图 3-34）。

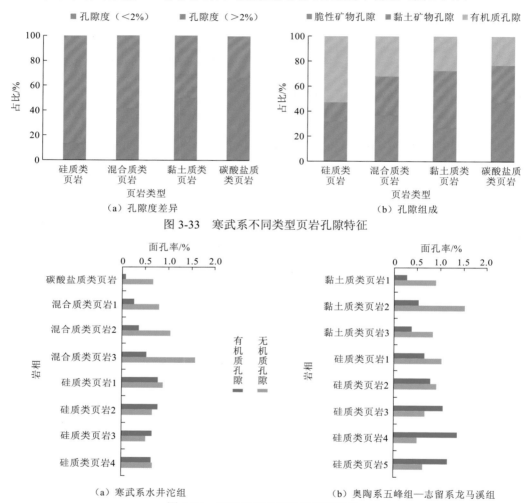

图 3-33 寒武系不同类型页岩孔隙特征

图 3-34 不同岩相页岩孔隙发育差异

奥陶系五峰组—志留系龙马溪组主要发育黏土质类页岩和硅质类页岩。其中，硅质类页岩中的有机质孔隙较黏土质类页岩更多，与寒武系水井沱组相比，电镜下观察到的有机质孔隙明显更为发育。黏土质类页岩中的无机质孔隙数量更多，与硅质类页岩相对，无机质孔隙数量超过了有机质孔隙数量（图 3-34）。

为进一步探讨有机质孔隙的发育特征，对两套层位不同岩相页岩有机质内部面孔率进行统计（图 3-35）。结果表明，寒武系水井沱组中有机质内部面孔率整体低于奥陶系五峰组—志留系龙马溪组，这可能是由于寒武系水井沱组有机质成熟度较高。对寒武系水井沱组而言，硅质类页岩的有机质内部面孔率最高，混合质类页岩次之，碳酸盐质类页岩最低。但值得注意的是，混合质类页岩中有机质内部面孔率大于15%的占比要多于硅质类页岩。对奥陶系五峰组—志留系龙马溪组而言，硅质类页岩中的有机质内部面孔率整体较大，最高可达38%；黏土质类页岩中的有机质内部面孔率相对较低，基本都在20%以下（图3-35）。

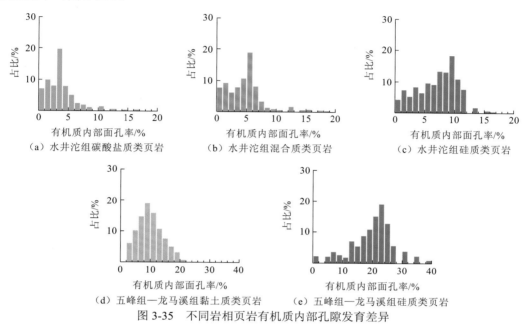

（a）水井沱组碳酸盐质类页岩　（b）水井沱组混合质类页岩　（c）水井沱组硅质类页岩

（d）五峰组—龙马溪组黏土质类页岩　（e）五峰组—龙马溪组硅质类页岩

图3-35    不同岩相页岩有机质内部孔隙发育差异

## 三、页岩微观孔隙孔径分布特征

### （一）震旦系陡山沱组

宜昌地区震旦系陡山沱组页岩样品的氮气吸附-脱附曲线特征显示，其储集空间显示出多孔介质特征。根据 IUPAC 对多孔材料的分类标准，陡山沱组页岩样品的氮气吸附-脱附曲线属于 H3 型，表明页岩孔隙结构较复杂，既有较大孔径的开放孔隙，也有细颈瓶状的半-非透气性微小孔隙，且多为狭窄的缝状孔隙。从孔隙体积的分布特征上看，震旦系陡山沱组页岩的孔隙体积变化率在 2～200 nm 的孔径内存在两个峰值，介孔范围内主要的峰值出现在 3.8 nm 附近，表明此类孔隙在页岩储集空间中数量明显占优。此外，在孔径 4～50 nm 也存在较多的孔隙，其数量随着孔径的增大逐渐增加，但未显示出明显的优势峰值（图3-36）。

### （二）寒武系水井沱组/牛蹄塘组

氮气比表面实验结果表明，宜昌和张家界地区寒武系页岩样品均显示出多孔介质特征，发生了明显的脱附迟滞现象，即当相对压力降低至某值时，脱附曲线会出现明显的

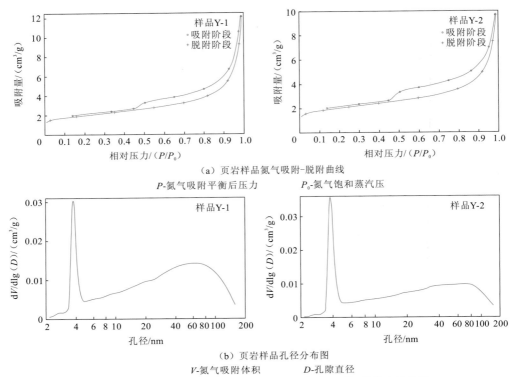

（a）页岩样品氮气吸附-脱附曲线

P-氮气吸附平衡后压力　　　　　　P_0-氮气饱和蒸汽压

（b）页岩样品孔径分布图

V-氮气吸附体积　　　　　D-孔隙直径

图 3-36　鄂宜地 4 井震旦系陡山沱组页岩氮气吸附-脱附曲线特征

下降拐点，该拐点对应样品开放孔隙系统中的最小孔径，表明存在较多的细颈瓶状孔隙。当相对压力处于较低值区间（为 0~0.4）时，吸附曲线与脱附曲线基本重合（图 3-37），表明在较小孔径范围内的孔隙多为一端封闭的半-非透气性孔隙。根据 IUPAC 对多孔材料的分类标准，水井沱组/牛蹄塘组页岩样品的氮气吸附-脱附曲线属于 H3 型，页岩孔隙结构类似于震旦系陡山沱组。

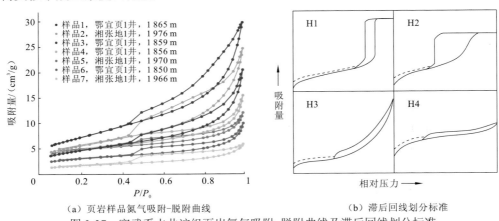

（a）页岩样品氮气吸附-脱附曲线　　　　　（b）滞后回线划分标准

图 3-37　寒武系水井沱组页岩氮气吸附-脱附曲线及滞后回线划分标准

　　为研究区内页岩孔隙分布的差异，对鄂宜页 1 井和湘张地 1 井的岩心核磁共振实验结果进行分析。鄂宜页 1 井寒武系页岩孔径在 10 nm 和 1 μm 附近各存在一个峰值，显示出不对称型双峰分布特征，前峰明显高于后峰，表明孔径在 10 nm 附近的孔隙占比明显大；湘张地 1 井寒武系页岩孔隙孔径仅在 100 nm 附近存在一个峰值，呈单峰分布，表明页岩孔隙的孔径相对集中，并且深度越大样品的峰值越大，向右偏移明显（图 3-38）。此外，宜昌地区水井沱组底部附近 $T_2$ 谱峰值向右移动且出现第二个峰值，表明靠近富有机质页岩层位的底部，页岩的孔隙结构会发生一定程度的改善，张家界地区也具有类似规律，但变化相对不明显。

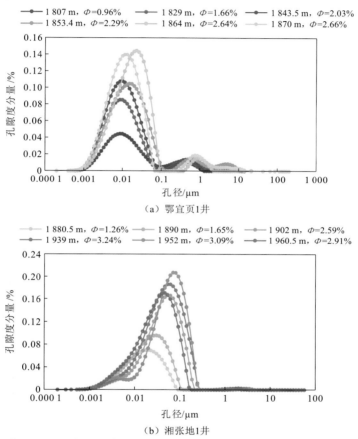

图 3-38　鄂宜页 1 井及湘张地 1 井寒武系页岩核磁共振孔径分布

进一步统计分析发现，鄂宜页 1 井寒武系页岩孔隙孔径以微孔（0～10 nm）和过渡孔（10～100 nm）为主，两者占比平均值分别为 45.5% 和 43.4%，而湘张地 1 井寒武系页岩孔隙孔径以过渡孔为主，其占比平均值可达 69.73%（表 3-4 和图 3-39）。

表 3-4　不同地区寒武系页岩孔隙孔径组成特征　　　　　　（单位：%）

| 井名 | 占比 | | | |
| --- | --- | --- | --- | --- |
| | 孔径 0～10 nm | 孔径 10～100 nm | 孔径 100～1 000 nm | 孔径>1 000 nm |
| 鄂宜页 1 井 | 31.66～57.96 | 34.32～63.56 | 2.80～27.89 | 0.16～5.83 |
| 湘张地 1 井 | 1.19～36.84 | 59.72～75.62 | 0.24～37.90 | 0.04～3.23 |

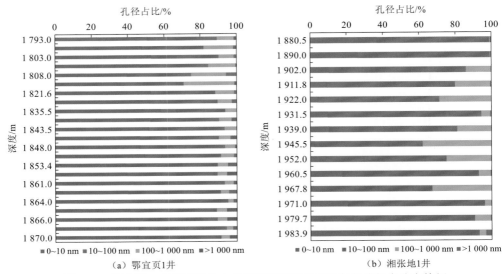

（a）鄂宜页 1 井　　　　　　　　　（b）湘张地 1 井

图 3-39　鄂宜页 1 井及湘张地 1 井寒武系页岩孔隙孔径组成纵向分布特征

对不同孔径段的孔隙对比表面积和孔隙体积的贡献率分析结果表明：孔径大于
10 nm 的孔隙对页岩比表面积的贡献相对较小，但对总孔隙体积的贡献较大，平均贡献
率为 56.32%；孔径小于 10 nm 的孔隙（尤其是小于 2 nm 的孔隙）对页岩比表面积的贡
献较大，平均贡献率达 87.51%，且由于该类孔隙在页岩孔隙中的数量较多，对总孔隙体
积的平均贡献率也达 43.68%（图 3-40）。

此外，对不同岩相的页岩孔隙孔径研究发现，不同的页岩岩相孔隙孔径大小差异明
显，硅质类页岩中的孔隙孔径以 10～100 nm 为主，其余页岩中的孔隙孔径均以 0～10 nm
为主；硅质类页岩和混合质类页岩中的 100～1 000 nm 孔隙较多（图 3-41）。对不同类型
孔隙孔径分布统计发现，有机质孔隙孔径以 10～100 nm 为主，黏土矿物孔隙孔径以 0～
10 nm 为主，脆性矿物孔隙孔径集中度较差，在各个孔径段均有分布，这可能是不规则
状的溶蚀孔隙较多所致（图 3-42）。由此可知，孔隙优势页岩岩相以硅质类页岩最好，
混合质类页岩次之，碳酸盐质类页岩最差。

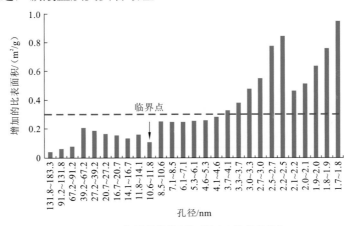

（a）不同孔径段的孔隙对比表面积的贡献率

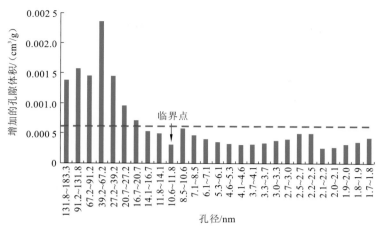

（b）不同孔径段的孔隙对孔隙体积的贡献率

图 3-40　不同孔径段的孔隙对比表面积和孔隙体积的贡献率

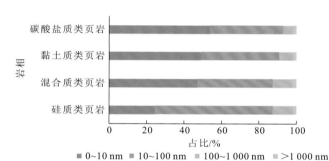

图 3-41　不同岩相条件下的页岩孔隙孔径分布占比

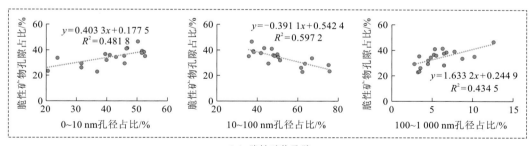

（a）脆性矿物孔隙

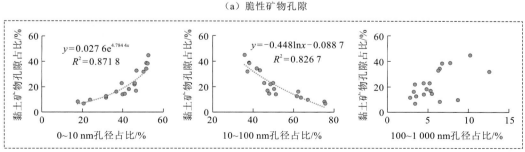

（b）黏土矿物孔隙

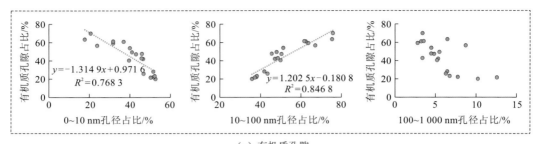

（c）有机质孔隙

图 3-42　不同类型孔隙孔径分布占比

## （三）奥陶系五峰组—志留系龙马溪组

页岩中除微孔、介孔外，还有宏孔。吸附测试孔径适用于测试微孔与介孔，而靠氮气吸附测试的大孔可信度低，需要采用压汞实验测试页岩中的宏孔分布，即孔径大于 50 nm 的孔隙分布。本节主要采用高压压汞法、氮气吸附-脱附法和压汞-液氮吸附联合测定分析法，对宜昌地区奥陶系五峰组—志留系龙马溪组页岩孔隙结构进行研究。

### 1. 高压压汞法

鄂宜页 2 井奥陶系五峰组—志留系龙马溪组 6 件页岩样品的高压压汞实验结果显示：奥陶系五峰组—志留系龙马溪组页岩中的孔隙在孔径 0.004 μm 附近存在一个主峰，表明孔径以介孔为主；孔径在 0.4 μm 和 1 μm 附近存在次高峰，说明存在一定数量的宏孔（图 3-43）。

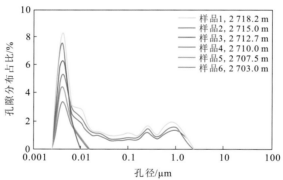

图 3-43　鄂宜页 2 井奥陶系五峰组—志留系龙马溪组页岩孔隙孔径分布

### 2. 氮气吸附-脱附法

鄂宜页 2 井奥陶系五峰组—志留系龙马溪组共 4 件页岩样品的氮气吸附-脱附实验结果显示，页岩中的孔隙在孔径 13～14 nm 处存在一个主峰，在 73～75 nm 处存在一个次峰，表明孔径为 13～14 nm 的孔隙在页岩中的数量优势明显。此外，累计孔隙体积曲线特征显示孔径小于 13 nm 的孔隙体积增加速度比孔径大于 14 nm 的孔隙体积增加速度快，表明孔径小于 13 nm 的孔隙对页岩总孔隙体积贡献较大，其累计孔隙体积占比均大于 60%（图 3-44）。

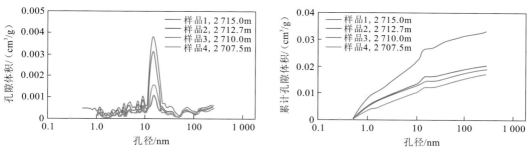

图 3-44　鄂宜页 2 井奥陶系五峰组—志留系龙马溪组岩心页岩孔隙孔径分布特征

**3. 压汞-液氮吸附联合测定分析法**

利用高压压汞法和氮气吸附-脱附法对孔隙结构进行联合测定，将两种方法测定的不同范围内的孔径分布结果进行归一化处理和计算，通过物理量的变换和衔接，得到完整的页岩孔径分布曲线。

结果显示，鄂宜页 2 井奥陶系五峰组—志留系龙马溪组页岩孔隙孔径分布曲线主要存在三个峰：0.5 nm 附近存在一个峰；13.5 nm 附近存在一个峰，且 13.5 nm 处的峰是整个页岩样品中的最高峰；第三个峰为 500 nm 附近（图 3-45）。孔径分布直方图显示页岩主要发育微孔和介孔，发育少量的宏孔，小于 2 nm 的孔隙占 30%~40%，2~50 nm 的孔隙占 48%~63%，大于 50 nm 的孔隙占比基本都低于 10%（图 3-46）。

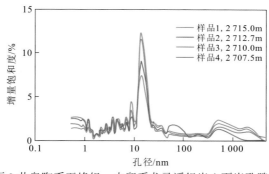

图 3-45　鄂宜页 2 井奥陶系五峰组—志留系龙马溪组岩心页岩孔隙孔径分布曲线图

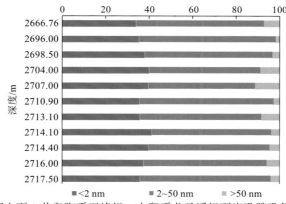

图 3-46　鄂宜页 2 井奥陶系五峰组—志留系龙马溪组页岩孔隙孔径分布直方图

综合以上几种方法对鄂宜页 2 井奥陶系五峰组—志留系龙马溪组页岩孔隙结构特征的研究可知：页岩孔隙孔径分布范围广，但主要存在 4～8 nm、13～15 nm、600～700 nm 三个峰值，其中 13～15 nm 处的峰是整个页岩样品中的最高峰，表明页岩孔隙以介孔为主，有少量宏孔和微裂缝。

## 四、页岩微观孔隙发育主控因素

页岩微观孔隙作为页岩气赋存的主要储集空间，其发育受沉积、成岩和生烃过程中多种地质因素影响。但因所处的沉积-构造部位不同，经历的地质作用过程也不尽相同，导致影响微观孔隙发育的主控因素也有所区别。宜昌地区作为中扬子高演化页岩气勘探的重大突破区，开展高演化页岩微观孔隙发育的主控因素研究，尤其是针对区内首次发现工业气流的寒武系水井沱组，具有较大的理论价值和实际应用意义。

### （一）总有机碳量

页岩主要由矿物基质和有机质组成，有机质在生-排烃过程中能为页岩气赋存提供大量的孔隙空间，而 TOC 是衡量有机质多少的重要指标。通过对鄂宜页 1 井寒武系水井沱组产气页岩段的采样测试发现，TOC 随埋深增加逐渐升高，在靠近底部位置达到最高，然后略微降低。TOC 与孔隙度整体呈正相关（图 3-47），尤其是在 TOC 大于 2.0%的富有机质页岩段，两者之间存在明显的正相关，表明研究区内页岩中的有机质对孔隙发育具有重要贡献。

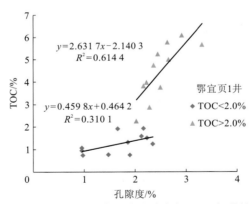

图 3-47　鄂宜页 1 井页岩孔隙度与 TOC 相关性

### （二）矿物组分

页岩的矿物组分由于具有不同成岩演化特征和力学性质，在其演化和后期改造过程中对页岩储集空间的贡献差异明显。矿物组分的差异不仅在一定程度上决定了孔隙类型，也会影响孔隙的大小、形态和规模。本节将页岩矿物组分分为黏土矿物、碳酸盐矿物和脆性矿物三大类，分别阐述其对页岩孔隙的影响。

宜昌地区寒武系水井沱组页岩孔隙体积、比表面积与黏土矿物的含量呈正相关，尤其是当伊/蒙间层矿物的体积分数大于40%，页岩的孔隙体积和比表面积明显增大。层状黏土矿物的脱水转化能够产生大量的孔隙，同时也可以提供更多的吸附点位（图3-48）。

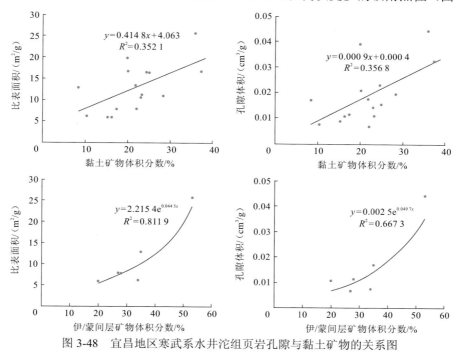

图3-48　宜昌地区寒武系水井沱组页岩孔隙与黏土矿物的关系图

原生的碳酸盐矿物经过溶蚀作用后能产生微米级的溶蚀孔隙，有利于孔隙改善；次生的碳酸盐矿物多为一种指示意义，代表与外界沟通、后期充填，不利于孔隙发育。此外，次生的碳酸盐矿物多为填隙状充填，会减少或阻塞原有孔隙，同时也使得孔隙结构复杂化。扫描电镜观察显示，与次生的方解石、白云石共生的有机质内部孔隙不发育，尤其是次生方解石晶体间充填的有机质常未见孔隙发育（图3-49）。

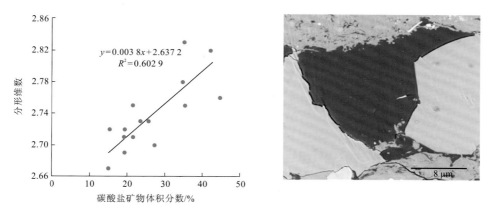

（a）页岩孔隙分形特征与碳酸盐矿物的关系图　　（b）扫描电镜下碳酸盐矿物颗粒间充填的有机质孔隙特征

图3-49　宜昌地区寒武系水井沱组页岩孔隙与碳酸盐矿物的关系图

石英作为页岩的重要矿物组成,不仅对页岩的脆性具有显著影响,对页岩孔隙的发育也具有积极作用。尤其是自生石英,其颗粒形态较规则,可以提供孔径较大的残余粒间孔隙和粒间溶孔,同时由于其具有较好的刚性支撑作用,可以有效地抵御外力作用保护孔隙,并使孔隙之间具有一定的连通性,分形维数与石英含量的弱负相关性证实石英含量较高,页岩孔隙结构相对优越。而当石英颗粒间的孔隙充填了有机质时,大量的扫描电镜观察显示与自生石英共生的有机质内部海绵状孔隙发育,大小形态均一,表明在生烃作用后有机质孔隙被保存得较好(图3-50)。此外,石英脆性较好,在受外力作用时发生破裂,也能够产生较规则的微裂缝,这些微裂缝是页岩气渗流的重要通道。

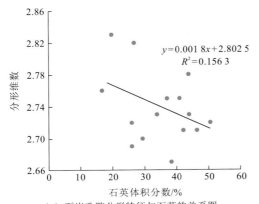
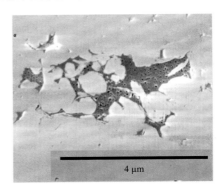

(a)页岩孔隙分形特征与石英的关系图　　　(b)扫描电镜下石英颗粒间充填的有机质孔隙特征

图3-50　宜昌地区寒武系水井沱组页岩孔隙与石英的关系图

# 第四节　页岩气赋存机理

与常规油气不同,页岩既是生气层,也是储集层,页岩气多具有原地成藏、近源成藏的特点。页岩气本身具有较强的非均质性,储集空间多表现出明显的多孔介质特性,再加上受到多期构造运动和高热演化背景下各种地质因素的影响,导致其在富集成藏过程中的赋存相态和比例会不断发生变化。

## 一、页岩含气性影响因素

### (一)岩性

宜昌地区以下寒武统水井沱组富有机质页岩为目的层的钻井普遍有含气显示。但现场解吸结果显示,含气量大小在不同层位有较大差异。纵向上,底部优质页岩层段含气量最高,自下而上水井沱组页岩总含气量逐渐降低。水井沱组岩性主要为碳质页岩、钙质页岩、泥灰岩和石灰岩、硅质白云岩,岩性与含气量对应关系较好(图3-51),碳质页岩含气量最高,一般为1.19～5.48 m³/t,平均为2.93 m³/t;钙质页岩含气量次之,一般为 0.58～2.57 m³/t，平均为 1.08 m³/t；石灰岩、泥灰岩含气量较低，介于 0.31～1.37 m³/t，平均为 0.73 m³/t；硅质白云岩含气量最低，平均不超过 0.50 m³/t。

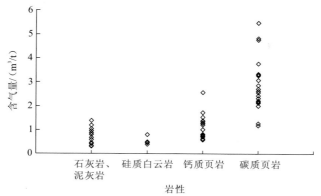

图 3-51 鄂宜页 1 井水井沱组岩性与含气量的关系图

研究区岩性与含气量对应关系较好，岩性直接反映沉积环境。水井沱组下段为陆棚相沉积的黑色碳质页岩、薄层钙质页岩，夹深灰色泥晶灰岩透镜体，陆棚水体较深，藻类在沉积埋藏后期生烃并滞留致使含气量高，黑色碳质泥岩总含气量平均为 3.85 m³/t。水井沱组中段陆棚内缘斜坡带主要沉积钙质页岩，由于泥岩与石灰岩互层使有机质稀释，且灰质含量较高不利于有机质的保存，其含气量比陆棚相碳质页岩低，实测含气量平均为 2.27 m³/t。水井沱组上段主要为局限台地相深灰色泥灰岩、石灰岩，泥质含量少，含气量最低，总含气量低于 0.5 m³/t。

（二）总有机碳量

鄂宜页 1 井水井沱组页岩 TOC 分布于 0.43%～10.45%，平均为 2.62%，自上而下 TOC 逐渐升高，总体上水井沱组页岩具有良好的原始生气基础。研究表明，随着页岩 TOC 升高，解吸气含量和总含气量不断增加，解吸气含量与页岩 TOC 之间存在很强的正相关关系（图 3-52），拟合系数（$R^2$）达 0.8664，表明 TOC 是控制含气量的主要因素。利用建立的线性关系式可以对已知 TOC 的页岩的含气量进行初步预测，当页岩 TOC 为

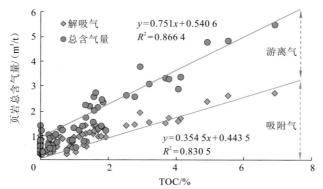

图 3-52 鄂宜页 1 井水井沱组页岩解吸气含量与 TOC 的关系图

2%时，吸附气含量为 0.92 m³/t；TOC 为 5%时，吸附气含量为 2.38 m³/t；总含气量大于 2 m³/t 的页岩 TOC 一般超过 1.6%。高 TOC 的页岩中气体赋存主要与有机质颗粒有关，原因是 TOC 越高，页岩生气量越大，有机质孔隙越发育，高 TOC 页岩通常具有较高的孔隙度和含气饱和度，增加了游离气的存储空间（王飞宇 等，2013）。并且泥页岩微孔、介孔比表面积随着 TOC 升高而增大（Ross and Bustin，2009），微孔越发育，微孔比表面积越大，加之有机质表面具亲油性，对气态烃的吸附能力较强，吸附气含量也随之升高。

### （三）矿物组分

在宜昌斜坡带，寒武系水井沱组下部黑色页岩可见大量生物结构石英。水井沱组页岩含气量与石英含量呈明显正相关[图 3-53（a）]，两者相关系数 $R^2$ 可达 0.502 2。由于石英抗压实能力强，石英颗粒可构成一个相对刚性的格架，有利于孔隙的保存，石英含量越高，孔隙度越大，含气量越高。

此外水井沱组页岩中普遍存在黄铁矿，岩心观察表明，黄铁矿多呈毫米级的草莓状、显微星点状散布于页岩中，斯伦贝谢 ELANPlus 测井解释含气页岩层黄铁矿体积分数为 0.20%～6.22%，平均为 2.55%。黄铁矿与含气量呈同步正向变化[图 3-53（b）]，表明页岩原始沉积时的还原环境有利于有机质的保存，高的海洋生物生产力造成有机碳大量输入的同时形成高强度的硫酸盐还原环境，水体或孔隙水中的 S²⁻ 以铁的硫化物形式与有机质同时埋藏，这类沉积的原生黄铁矿大量发育是强还原环境的体现。

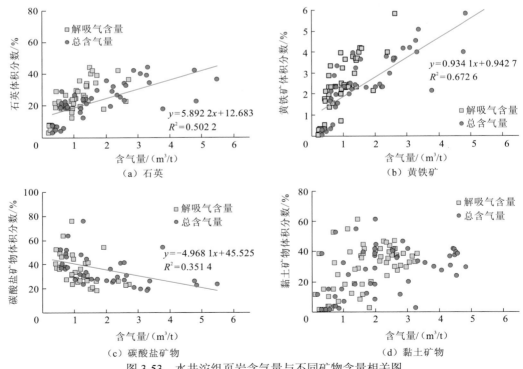

图 3-53　水井沱组页岩含气量与不同矿物含量相关图

统计还表明，页岩含气量与碳酸盐矿物含量呈弱负相关[图 3-53（c）]，根据对水井沱组页岩层段矿物组分特征分析，页岩中碳酸盐矿物含量较高，方解石的体积分数为 3.6%～40.6%，白云石的体积分数为 1.2%～24.6%，碳酸盐矿物的体积分数平均为 26%，其含量的升高会减少页岩的孔隙，使游离气储集空间减小，特别是方解石在埋藏过程中常发生胶结作用，将进一步减小孔隙空间。

黏土矿物是页岩的重要组成部分，黏土矿物的含量和类型对页岩含气量也有一定的影响，通过建立鄂宜页 1 井含气量与黏土矿物含量的关系可知，解吸气含量和总含气量与黏土矿物含量关系不大[图 3-53（d）]。前人研究（王茂桢 等，2015；吉利明 等，2012）表明，黏土矿物具有较小的颗粒体积和较大的微孔体积及比表面积，矿物晶体结构和形态差异导致矿物吸附能力的差异，页岩主要矿物组分对甲烷（$CH_4$）的吸附能力存在差异，各种矿物对甲烷的吸附能力次序为蒙脱石＞伊/蒙间层＞高岭石＞绿泥石＞伊利石＞石英。研究区水井沱组页岩中黏土矿物占比较高，解吸气含量与黏土矿物含量相关性低的原因较为复杂。一方面，黏土矿物含量的增加有利于形成与黏土矿物相关的晶间孔隙和收缩缝等储集空间（王茂桢 等，2015），对游离气含量的增加有利，高含量的伊/蒙间层矿物对页岩气还具有较强的吸附能力，有利于页岩吸附气含量的提升；另一方面，高含量的黏土矿物通常造成储层束缚水含量较高，降低游离气的饱和度，水井沱组页岩总含气量与黏土矿物含量的相关系数较低，可能与页岩中束缚水饱和度很高有关。鄂宜页 1 井核磁共振测井表明，1840～1872 m 的优质页岩储层的核磁共振总孔隙度较高，平均为 3%～4%，但大部分为黏土束缚水孔隙度，页岩有效孔隙度相对较低，平均为 1.9%～2.9%，黏土束缚水孔隙度为 1.0%～2.0%，大量研究也表明，黏土矿物表面吸附的水分子会挤占甲烷分子的吸附空间（田华 等，2016），有效孔隙度的降低会减小游离气的储集空间，最终导致总含气量与黏土矿物含量的相关性较低。

（四）孔隙度

储集空间大小是影响页岩气含量及页岩气赋存状态的重要因素（Ross and Bustin，2012）。研究区水井沱组页岩致密，孔隙度平均为 1.6%～2.8%，其中孔隙度在 1%～3% 的样品占 77%，孔隙度大于 3% 的样品占 19.7%，渗透率为 1～3 mD，为典型的低孔低渗页岩。对鄂宜地 2 井、鄂宜页 1 井实测孔隙度与解吸气含量的统计表明，两者存在较弱的正相关性[图 3-54（a）]。高 TOC 的页岩具有较高的孔隙度和含气饱和度，表现出高的游离气含量。此外，水井沱组页岩孔隙类型可分为有机质孔隙、黏土矿物孔隙、脆性矿物孔隙，以有机质孔隙和黏土矿物孔隙为主，其中有机质纳米孔隙分布最为广泛，为页岩气吸附提供了最主要的储集空间，表现为吸附气含量与页岩孔隙度呈正相关。

除了孔隙体积，孔隙结构也能影响页岩的储集能力，进而影响页岩含气量。用高压压汞和氮气吸附脱附联测，观察页岩中纳米孔径的分布，鄂宜地 2 井水井沱组页岩主要发育微孔和介孔，发育少量的宏孔，孔径主要分布在 0.5～1.0 nm 和 13～15 nm，孔径小于 2 nm 的孔隙占 40%～70%，2～50 nm 孔径的孔隙占 25%～40%，还发育少量的宏孔，孔径达到数百到数千纳米[图 3-54（b）]。研究区水井沱组页岩孔隙以有机质微孔和介

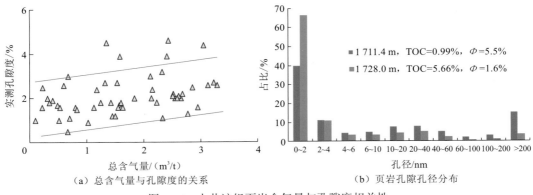

（a）总含气量与孔隙度的关系　　　　　（b）页岩孔隙孔径分布

图 3-54　水井沱组页岩含气量与孔隙度相关性

孔为主，宏孔发育较少，面孔率一般为 13%左右。介孔体积在总孔隙体积中占优，表明黏土矿物与石英的含量控制页岩游离气的储集空间。微孔与介孔比表面积大致相当，小于 10 nm 的孔隙提供了大量比表面积，这类孔隙以有机质孔隙为主要代表，控制了页岩的吸附能力。此外，由于宏孔孔径超过了最大有机质孔隙孔径的大小，表明无机质孔隙是其宏孔的主要贡献者。综上分析，水井沱组页岩含气量与孔隙度呈正相关，但两者的相关系数较低，页岩中微孔分布差异是含气量差异的主要因素。

（五）其他因素

除以上地质因素外，有机质成熟度、页岩层厚度、埋深等多种地质因素也会影响页岩的含气量。

第一，当 $R_o$ 为 1.0%～3.5%时，页岩有机质成熟度越高，越有利于页岩气聚集成藏。对于热成因型气藏，含气量随页岩有机质成熟度的升高而逐渐增加。根据北美和我国南方海相页岩气勘探与生产实践（程鹏和肖贤明，2013；Chalmers and Bustin，2012），北美页岩气开发区热成熟度最高的是 Marcellus 页岩，$R_o$ 为 1.0%～3.5%，但 $R_o$>3.0%的区域不到页岩分布面积的 1/10。商业性页岩气藏的 $R_o$ 一般为 2.0%～3.5%，热成熟度过高（$R_o$>3.5%）时，页岩样品的微孔比表面积开始降低，介孔与微孔的体积之和一直增加，但其比表面积有降低的趋势（程鹏和肖贤明，2013）。研究区水井沱组页岩的一个显著特点是热成熟度相对较低，实测 $R_o$ 均低于 3.0%。研究表明，黄陵隆起作为元古代刚性基底，构造稳定。磷灰石裂变径迹测试数据揭示黄陵隆起及周缘地区沉积盖层经历了一个单向冷却的过程，中晚三叠世—中侏罗世和早白垩世早期埋藏至地下 210 ℃地热等温线后，并未经历后期中高温加热（沈传波 等，2009），现今测得的黄陵隆起及周缘地区地温梯度仅为 2.17 ℃/100 m。以上因素使得黄陵隆起及周缘地区寒武系等古老页岩在埋藏过程中经历的最大古地温较低，页岩热演化程度相应较低，对页岩气形成富集有利。

第二，页岩层厚度在一定程度上控制着页岩气藏规模的大小及经济效益。理论研究表明，泥质岩层厚度大于 1 m 时就可以起到封盖作用（王濡岳 等，2016），但实际上必须考虑岩性横向上的稳定性，烃类气体总是在最薄弱的地区散失。页岩层厚度的增大会降低或堵截连通孔喉垂向上的连通性，防止气体扩散，地质历史时期气体扩散强度与盖层的厚度呈正比。因此具有工业价值的含气页岩层厚度下限为 15 m，具有良好经济效益的优质页岩气藏的页岩层厚度应大于 30 m。宜昌地区已发现的页岩气井水井沱组页岩层厚度大于 70 m，具有一定的页岩气藏规模，同时对页岩气封隔保存具有较好的作用。

第三，物性资料研究表明，在没有裂隙和断层发育的情况下，泥质页岩在埋深加大、时代变老、热演化程度升高时，由于上覆地层的压实作用加大，泥岩孔喉半径、最大连通孔喉半径减小，孔隙度、渗透率降低，扩散系数也变小，页岩比表面积、密度、硬度增大，突破压力也增大，页岩的封盖能力变好（胡东风 等，2014；聂海宽 等，2012）。宜昌地区埋深对页岩气含量有直接影响，如鄂宜地 2 井、鄂宜页 1 井水井沱组页岩最大埋深超过 1700 m 时，页岩含气性好。与之邻近的鄂秭地 2 井水井沱组底部埋深不超过 360 m，该井现场解吸气体组分中 $N_2$ 体积分数高达 44.63%，表明在埋深较浅的条件下，页岩气的保存条件差，页岩含气性差。

## 二、页岩气吸附及解吸逸散

页岩由于源储一体的特征，本身具有较强的非均质性，其储集空间是一种多孔介质系统，受多期构造运动和高热演化背景下各种外界因素的影响，页岩气在富集成藏过程中的赋存相态和比例会不断发生变化，页岩气在产出阶段也表现出游离气释放—吸附气解吸—游离气释放的动态过程。为研究页岩气的吸附-解吸转化特征，以鄂宜页 1 井现场解吸实验为依据，按一定时间间隔采集气体进行测试分析。

### （一）解吸过程的气体组分变化

在现场进行装样时，解吸罐内充满空气，因此在前 1 h 内的解吸过程中解吸气含有大量的 $N_2$。如图 3-55 所示，随着解吸时间延长，气态烃含量增加，非烃（主要是 $N_2$）含量减少。比较前后两个阶段解吸气组分的变化，在解吸早期，$CH_4$ 和 $N_2$ 的含量变化较大；在解吸中期—后期，$C_2H_6$ 和 $CO_2$ 的含量变化大。两阶段气体组分变化明显，其根本原因是页岩对 $CH_4$、$C_2H_6$、$CO_2$、$N_2$ 的吸附能力不同。

页岩和煤对气体的吸附方式具有相似性，煤层对瓦斯气的吸附研究可用来解释页岩气吸附-解吸过程中的气体组分变化。一般认为，煤层/页岩中吸附气主要附着在有机质表面，其状态服从朗缪尔（Langmuir）方程。前人研究认为煤和页岩对气体的吸附均为物理吸附，本质是有机质表面与页岩气分子间的相互吸引。在解吸阶段，处于振动平衡态的页岩气分子为了能离开表面成为自由气体，必须吸收能量才能克服作用力，这种脱附是一个吸收热量的过程，吸收的能量通常定义为吸附势垒。吸附势垒由孔隙结构和气体分子的性质决定，分子极性越强、吸附力越强，脱附所需的能量越大。煤对气体分子的吸附作用力包括静电作用力、诱导力和色散力，其可以通过分子热力学和表面物理

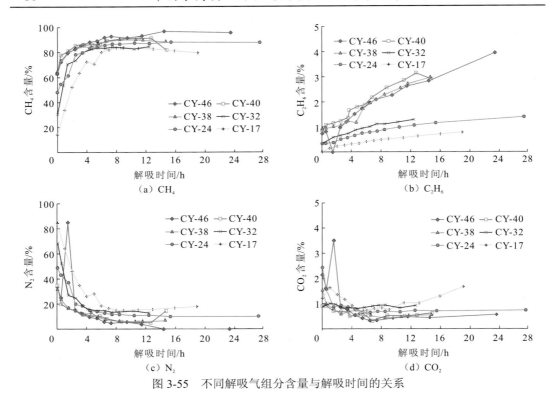

图 3-55　不同解吸气组分含量与解吸时间的关系

化学计算获得（表 3-5）。可以看出，对于天然气中常见的 $CH_4$、$N_2$ 和 $CO_2$，其最主要的相互作用力是色散力，其次是诱导力，静电作用力可以忽略不计。吸附作用力大小依次为：非极性分子（$N_2 < CH_4 < CO_2$）＜极性分子（$H_2O$），$N_2$、$CH_4$、$CO_2$ 的吸附能力依次增强，$C_2H_6$ 和 $CO_2$ 的临界温度接近，推测吸附能力也相近。

表 3-5　煤中不同吸附介质作用力估算（20℃，102.325 kPa）

| 气体 | 临界温度/℃ | 静电作用力/（kJ/mol） | 诱导力/（kJ/mol） | 色散力/（kJ/mol） | 吸附作用力/（kJ/mol） |
|---|---|---|---|---|---|
| $N_2$ | -126.20 | $-4.02 \times 10^{-23}$ | -0.334 | -21.294 | -21.628 |
| $CH_4$ | -82.57 | 0 | -0.036 | -29.244 | -29.280 |
| $CO_2$ | 31.06 | $-33.0 \times 10^{-23}$ | -1.734 | -49.036 | -50.770 |
| $C_2H_6$ | 32.37 | | | | |
| $H_2O$ | 374.10 | | | | |

从解吸气组分变化规律来看：解吸早期（前 3 h，38℃）吸附能力弱的 $CH_4$ 和 $N_2$ 相对容易从页岩中解吸出来；解吸晚期（后 3 h，大于 78℃），$CH_4$ 和 $N_2$ 的含量保持不变，表明 $CH_4$ 和 $N_2$ 接近解吸完毕。$C_2H_6$ 情况与之相反，吸附能力强的 $C_2H_6$ 在前 3 h 解吸量低，而在解吸末端 $C_2H_6$ 的含量仍保持缓慢上升的趋势（图 3-55），表明仍有较多的 $C_2H_6$ 未解吸。$CO_2$ 的解吸情况与 $C_2H_6$ 类似，解吸末端仍有相当量的 $CO_2$ 未解吸，其含量也保

持缓慢上升的趋势。这表明混合气体刚开始解吸时，解吸的气体成分主要是吸附性弱的 $CH_4$ 和 $N_2$，随着温度升高、解吸时间延长，吸附性弱的气体分子浓度降低后，吸附性强的 $C_2H_6$ 和 $CO_2$ 才逐渐解吸。

### （二）解吸气碳同位素组成特征

天然气同位素组成与烃源岩母质特征、热成熟度密切相关，常用于划分煤型气和油型气、判断沉积水介质条件等。海相烃源岩中甲烷碳、氢同位素随着热演化程度增大呈逐渐富集的趋势，主要与母体在热演化过程中有机键活化能差异导致的分馏作用有关。有机母质上 $^{12}C—^{12}C$ 键、$^{12}C—^{13}C$ 键及 $^{13}C—^{13}C$ 键间的键能各不相同，断开 $^{12}C—^{12}C$ 键所需的活化能最小，断开 $^{13}C—^{13}C$ 键所需的活化能最大（Fuex，1977），这使得热成熟度增加时，甲烷会逐渐富集 $^{13}C$。天然气氢同位素分馏类似于碳同位素，$CH_2D$ 的末端基团内 C—C 键的亲和力要比 $CH_3$ 基团内 C—C 键强，断开 $C—CH_2D$ 键需要的活化能更高，热成熟度增加时甲烷逐渐富集氘。对于已经生成的气态烃，其同位素组成不会或很少参与碳酸盐岩、$CO_2$、水或干酪根等其他的 C、H 原子的同位素交换反应（Schimmelmann et al.，2004）。该理论可以很好地解释天然气中 C、H 同位素随着烃源岩热成熟度增大而变重的现象，一些学者据此提出了甲烷碳同位素组成与 $R_o$ 之间的对应关系（戴金星，1993），在天然气成因方面应用效果较好。但该理论不能解释停止生烃、呈吸附态聚集的页岩气分子解吸过程中同位素的变化。

甲烷碳同位素 $\delta^{13}CH_4$ 值随解吸实验取气时间延长而增大的现象，实质与页岩气分子在吸附-解吸过程中，扩散运动引起的同位素质量分馏效应有关。分子穿过微孔系统扩散的速度与质量密切相关，运动平均速度与质量平方根呈反比。对于含 $^{12}C$ 和 $^{13}C$ 组成的气体，$^{13}CO_2$ 与 $^{12}CO_2$ 的质量差为 1∶44，$^{13}CH_4$ 与 $^{12}CH_4$ 的质量差为 1∶16，这导致 $^{12}CO_2$ 比 $^{13}CO_2$ 扩散或流动的平均运动速度快 1.1%，$^{12}CH_4$ 比 $^{13}CH_4$ 扩散或流动的平均速度快 3.1%，$^{12}C_2H_6$ 比 $^{13}C_2H_6$ 扩散或流动的平均运动速度快 1.016%。根据气体分子运动学和气体扩散理论，当温度升高时，气体分子的无规则运动加剧，分子间碰撞加强，在有机质表面的停留时间越短，具有更高概率解脱作用力的束缚。气体混合物中轻分子运动速度快，撞击微孔壁的概率大；重分子的运动速度慢，撞击微孔壁的概率小。与分子体积相比，页岩具有庞大的纳米孔隙网络，假如每个孔隙只允许分子单独通过，则轻分子通过孔壁的机会一定比重分子多，扩散结果使纳米孔隙内轻分子相应减少。页岩气开采或解吸过程中发生同位素质量分馏效应，先扩散出的页岩气 $^{12}CH_4$ 富集，而残余气体 $^{13}CH_4$ 富集，导致 $\delta CH_4$ 值越来越大，鄂宜页 1 井的测试结果也表明，这种扩散导致 $\delta CH_4$ 值差异为 5.15‰~13.33‰（图 3-56）。

烃类气体碳同位素质量分馏效应还受页岩物性的影响，表现为解吸结束时，核磁共振有效孔隙度较大的页岩解吸出的甲烷碳同位素值偏大（表 3-6）。初始解吸时，6 组气样 $\delta^{13}CH_4$ 值十分接近（为-39.27‰），随着解吸时间的延长，残留的气态烃分子碳同位素发生了变化。解吸结束时，CY-40、CY-46 和 CY-38 这 3 组气样的 $\delta^{13}CH_4$ 值较其余 3 组偏大。这 3 组页岩的核磁共振有效孔隙度分别为 2.50%、2.66% 和 2.29%，大于

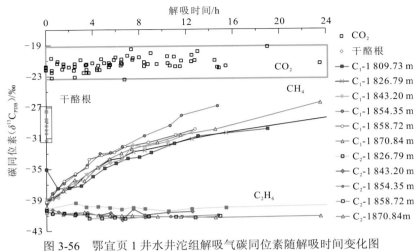

图 3-56　鄂宜页 1 井水井沱组解吸气碳同位素随解吸时间变化图

表 3-6　解吸气最终碳同位素值、乙烷体积与页岩有效孔隙度关系

| 参数 | CY-40 | CY-46 | CY-38 | CY-24 | CY-17 | CY-32 |
|---|---|---|---|---|---|---|
| 深度/m | 1 858.72 | 1 870.84 | 1 854.35 | 1 826.79 | 1 809.73 | 1 843.20 |
| 最终 $\delta^{13}CH_4$/‰ | -26.20 | -26.48 | -26.90 | -27.74 | -29.89 | -30.30 |
| 最终乙烷体积分数/% | 2.92 | 3.95 | 3.00 | 1.40 | 0.78 | 1.29 |
| 核磁共振有效孔隙度/% | 2.50 | 2.66 | 2.29 | 1.86 | 0.98 | 1.03 |

CY-24、CY-17、CY-32 气样的核磁共振有效孔隙度（图 3-56 和表 3-6）。解吸结束时含气量不再增加，表明气态烃分子从微孔表面脱附下来、进入孔隙空间的数量与从孔隙空间吸附的分子数量相同。由于现场解吸模拟的是地层温度，这种脱附-吸附平衡状态代表了地层条件下页岩气的瞬间聚散平衡态，解吸扩散的分馏差异只受页岩孔隙内扩散作用的影响。扩散过程中煤层/页岩孔隙结构发生"分子筛"效应，较大的孔隙中气体的流动只受微弱的限制，较小的孔隙中气体流动受抑制强。解吸过程中，较大的孔隙体积明显提升了甲烷分子向外扩散迁移的速率，产生显著的同位素质量分馏效果。页岩孔隙度大小不仅引起甲烷碳同位素值的分异，还导致解吸结束时乙烷含量存在差异，乙烷分子扩散速率同样受孔隙体积的控制，如图 3-56 和表 3-6 所示。解吸结束时，CY-40、CY-46和 CY-38 这 3 组解吸气样品中乙烷含量明显较其余 3 组偏高，这三组页岩的核磁共振有效孔隙度较 CY-24、CY-17、CY-32 页岩偏大。实际上，页岩孔隙度是通过影响页岩微孔中的扩散系数，进而影响气体分子的扩散能力，更深入的研究还表明，气体在页岩中的扩散能力还与孔隙结构和含水饱和度有关。总之，这类具有大孔隙体积的页岩可以扩散更多的甲烷和乙烷分子，是页岩气勘探的"甜点"。

随解吸时间延长，气体解吸率升高、甲烷含量增加，甲烷碳同位素值随解吸率逐渐增大，通过全部测试数据建立页岩解吸率与 $\delta^{13}CH_4$ 的关系，如图 3-57 所示，两者有很好的正相关性，参考拟合关系式。定期监测页岩气降压排采过程中 $\delta^{13}CH_4$ 的变化，可以推测出产层页岩气的解吸率，从而预测水力压裂效果、评价页岩吸附气剩余资源量。此外，鄂宜页 1 井 1843.19 m 和 1870.84 m 两组样品解吸率与 $\delta^{13}CH_4$ 建立的拟合趋势虽然不同，但变化趋势一致（图 3-57），也验证了存在由孔隙结构引起的"分子筛"效应。

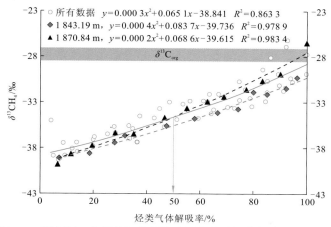

图 3-57　鄂宜页 1 井解吸气体甲烷碳同位素随烃类气体解吸率关系

## （三）解吸气氢同位素组成特征

页岩氢同位素组成研究是对碳同位素的加强和补充，根据气态烃的 $\delta D$ 值可以判断烃源岩形成的水体环境（Burruss and Laughrey，2010；王大锐和杨家建，1991）。水井沱组解吸气的氢同位素表现出较重的特点，$\delta D_{CH_4} > -150‰$、$\delta D_{C_2H_6} - \delta D_{CH_4} > 20‰$ 反映了页岩气具有典型的海相成因。

已有资料对页岩解吸过程中氢同位素的研究较少，与碳同位素类似，甲烷氢同位素值随解吸实验取气时间延长而增大，变化幅度为 1.64‰～8.9‰（图 3-58）。这一变化同样与气体扩散引起的同位素质量分馏效应有关，$CH_4$ 比 $CH_3D$ 扩散平均速度要快 3.1%，先解吸出的页岩气 $CH_4$ 富集，残留页岩气富集 $CH_3D$，结果使解吸过程中甲烷氢同位素值逐渐变大。重烃气（$C_2H_6$）氢同位素变化不明显，这一方面与 $C_2H_6$ 分子质量分馏速率慢有关。另一方面，页岩对 $C_2H_6$ 分子吸附性强，乙烷气体在解吸后期才脱附出来。

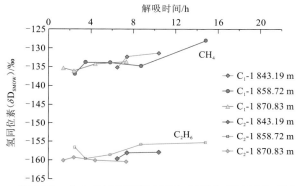

图 3-58　鄂宜页 1 井水井沱组页岩解吸气氢同位素随解吸时间变化图
标准平均海洋水（standard mean ocean water，SMOW）

## 三、页岩气原地赋存特征

页岩气以游离态存在于天然裂缝和孔隙空间，或以吸附态存在于干酪根微孔表面，在温压变化的地质条件下两种状态处于吸附-解吸的动态平衡中，其赋存状态很大程度上影响页岩气勘探开发方案和地质储量评估。采用斯伦贝谢特殊测井的 Shalegas Advisor 模块计算吸附气和游离气含量，其计算基本原理基于压力、页岩有效孔隙体积、含水饱和度，利用范德瓦耳斯方程计算最大游离气含量。对 TOC、热成熟度、吸附等温线等参数系列校正，计算储层温度下的地层吸附气体积。计算方法如下。

游离气的计算。游离气含量指赋存在孔隙和裂缝中的气体体积，计算方式与常规储层相似：

$$G_{cfm} = \Phi_{eff}(1 - S_w)\,\psi/(B_g\rho_b) \tag{3-1}$$

式中：$G_{cfm}$ 为游离气含量；$B_g$ 为地层气体体积系数；$\Phi_{eff}$ 为页岩有效孔隙度；$S_w$ 为地层含水饱和度；$\rho_b$ 为体积密度；$\psi$ 为转换常数，数值为 32.105 2。

吸附气的计算。吸附在干酪根表面的甲烷符合 Langmuir 吸附方程，即在等温吸附过程中，压力对吸附作用有明显影响。随压力增加吸附气量增大，压力下降使甲烷逐渐脱离吸附状态。Langmuir 体积和压力是等温吸附的两个重要参数，Langmuir 体积描述无限大压力下的吸附气体积，而 Langmuir 压力描述气体含量等于 Langmuir 体积时的压力。吸附气含量计算公式为

$$G_{cam} = V_L P/(P + P_L) \tag{3-2}$$

式中：$G_{cam}$ 为压力 $P$ 条件下的吸附气含量；$P$ 为气藏压力；$V_L$ 为 Langmuir 体积；$P_L$ 为 Langmuir 压力。邻区水井沱组页岩的等温吸附实验表明，下寒武统页岩甲烷饱和吸附气量为 2.47～8.19 m³/t，Langmuir 压力 $P_L$ 为 2.44～3.06 MPa，显示页岩具有较好的吸附能力。

在实际情况下，利用室内测试和计算方法获得页岩游离气、吸附气含量及比例存在较大的局限性。对于新勘探区，各项参数如地层气体体积系数、地层含水饱和度均不明，误差较大。此外，等温吸附实验解决了页岩微观孔隙吸附的问题，但是同样存在一些不足：①等温吸附可以模拟含气页岩对甲烷的最大吸附能力，一般较页岩实际吸附气含量稍高；②存在负吸附的现象（Ross and Bustin，2007）；③Langmuir 吸附方程只考虑了压力（埋深）对吸附气含量的影响，页岩吸附气含量随压力（埋深）增大而单向增加的结果没有考虑温度的作用（王飞宇 等，2011）；④部分勘探不理想的页岩气探井，现场解吸的总含气量很低。但等温吸附实验仍然表明可吸附的甲烷含量较高，甚至高于现场解吸的总含气量（李相方 等，2014），这些现象与气测录井、现场解吸检测等实际勘探情况矛盾，不可能一个页岩气藏全部呈吸附态保存。

等温吸附与现场解吸均能获得总含气量，如何将现场解吸数据与室内等温吸附实验数据、实际生产数据相关联，从而认识页岩气赋存规律与开发规律是非常值得研究的问题。如何通过现场解吸检测获得吸附气与游离气含量及比例，是目前页岩气研究的难点之一。

储层温度下的地层现场解吸试验，可以直观获得页岩游离气、吸附气含量及比例。

据鄂宜页 1 井现场解吸气含量随时间变化曲线（图 3-59），一阶解吸 3 h 采用泥浆循环温度，保证游离态气体逸散速率与泥浆中逸散速率相同，模拟页岩自钻遇至提升至地面这段时间中的损失量，表现出解吸速率大的特征，解吸气含量基本占总解吸气含量的 60%～85%，符合常规天然气和致密砂岩气中以游离气为主的特点。二阶解吸采用地层温度解吸检测时间长，解吸速率变小，后期累计气量几乎呈一条平直的线随时间延伸，这与高阶煤以吸附气为主的解吸特点类似。由于页岩中气体分子的游离态和吸附态是一种相对平衡态，影响因素众多且较为复杂，根据上述分析，推测损失气和一阶温度解吸出的气体近似等于游离气，二阶升温后解吸出的气体为吸附气。

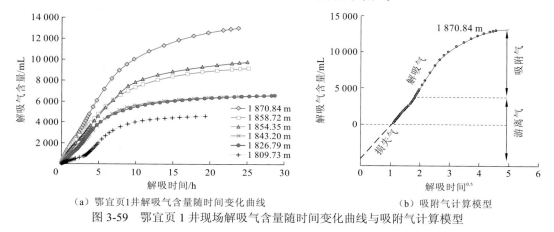

（a）鄂宜页1井解吸气含量随时间变化曲线　　　　（b）吸附气计算模型

图 3-59　鄂宜页 1 井现场解吸气含量随时间变化曲线与吸附气计算模型

孔隙结构特征研究表明，页岩中的孔隙直径以 5～10 nm 为主，由于黏土矿物含量较高及碳酸盐矿物对孔隙结构的破坏，页岩含气层段中吸附气比例较高，但随着深度的增加，孔隙度和孔隙结构明显改善，页岩中吸附气比例有所下降。对不同岩相条件下的页岩气赋存相态及比例统计发现，硅质类页岩中的游离气占比最高，可达近50%，碳酸盐质类页岩中的游离气比例最小，黏土质类页岩和混合质类页岩相差不明显（图 3-60）。

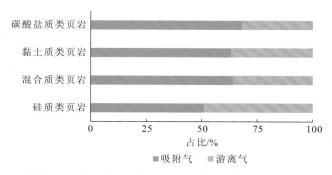

图 3-60　鄂宜页 1 井寒武系水井沱组不同岩相条件下的页岩气赋存比例

此外,相关性研究发现页岩孔径在一定程度上控制了页岩气的赋存,在孔径小于 10 nm 的孔隙中气体以吸附气为主, 孔径大于 10 nm 的孔隙中气体以游离气为主（图 3-61）。综合分析认为, 硅质类页岩发育孔径大于 10 nm 的孔隙, TOC、孔隙度较高, 多种因素导致硅质类页岩中游离气含量高。

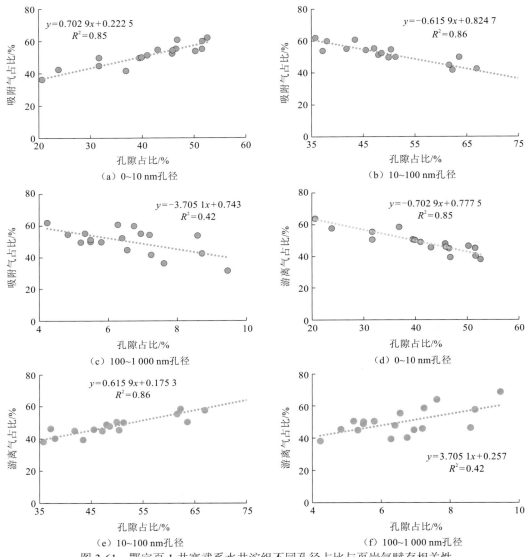

图 3-61　鄂宜页 1 井寒武系水井沱组不同孔径占比与页岩气赋存相关性

# 第四章　宜昌地区页岩气保存条件 与富集模式

## 第一节　宜昌地区寒武系页岩气成因

目前已发现的下寒武统页岩气工业气流主要集中在上扬子区域四川盆地内，盆外中扬子地区下寒武统页岩气探井和调查井已钻超过 20 口，页岩气潜力明显变差，大部分页岩气井产气量较低、$CH_4$ 含量低且常含 $N_2$，页岩气组分、碳氢同位素组成等关键参数报道较少，页岩气成因不明。近年来在中扬子宜昌地区部署的鄂宜页 1 井在下寒武统水井沱组获得了良好的页岩气显示，并于 2017 年 5 月通过大型水力压裂后获得了高产工业气流。本章采集鄂宜页 1 井水井沱组页岩气，测试气体组分、碳氢同位素组成、He 同位素组成，分析水井沱组页岩气特征和成因，并与北美典型页岩气和重庆涪陵焦石坝龙马溪组页岩气的地球化学特征进行对比，期望研究成果能为中扬子地区下寒武统页岩气勘探部署与勘探目标评价提供依据和借鉴。

### 一、样品采集与分析方法

在关井状态下的井口管汇台，用 0.9 L 内壁涂氟铝合金气体采样瓶取气样，现场取气时用气体多次反复排气冲洗，取气时井口压力为 5.14 MPa，取气层位为水井沱组压裂产气段，深度为 1 894.12～2 113.47 m。先后采集天然气样品 9 件，对所采集的气样测试气体组分、气态烃碳氢同位素组成、稀有气体同位素等，气体测试在中国科学院地质与地球物理研究所兰州油气资源研究中心完成。

气体组分检测依据《质谱分析方法通则》（GB/T 6041—2020）、《气体分析 校准混合气组成的测定和校验 比较法》（GB/T 10628—2008）、《天然气的组成分析 气相色谱法》（GB/T 13610—2020）测定。检测仪器为 MAT 271 气体成分质谱计和 GC 9160 气相色谱仪。利用气体成分质谱计分析页岩中 $CH_4$、$C_2H_6$ 等烃类组分及 $CO_2$、$N_2$ 等非烃组分的绝对含量，采用气相色谱仪进行高碳数气体分析校对、归一化处理，得到最终成分分析数据，实验分析各组分标准偏差均优于 0.5%。

气体碳、氢同位素分析检测依据《质谱分析方法通则》（GB/T 6041—2020）和《连续 C、H、O、N 稳定同位素检测方法》（ZY-D01—2016）。碳同位素采用气相色谱-质谱（GC-C-MS）系统，利用 Agilent 6890 气相色谱仪将页岩气中不同组分气体分离，烃类气体通过高温氧化炉后氧化成 $CO_2$，导入 Delta Plus XP 质谱仪分析碳同位素，$CH_4$、$C_2H_6$ 分析精度为 $\pm0.5‰$，$CO_2$ 分析精度为 $\pm1.1‰$，碳同位素数据按国际标准换算成 VPDB

或 PDB。氢同位素采用气相色谱-热转换-质谱（GC-TC-MS）系统，利用 Agilent 6890 气相色谱仪将气体分离后，通过高温热解炉将烃类气体分子中的氢还原为 $H_2$，进入 Thermo Delta V 稳定同位素比质谱仪分析氢同位素，氢同位素采用 SMOW 标准，实验分析精度为 ±5‰。

稀有气体 He 同位素检测依据《质谱分析方法通则》（GB/T 6041—2020）和《稀有气体同位素质谱峰高比检测方法》（LDB 03-01—2016）。检测仪器为 MAT271 质谱仪机组和 Noblesse 稀有气体同位素质谱仪机组，设置高压 7.0 kV，Trap 电流 500 mA；$^4He$ 用法拉第杯检测，$^3He$ 用离子计数器检测。采用两级纯化分离系统，脱出气体经吸气泵纯化和冷阱分离、富集后，进行 He 同位素分析，He 同位素实验标准 Ra 为 $^3He/^4He = 1.4 \times 10^{-6}$，实验分析精度为 ±1.5‰。

## 二、页岩气组成

宜昌地区鄂宜页 1 井水井沱组页岩气组分和碳、氢同位素分析结果见表 4-1。页岩气组分 $CH_4$ 的体积分数高，为 87.17%～92.75%，平均为 89.98%；$C_2H_6$ 体积分数为 0.83%～0.94%，平均为 0.88%；含微量的丙烷，平均为 0.03%，检测出痕量的 $C_4H_{10}$，未检测到 $C_{5+}$ 以上的组分。天然气干燥系数（$C_1/C_{1-5}$）为 0.9894～0.9904，属典型的干气。水井沱组页岩气还含有数量不等的非烃气体，包括 $N_2$、$CO_2$、He 和 Ar 等，其中 $N_2$ 的体积分数为 5.86%～9.37%，平均为 7.73%；$CO_2$ 的体积分数为 0.05%～2.25%，平均为 0.99%。此外还检测有 He 和 Ar，平均的体积分数分别为 0.16% 和 0.08%，还含有微量的 $H_2$，未检测到 $SO_2$ 和 $H_2S$。

**表 4-1　鄂宜页 1 井水井沱组页岩气组分和碳、氢同位素分析表**

| 地区 | 井/样品编号 | 深度/m | 气体占比/% | | | | | | | $\delta^{13}C_{PDB}$/‰ | | | | $\delta D_{SMOW}$/‰ | | He 同位素 | |
|---|---|---|---|---|---|---|---|---|---|---|---|---|---|---|---|---|---|
| | | | $CH_4$ | $C_2H_6$ | $C_3H_8$ | He | $N_2$ | Ar | $CO_2$ | $CH_4$ | $C_2H_6$ | $C_3H_8$ | $CO_2$ | $CH_4$ | $C_2H_6$ | R/Ra | $^3He/^4He$ |
| 宜昌地区水井沱组[①] | G1 | 1 894.12 ～ 2 113.47 | 91.17 | 0.94 | 0.03 | 0.19 | 6.90 | 0.08 | 0.70 | −33.10 | −38.10 | −38.93 | −16.80 | −133.80 | −146.10 | 0.04 | $6.27 \times 10^{-8}$ |
| | G2 | | 90.60 | 0.94 | 0.03 | 0.11 | 7.13 | 0.07 | 1.12 | −33.30 | −38.30 | −38.77 | −15.50 | −130.60 | −153.70 | 0.08 | $1.09 \times 10^{-7}$ |
| | G3 | | 87.17 | 0.87 | 0.03 | 0.20 | 9.36 | 0.13 | 2.25 | −33.30 | −37.30 | −38.47 | −15.40 | −129.00 | −148.70 | 0.07 | $9.44 \times 10^{-8}$ |
| | G4 | | 90.52 | 0.86 | 0.02 | 0.20 | 7.43 | 0.08 | 0.90 | −33.60 | −38.10 | −38.69 | −16.20 | −129.30 | −168.00 | 0.07 | $9.99 \times 10^{-8}$ |
| | G5 | | 90.78 | 0.86 | 0.01 | 0.20 | 7.31 | 0.06 | 0.96 | −33.80 | −39.20 | −39.37 | −14.80 | −128.50 | −149.50 | 0.06 | $8.97 \times 10^{-8}$ |
| | G6 | | 89.61 | 0.86 | 0.02 | 0.02 | 8.13 | 0.09 | 1.27 | −33.80 | −36.00 | −38.70 | −14.60 | −128.80 | −152.90 | 0.08 | $1.07 \times 10^{-7}$ |
| | QJ-024 | | 88.02 | 0.83 | 0.02 | | 9.37 | | 0.85 | | | | | | | | |
| | QJ-036 | | 89.23 | 0.88 | 0.03 | 0.20 | 8.11 | 0.05 | 0.80 | | | | | | | | |
| | QJ-051 | | 92.75 | 0.94 | 0.04 | 0.31 | 5.86 | 0.11 | 0.05 | | | | | | | | |
| 筇竹寺组[②] | 威201-H3 | 3 647 | 96.52 | 0.35 | | | 1.75 | | 1.24 | −35.40 | −40.80 | | | −145.00 | | 0.03 | $4.35 \times 10^{-8}$ |
| | | | 98.53 | 0.35 | | | 0.08 | | 1.11 | −35.60 | −39.40 | | | | | | |

注：① G1、G2、G3 取气时间为 2017 年 5 月 14 日；G4、G5、G6 取气时间为 2017 年 5 月 25 日；QJ-024、QJ-036 取气时间为 2017 年 5 月 28 日；QJ-051 取气时间为 2017 年 6 月 28 日；
② 威远筇竹寺组页岩气地化数据来自吴伟等（2015）

（一）氦气

稀有气体氦同位素比值（$^3$He/$^4$He）能够区分幔源与壳源天然气。天然气中有三种类型的氦，大气 He 的 $^3$He/$^4$He 值（Ra）为 $1.4×10^{-6}$；大洋上幔源 He 的 $^3$He/$^4$He 值（Rm）为 $1.1×10^{-5}$，氦同位素比值（R/Ra）为 5～50（Lupton，1983）；由于放射性 $^4$He 的大量富集，大陆地壳 $^3$He/$^4$He 值（Rc）为 $2×10^{-8}$～$10×10^{-8}$，R/Ra 为 0.013～0.021（Prinzhofer et al.，2010）。宜昌地区水井沱组 6 件页岩气样品中 He 平均质量分数为 0.16%，$^3$He/$^4$He 值为 $6.27×10^{-8}$～$10.9×10^{-8}$，平均为 $9.38×10^{-8}$，R/Ra 为 0.04～0.08，平均为 0.07。页岩气的 $^3$He/$^4$He 值总体处于 $10^{-8}$ 数量级，且 0.01<R/Ra<0.10，表明页岩气中稀有气体 He 为典型的壳源成因（Mamyrin et al.，1970），同时也反映研究区没有活动性强的深大断裂与幔源沟通，构造活动较稳定。鄂宜页 1 井自然伽马能谱测井显示，水井沱组底部富有机质页岩铀质量分数为 13.7～112.1 μg/g，平均为 62.5 μg/g。地壳中放射性元素铀的平均丰度为 6 μg/g，铀元素赋存在有机质、磷酸盐矿物中，烃源岩热演化过程中生成的有机酸、干酪根等有机羧酸类与可溶含铀化合物之间的络合作用，可使铀大量富集（冯乔 等，2006），放射性元素 $_{92}$U$^{238}$ 及其同系物衰变产生 $^4$He（Mamyrin et al.，1970）。上述分析表明，水井沱组烃源岩的铀元素含量是地壳铀的 10 倍，页岩气中氦为烃源岩中铀元素放射性衰变的产物。

利用氦同位素比值与二氧化碳的碳同位素值可以区分 He、$CO_2$ 来源，如图 4-1 所示。水井沱组页岩气氦同位素分布特征与焦石坝龙马溪组页岩气类似，均为壳源氦，两者的 $CO_2$ 来源有很大差别，焦石坝龙马溪组页岩气中 $CO_2$ 来源于页岩中的碳酸盐矿物，而水井沱组页岩气中 $CO_2$ 是铀、钍等元素放射性衰变伴生的产物。

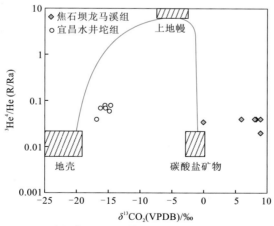

图 4-1　$^3$He/$^4$He 值与 $\delta^{13}CO_2$ 区分 He 和 $CO_2$ 来源

（二）二氧化碳

页岩气中 $CO_2$ 来源多样，主要来自有机质或者碳酸盐矿物中含氧基团在成岩作用阶段经微生物降解、烃氧化等次生蚀变作用，或由有机酸脱羧分解形成 $CO_2$（Magoon and

Dow，1991）。碳酸盐岩的无机溶解作用也可释放出 $CO_2$。戴金星等（1995）综合国内外的相关研究，指出无机成因 $CO_2$ 的 $\delta^{13}CO_2$ 值>-8‰，主要为-8‰～3‰，有机成因 $CO_2$ 的 $\delta^{13}CO_2$ 值<-10‰，主要为-10‰～-30‰。

　　宜昌地区水井沱组页岩气含少量的 $CO_2$，体积分数为 0.05%～2.25%，平均约为 0.98%。页岩气中微量 $CO_2$ 具有较低的 $\delta^{13}C$ 值，为-16.8‰～-14.8‰。宜昌地区水井沱组页岩的无机碳同位素 $\delta^{13}C_{carb}$ 值为-2.87‰～0.18‰，平均为-0.97‰；泥岩中薄层碳酸盐岩夹层 $\delta^{13}C_{carb}$ 值为-2.29‰～4.95‰，平均为-3.22‰（Ishikawa et al.，2008），水井沱组 8 件页岩样品的干酪根 $\delta^{13}C_{kero}$ 值为-29.325‰±1.935‰，水井沱组页岩总体表现出 $\delta^{13}C_{kero} < \delta^{13}CO_2 < -10‰ < \delta^{13}C_{carb}$ 的碳同位素特征，表明水井沱组页岩气中 $CO_2$ 不是碳酸盐岩变质形成的，而是有机质的分解形成的。

## 三、页岩气碳氢同位素组成及特征

　　鄂宜页 1 井水井沱组页岩气的碳同位素组成见表 4-1。甲烷碳同位素（$\delta^{13}CH_4$）值为-33.8‰～-33.1‰，乙烷碳同位素（$\delta^{13}C_2H_6$）值为-39.2‰～-36.0‰，丙烷同位素（$\delta^{13}C_3H_8$）值为-39.4‰～-38.5‰。二氧化碳的碳同位素（$\delta^{13}CO_2$）值为-16.8‰～-14.6‰（表 4-1 和图 4-2）。研究区下寒武统烷烃气的碳同位素值随碳数表现出负碳同位素系列，即 $\delta^{13}C_1 > \delta^{13}C_2 > \delta^{13}C_3$，发生了甲烷、乙烷、丙烷的碳同位素完全倒转（图 4-2）。根据前人研究成果，油型气的 $\delta^{13}C_2H_6$ 值小于-29‰，煤成气的 $\delta^{13}C_2H_6$ 值大于-29‰（刚文哲 等，1997；戴金星，1993），研究区乙烷的碳同位素值远小于-29‰，为典型的油型气，与水井沱组 I 型/II$_1$ 型的干酪根类型也一致。

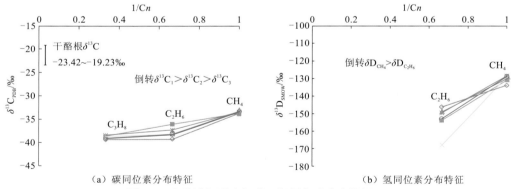

（a）碳同位素分布特征　　　　　　（b）氢同位素分布特征

图 4-2　水井沱组页岩气碳、氢同位素分布特征

　　按照天然气、烃源岩同位素变化规律，碳同位素存在干酪根>沥青质>非烃>芳烃>饱和烃>烷烃气的特点（熊永强 等，2004）。水井沱组 8 件页岩样品的干酪根碳同位素组成 $\delta^{13}C_{org}$ 为-29.325‰±1.935‰，表现出 $\delta^{13}C_{org} \geq \delta^{13}C_1 > \delta^{13}C_2 > \delta^{13}C_3$ 的特点 [图 4-2（a）]，符合碳同位素质量分馏方向，表明宜昌地区水井沱组页岩气来源于自生的烃源岩，具有源储一体的特征。

鄂宜页 1 井水井沱组页岩气烷烃气氢同位素组成方面，$\delta D_{CH_4}$ 值为 -133.8‰～-128.5‰，$\delta D_{C_2H_6}$ 值为 -168.0‰～-146.1‰，$\delta D_{C_2H_6}$ 与 $\delta D_{CH_4}$ 差值大于 15‰，氢同位素值具有随碳数反序模式 $\delta D_{CH_4} > \delta D_{C_2H_6}$，同样发生了甲烷、乙烷氢同位素的倒转（图 4-3）。甲烷的碳、氢同位素相关性可区分天然气的成因，如图 4-3 所示，宜昌地区下寒武统水井沱组页岩气甲烷的 $\delta^{13}CH_4$ 与 $\delta D_{CH_4}$ 的分布表明页岩气为热成因类型。

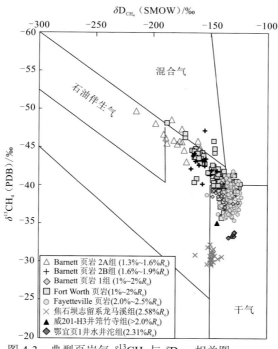

图 4-3　典型页岩气 $\delta^{13}CH_4$ 与 $\delta D_{CH_4}$ 相关图

Whiticar 等（1986）编制，Barnett 页岩气数据来自 Zumberge 等（2012），Rodriguez 和 Philp（2010）；Fayetteville
页岩气数据来自 Zumberge 等（2012）；威 201-H3 井筇竹寺组数据来自吴伟等（2015）

天然气的 $\delta^{13}C_1$ 值变化较大，为 -105‰ $< \delta^{13}C_1 <$ -10‰。一般低温浅层中形成的天然气富集 $^{12}C$，具有较低的 $\delta^{13}C_1$ 值（-105‰ $< \delta^{13}C_1 <$ -55‰）；而深层、年代老、在较高温度下形成的天然气，则具有较高的 $\delta^{13}C_1$ 值（-55‰ $< \delta^{13}C_1 <$ -10‰）。有机成因烷烃气有正碳同位素系列（戴金星 等，2016），即 $\delta^{13}C_1 < \delta^{13}C_2 < \delta^{13}C_3 < \delta^{13}C_4$，当有机成因烷烃气遭受生物降解或与不同成因和热成熟度的天然气混合时，将会出现局部倒转或逆转。研究区下寒武统页岩气表现出 $\delta^{13}C_1 > \delta^{13}C_2 > \delta^{13}C_3$，发生了明显的碳同位素完全倒转现象（图 4-4）。页岩气碳同位素倒转在页岩气藏中较为常见，如北美 Fayetteville 和霍恩河（Horn River）页岩，以及四川盆地焦石坝五峰组—龙马溪组页岩。具有碳同位素倒转的产气区往往对应页岩气富集区（盖海峰和肖贤明，2013），促进了学者对页岩气同位素的关注。

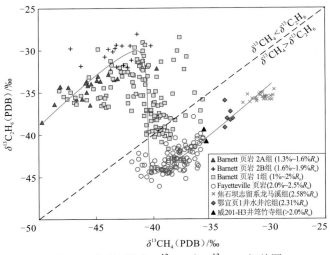

图 4-4　典型页岩气 $\delta^{13}CH_4$ 与 $\delta^{13}C_2H_6$ 相关图

随着页岩气热成熟度增大、气体湿度降低，页岩气碳同位素发生倒转。图 4-4 为典型页岩气 $\delta^{13}CH_4$ 与 $\delta^{13}C_2H_6$ 相关图，可以看出：Barnett 页岩气 $R_o$ 为 1.0%～2.0%，碳同位素基本为正常序列；而 $R_o$ 为 2.0%～2.5%的 Fayetteville 页岩气全部表现出 $\delta^{13}C_{C_2H_6}<\delta^{13}C_{CH_4}$ 的特征；四川盆地焦石坝五峰组—龙马溪组页岩气 $R_o$ 为 2.58%，碳同位素出现完全倒转现象，威远地区威 201-H3 井筇竹寺组页岩 $R_o$ 大于 2.0%，碳同位素同样发生了完全倒转（Yang et al.，2017；郭彤楼，2016）。对水井沱组 8 块页岩岩心样品 143 个测点的沥青反射率统计表明（表 4-2），$R_b$ 分布范围为 2.74%～2.92%，平均为 2.86%，换算成 $R_o$ 为 2.18%～2.30%，平均为 2.26%，水井沱组页岩气干燥系数大于 98%，也表现出碳同位素倒转特征。从甲烷碳同位素和页岩气干燥系数来看，宜昌地区水井沱组页岩处于过成熟演化阶段，演化程度总体高于 Fort Worth 盆地的 Barnett 页岩和 Arkoma 盆地的 Fayetteville 页岩，与四川盆地下寒武统筇竹寺组页岩接近。

表 4-2　宜昌地区水井沱组页岩 $R_o$ 实测列表

| 样号 | $R_b$ 范围/% | $R_b$ 平均值/% | 测点数 | 标准离差/% | $R_o$/% |
|---|---|---|---|---|---|
| F23 | 2.5～3.0 | 2.74 | 9 | 0.140 4 | 2.23 |
| F43 | 2.7～3.0 | 2.86 | 18 | 0.075 0 | 2.31 |
| F59 | 2.7～3.0 | 2.88 | 20 | 0.070 5 | 2.33 |
| F75 | 2.7～3.1 | 2.90 | 23 | 0.063 6 | 2.34 |
| F87 | 2.6～3.0 | 2.81 | 17 | 0.087 7 | 2.28 |
| F95 | 2.7～3.0 | 2.86 | 17 | 0.084 4 | 2.31 |
| F97 | 2.7～3.3 | 2.92 | 21 | 0.110 8 | 2.35 |
| F113 | 2.7～3.1 | 2.91 | 18 | 0.104 4 | 2.35 |

上述统计表明，页岩气碳同位素反转现象一般出现在 $R_o$ 大于 2.0% 以后，这说明热成熟度（或温度）是控制碳同位素倒转的重要因素。如焦石坝地区焦页 1 井测试包裹体均一温度为 196～254.8 ℃，页岩最大埋深为 6 300～10 000 m（郭彤楼，2016；高键 等，2015）。在上述统计的页岩气中热成熟度最高，富集 $^{13}C$，碳同位素倒转最为显著。

## 四、页岩气形成阶段及成因

较多学者分析了国内和北美页岩气组分和碳同位素特征，总结认为碳同位素倒转有几个方面的原因（戴金星 等，2016，1990；盖海峰和肖贤明，2013）：①干酪根降解气和原油裂解气的混合；②页岩有机质与其他物质（水、金属等）的反应；③扩散及吸附与解吸过程中的同位素分馏。不同成因的天然气的在烃类绝对含量 $\sum Cn$、烃类组成、稳定碳氢同位素特征方面有较大差别（表 4-3），将气体分子和同位素组成综合起来可以区分次生气或气体类型。志留系和下寒武统页岩气烃类绝对体积分数均大于 1 000 ppb，$C_1/(C_2+C_3)$ 为 90～280，甲烷碳同位素值为 -35.5‰～-29.5‰，氢同位素值为 -150‰～-120‰，页岩气各项指标在热成因气范围内。

表 4-3　沉积物中天然气含量与组分指标

| 天然气体类型 | | $\sum Cn$/ppb | $C_1/(C_2+C_3)$ | $\delta^{13}CH_4$（PDB）/‰ | $\delta D_{CH_4}$（SMOW）/‰ |
|---|---|---|---|---|---|
| 成岩气 | | 0.1～100 | 10～100 | -80～-20 | -350～-150 |
| 生物气 | $CO_2$ 还原 | 100～105 | 50～106 | -120～-55 | -250～-150 |
| | 甲基发酵 | 100～105 | 50～106 | -65～-50 | -550～-275 |
| I、II 型干酪根（热成因气） | 早成熟 | >100 | 100～20 | -52～-44 | -300～-180 |
| | 成熟 | >1 000 | 1～20 | -44～-40 | -250～-120 |
| | 成熟晚期 | >500 | 5～100 | -40～-38 | -250～-120 |
| | 过成熟 | >500 | 20～1 000 | >-38 | -250～-120 |
| III 型干酪根（热成因气） | | >100 | 50～2 000 | -45～-30 | -150～-100 |
| 地热/水热 | | — | 20～106 | -55～-10 | -300～-200 |
| 人类活动 | | <1 000 | 5～100 | -30～-15 | -900～-500 |
| 焦石坝志留系页岩气 | | >1 000 | 125～170 | -32.2～-29.5 | -153～-141 |
| 水井沱组页岩气 | | >1 000 | 93～103 | -33.8～-33.1 | -133.8～-128.5 |
| 威远筇竹寺组页岩气 | | >1 000 | 280 | -35.5 | -145 |

注：$\sum Cn$ 为绝对含量；ppb（part per billion），$10^{-9}$

水井沱组页岩气的 $\delta^{13}CH_4$ 与 $C_1/\sum(C_2～C_5)$ 交会图（图 4-5）（Culver et al.，2010；Whiticar，1990；Bernard，1978）显示，随着气体 $\delta^{13}CH_4$ 值的增重，$C_1/(C_2+C_3)$ 具有先减小再增加的趋势；与北美伊利诺伊（Illinois）盆地新奥尔巴尼（New Albany）页岩生物-混合成因气、Fort Worth 盆地 Barnett 页岩热成因气、Arkoma 盆地 Fayetteville 页岩热成

因气存在差异。水井沱组页岩气与同时代的威 201-H3 井筇竹寺组页岩气相似，具有高碳同位素和干气两个显著特征，均为热成因气。

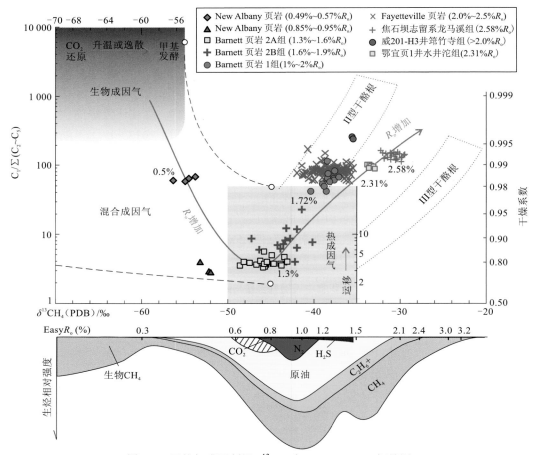

图 4-5　天然气成因判识 $\delta^{13}CH_4$ 与 $C_1/\sum(C_2\sim C_5)$ 相关图

　　天然气形成过程中组分变化范围大，根据甲烷与重烃气的比值 $C_1/\sum(C_2\sim C_5)$、甲烷碳同位素 $\delta^{13}CH_4$ 随 $R_o$ 的变化，可将水井沱组页岩气的形成划分为以下 4 个阶段。

　　（1）早期生物成因气阶段，$R_o$ 为 0.3%～0.5%，地层温度为 0～53 ℃（主要为 7～31 ℃），厌氧细菌通过生物化学作用消耗掉部分有机质，并将之转化为生物甲烷，伴生产出 $CO_2$、$N_2$ 和 $H_2S$ 等；甲烷产量远远高于其他重烃气产量之和，$C_1/\sum(C_2\sim C_5)$ 大于 50，一般为 1 000～1 200（Magoon and Dow，1991）。生物甲烷的 $\delta^{13}CH_4$ 值为-75‰～-55‰，早期生物气的 $\delta^{13}CH_4$ 值小于-70‰，极轻的 $\delta^{13}C$ 组成归因于 $CH_4$ 和 $CO_2$ 发生的碳同位素交换，使甲烷富集 $^{12}C$，$CO_2$ 富集 $^{13}C$ 并以碳酸盐矿物沉积下来，此过程中细菌起到催化作用。随着温度的升高、气藏的逸散，$\delta^{13}CH_4$ 值逐渐增大至-55‰左右。

　　（2）原油伴生气阶段，$R_o$ 为 0.5%～1.3%，温度随地层埋深增加而升高至 50～150 ℃，干酪根热降解生成原油的同时伴随产出天然气，$C_6\sim C_{12}$ 轻烃产率在 $R_o$ 为 1.3%～1.5%时达到高峰，之后其裂解成气态烃的速率超过生成速率，$C_1/\sum(C_2\sim C_5)$ 为 20～200，并在

$R_o$约为 1.3% 时达到最小值。原油伴生气阶段碳同位素组成主要继承了母质的特征，其随热演化程度变化的趋势并不显著（熊永强 等，2004），$\delta^{13}CH_4$ 值由早成熟阶段的-55‰～-44‰逐渐增大至主生油阶段的-44‰～-40‰。

（3）湿气生成阶段，$R_o$ 为 1.3%～2.2%，该阶段发生在生油高峰期后（$R_o$=1.3%），高分子烃类、杂环混合物逐渐转化为低分子的气态烃、凝析油和热解沥青。终止时间大致相当于 $C_2$～$C_5$ 气态烃高峰产率期（$R_o$=2.2%）。Zumberge 等（2012）通过对 Barnett 和 Fayetteville 页岩气的地球化学特征分析认为，当页岩 $R_o$ 大于 1.5%（干燥系数大于 95%）时，$iC_4/nC_4$ 迅速降低，由于正丁烷的化学性质较异丁烷稳定，湿气裂解开始发生。当 $R_o$ 为 1.86%时，原油裂解率达 50%。当 $R_o$ 约为 2.2%时，乙烷、丙烷的产率达到最大值。$R_o$ 为 2.4%时，已有超过 80%的原油裂解并芳构化，此时 H/C 原子比低于 0.27，后续转化为气的潜力很低（Hill et al.，2007）。该阶段以乙烷、丙烷等重烃气为主，甲烷含量少为显著特征，$C_1/\sum(C_2\text{～}C_5)$为 5～100。

（4）干气生成阶段，$R_o$ 大于 2.2%。随着热演化程度的升高，$R_o$>2.2%时原油裂解气的产率逐渐减小，$C_{2+}$重烃气继续裂解成甲烷使 $C_1/\sum(C_2\text{～}C_5)$ 逐渐增大至 20～1000，$\delta^{13}CH_4$ 值大于-35～-15‰（Bernard，1978），并最终和母质的 $\delta^{13}C$ 接近。

热成因页岩气来源于干酪根的裂解、原油等滞留烃类的二次裂解或两者的混合（Culver et al.，2010）。研究区水井沱组页岩 $R_o$ 为 2.34%，现今处于过成熟演化阶段，气体干燥系数为 0.99。Behar 等（1992）对封闭体系原油和干酪根裂解模拟实验表明，在不考虑扩散、运移等因素的影响时，由于原油和干酪根的结构差异、含碳官能团断裂成轻烃的活化能大小不同，随着热演化程度的加深，干酪根和原油裂解形成的天然气中轻烃相对含量存在明显的差异。干酪根裂解气主要是干酪根结构甲基和终端甲基的脱落，产物主要是甲烷，以甲烷快速增长、乙烷和丙烷产率较低为显著特征（Hao and Zou，2013；张敏 等，2008；赵文智 等，2006），气体组分方面表现为 $C_1/C_2$ 值随裂解程度的增加而增大，$C_2/C_3$ 增加幅度较小甚至略有降低。原油二次裂解主要是原油长链脂肪结构碳键的断裂，大量的 $C_3$ 和 $C_2$ 组分生成，导致 $C_2/C_3$ 变化范围大，$C_1/C_2$ 基本不变。

对研究区下寒武统水井沱组页岩气的统计如图 4-6 所示，$\ln(C_1/C_2)$介于 4.56～4.66，变化不大；$\ln(C_2/C_3)$迅速升高，从 3.2 升至 3.67。同位素方面，水井沱组页岩气存在 $\delta^{13}C_1$>

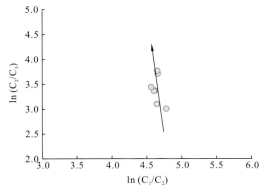

图 4-6　利用气体组分及同位素相对变化关系判识页岩气成因图

$\delta^{13}C_2 > \delta^{13}C_3$ 完全倒转的碳同位素序列和 $\delta D_{CH_4} > \delta D_{C_2H_6}$ 倒转的氢同位素序列，结合页岩气分子组成和比值、页岩现今处于过成熟演化阶段等特点，水井沱组页岩气具有明显的二次裂解气成因特征。

# 第二节　宜昌地区页岩气保存条件

与美国相比，中国南方海相页岩气具有特殊性，其经历了加里东、海西、印支和喜马拉雅等复杂构造运动，下古生界海相页岩层系演化程度高。四川盆地及周缘下古生界海相页岩气勘探实践表明，海相页岩具有良好的物质基础，钻探中具有普遍含气的特征，但是试气效果千差万别。保存条件的重要性已越来越受到重视，普遍认为保存条件是决定页岩气能否富集高产的关键因素（Hu et al., 2014）。

油气保存条件研究主要包括 6 个方面（楼章华等，2006）：①断裂-破碎作用；②剥蚀作用；③大气水下渗作用；④深埋热变质作用；⑤盖层有效性及天然气漏失作用；⑥岩浆侵入热变质作用。页岩气保存条件评价的主要参数是：盖层、构造运动、气田（藏）形成时间、岩浆活动、生储盖组合在时间和空间上的组合关系、烃源岩质量、地层压力。本节依据地质条件和实验数据主要从页岩的构造变形特征及机制、裂缝发育特征、裂缝古流体地球化学、含气性变化规律等方面分区域评价页岩气保存条件。

## 一、宜昌周边地区构造保存条件对比

区域构造应力场作用下，抬升剥蚀、断层发育、地层破碎程度等构造变形往往具有分带性，因此页岩气的保存条件也具有明显的分带性（余川等，2018；汤济广等，2015）。

（一）构造变形特征

天阳坪断裂两侧构造变形差异明显。天阳坪断裂以北宜昌斜坡带位于黄陵隆起的东南缘，被天阳坪断裂、通城河断裂围限，构造变形弱。地震剖面揭示了该区域为一简单的倾向南东的单斜构造，古生代地层倾角一般小于 10°，靠近天阳坪断裂达到 13°。白垩纪红层在宜昌斜坡带与不同层位的古生代—中生代地层呈角度不整合接触，整体而言，由北向南、由西向东前白垩纪地层剥蚀程度降低，靠近天阳坪断裂西段出露寒武系—奥陶系，东段白垩系多覆盖在志留系—中生界之上。宜昌斜坡带内部无明显的褶皱变形构造，断裂构造不发育，见少量小型断裂，消失于盖层内部（图 4-7 和图 4-8）。宜昌斜坡带白垩系覆盖层之下震旦系—志留系页岩盖层发育、构造变形弱，页岩气保存条件整体较好。

天阳坪断裂以南地区构造变形差别较大，由北向南至仁和坪向斜构造变形强度降低，大致可以分为三个带。

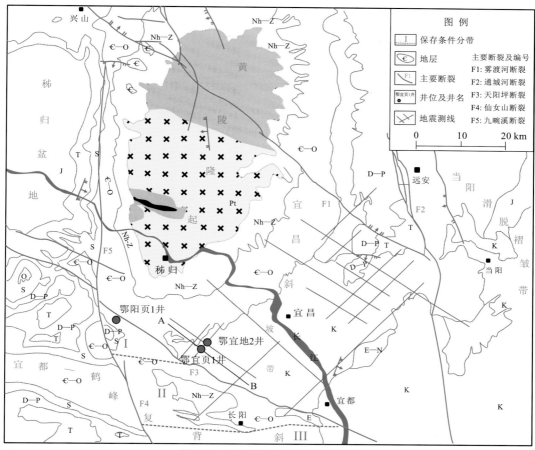

图 4-7　天阳坪断裂两侧变形分区

　　I 带：天阳坪断裂的上盘，逆冲断层及倒转褶皱发育，地层重复、破碎，靠近天阳坪逆冲断层尤为发育，地层倾角多大于 50°，倾角过大会加剧页岩气沿层理面逸散（Zhang et al.，2019a）。I 带东部变形程度高于西部，越过仙女山断裂该带消失。I 带目的层直立、逆冲断层发育，页岩气保存条件最为不利（图 4-7）。

　　II 带：主要是长阳背斜带，由多个次级背斜和向斜组成，前震旦系大面积出露，背斜核部断裂发育，寒武系目的层距离露头和断裂构造近，页岩气沿着层内横向运移至剥蚀区散失（余川 等，2018），保存条件不利。该带向西延伸为长阳背斜的西段，被仙女山断裂截断（图 4-7）。

　　III 带：由马鞍山—落雁山向斜、下树背斜等构造单元组成，受到北北西和北东东向断裂切割成菱形块体，北北西向断裂与仙女山断裂平行，越靠近仙女山断裂，北北西向断裂越发育；向东靠近江汉盆地西缘，可能受到江汉盆地晚燕山期以来伸展构造的影响，发育张性断裂（图 4-7 和图 4-8），北北西向断裂往往是通天断裂，成为页岩气逸散的直接通道（Hu et al.，2014）。

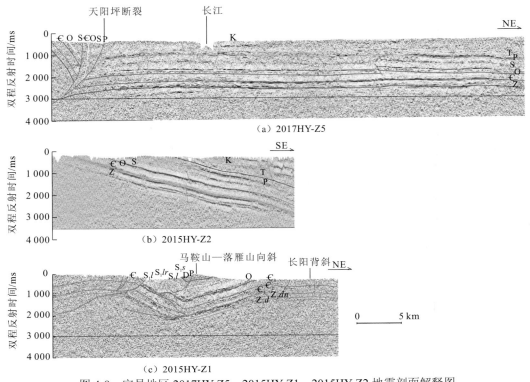

图 4-8　宜昌地区 2017HY-Z5、2015HY-Z1、2015HY-Z2 地震剖面解释图

## （二）构造变形机制

　　天阳坪断裂两侧构造变形的差异源于两者变形机制的差异。中扬子地区构造变形主要是中生代以来江南—雪峰造山向陆内递进变形作用的结果，变形程度由造山带向板内具有逐渐变弱的趋势，离江南—雪峰造山带越远保存条件越好（梅廉夫 等，2010；丁道桂和刘光祥，2007），但是在天阳坪断裂两侧构造变形强度明显不符合上述规律。

　　天阳坪断裂以北地区属于天阳坪断裂的下盘，因黄陵隆起刚性基底的保护作用，受到中扬子陆内递进变形的影响弱，盖层构造简单。就抬升剥蚀的力学机制而言，宜昌斜坡带主要受黄陵隆起 200 Ma 以来垂向隆升的影响，黄陵隆起隆升具有整体性，且靠近核部隆升剥蚀程度越高（Shen et al.，2012），致使沉积盖层围绕黄陵隆起向四周倾斜，与天阳坪断裂以南地区相比虽然盖层的剥蚀程度差别不大，但因为纵向简单的抬升剥蚀具有整体性，盖层的褶皱、断裂不发育，所以保存条件依然较好。

　　天阳坪断裂以南地区属于天阳坪断裂的上盘，一方面受到陆内递进变形的影响；另一方面受黄陵隆起刚性基底的砥柱作用，构造变形较周边地区更为强烈，构造极为复杂。黄陵隆起限制了鄂西弧形构造东翼向北扩展，它们之间的天阳坪断裂吸收构造缩短量，仙女山断裂北段与天阳坪断裂斜交，终止了其向北西延伸（王平 等，2012）。这种强烈的砥柱作用导致的变形差异还体现在仙女山断裂以西出露的地层较东部地层新，地层产状较东部平缓，仙女山断裂以东的剥蚀厚度普遍较西部多 1 000~2 000 m。同时天阳坪断裂以南地区因砥柱作用导致其与西侧地区沉积盖层压缩程度具有差异，天阳坪断裂以南地区形成多条与仙女山断裂相平行的右行走滑断裂，与北东东走向的逆冲断层共同作用将沉积盖层切割成多个菱形块体。

### （三）裂缝发育特征

构造变形除了形成断裂、褶皱构造，裂缝也是其重要表现。页岩气钻井会避开大的断裂构造，裂缝是构造变形对页岩气保存的最直接影响。裂缝对页岩气的聚集具有双刃剑的作用：一方面天然裂缝是页岩气赋存和渗流的重要空间，进而控制气体流动速度、页岩气的产能；另一方面裂缝过多、尺度过大导致泥页岩的密封性和超压遭到破坏，大量的游离气逸散、大气水下渗（曾维特 等，2016；聂海宽 等，2012；Jenkins et al.，2009）。裂缝可以分为构造裂缝和非构造裂缝，四川盆地内部构造稳定区域寒武系页岩裂缝与北美页岩类似，即构造裂缝不发育，靠近盆地边缘和盆外则变为以构造裂缝为主（Zhang et al.，2019b）。本小节挑选了两口远离大断裂的井做裂缝研究（图 4-9），对取心段较长的陡山沱组页岩构造裂缝统计分析，研究天阳坪断裂两侧页岩裂缝发育的差异性。地球物理测井可以将裂缝分为高导缝和高阻缝，对应的是低/未充填裂缝和全充填裂缝。密集的高导缝使岩心破碎，形成明显的破碎带。

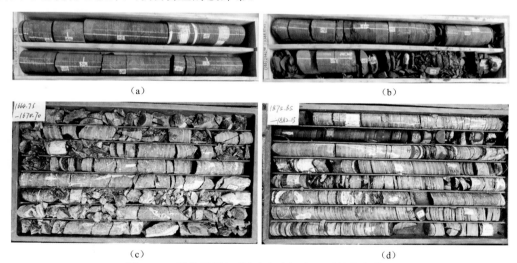

图 4-9　天阳坪断裂两侧陡山沱组岩心裂缝发育特征

（a）岩心完整、裂缝不发育，鄂宜页 1 井，2 364.72～2 366.56 m；（b）岩心裂缝不发育，遇水层软化剥落破碎，鄂宜页 1 井，2 342.58～2 344.57 m；（c）泥质云岩岩心破碎带，裂缝以半充填-无充填为主，鄂宜地 4 井，1 664.75～1 670.7 m；（d）云质泥岩裂缝发育，方解石充填，鄂宜地 4 井，1 875.85～1 882.15 m

鄂宜页 1 井自上而下井径有明显的变化，灯影组井径稳定，陡山沱组井径最高扩大 3 倍以上，其井径扩大可能与岩层的水理性质有关，陡山沱组岩心现场浸水实验表明具有遇水层软化剥落破碎的特点，与裂缝没有直接关系。鄂宜页 1 井测井显示井径扩大的层段往往对应的是低电阻率、高声波时差、低密度测井响应，且岩心观测并没有明显的裂缝，因此测井曲线不能很好地反映裂缝发育特征。岩心结合特殊测井解释统计表明鄂宜页 1 井以发育高阻缝为主,对应的是高度充填的裂缝,见少量的高导缝。裂缝密度一般为 1~2 条/m,最高为 6 条/m。裂缝宽度窄,一般为 1~5 mm,最宽为 50 mm。裂缝充填物见方解石、石英、黄铁矿等矿物(图 4-9 和图 4-10)。

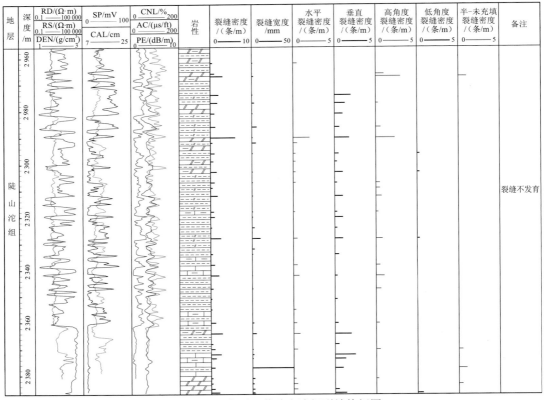

图 4-10　鄂宜页 1 井陡山沱组裂缝特征图

RD 为深侧向电阻率;RS 为浅侧向电阻率;SP 为自然电位;CAL 为井径;PE 为光电吸收截面指数

鄂宜地 4 井自上而下井径整体没有明显的变化,未充填裂缝具有相对低的电阻率、高声波时差、低密度测井响应,且岩心观察裂缝发育特征与测井曲线之间具有较好的对应性。鄂宜地 4 井陡山沱组岩层裂缝极为发育,裂缝密度一般为 6~10 条/m,裂缝宽度变化大,见大量宽度大于 100 mm 的全充填裂缝,泥岩裂缝最宽可达 500 mm 以上。裂缝充填度变化大,可见全充填、半充填、未充填裂缝,裂缝充填矿物主要为方解石、白云石,部分层段未充填-半充填裂缝密度达到 6 条/m,占裂缝总数的 50%以上。通过岩心观测结合测井分析鄂宜地 4 井震旦系陡山沱组共发现了 5 个规模较大的破碎段,破碎段最长达 27 m 以上,破碎带一般充填度较低,裂缝的密度最高可达 25 条/m。富泥质岩层破碎带一般水平裂缝发育,富钙质/云质岩层破碎带一般垂直裂缝、高角度裂缝发育。鄂宜地 4 井破碎带不仅在陡山沱组分布,灯影组也有分布;而鄂宜页 1 井陡山沱组、灯影组岩层中都没有发现类似的破碎带(图 4-9 和图 4-11)。

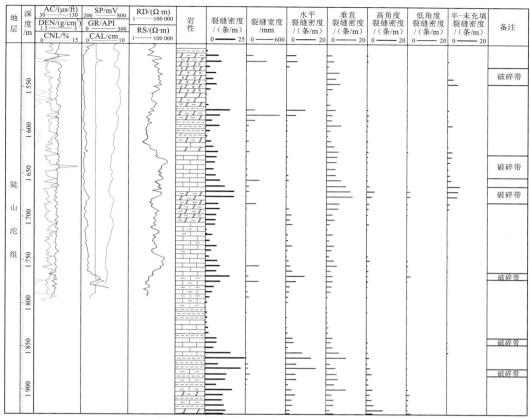

图 4-11 鄂宜地 4 井陡山沱组裂缝特征图

通过对比发现宜昌斜坡带页岩裂缝不发育,宜都—鹤峰复背斜北端页岩裂缝则相对发育。鄂宜地 4 井与鄂宜页 1 井相比较,裂缝密度是鄂宜页 1 井的 5 倍,裂缝宽度是鄂宜页 1 井的 10 倍,半充填-未充填裂缝密度是鄂宜页 1 井的 6 倍,最为显著的特点是低充填度的破碎带多且规模大。鄂宜地 4 井后期构造裂缝过于发育,多个未被充填的破碎带是页岩气晚期逸散、大气水下渗的直接通道,Zhang 等(2019b)研究表明页岩低含气性与构造裂缝的密度密切相关,裂缝密度过高往往含气性极低。裂缝的形成与构造密切相关,裂缝的发育特点与天阳坪两侧断裂发育的密度、构造样式具有明显的相关性。就地表地质条件而言,鄂宜页 1 井、鄂宜地 4 井都远离大的断裂构造,但两者裂缝发育的程度却相差明显,表明天阳坪断裂两侧构造演化及应力场的差异与第一章的区域构造特征相吻合。

## 二、鄂宜地 2 井裂缝充填脉体特征及古流体对页岩气保存条件的指示

### (一)裂缝充填脉体特征

鄂宜地 2 井寒武系水井沱组自下而上裂缝增多,整体上页岩段裂缝不发育,上部石灰岩段裂缝发育。下部裂缝以水平裂缝为主,多被石英脉充填 [图 4-12(a)(b)],

见部分垂直裂缝或高角度裂缝，但主要发育在石灰岩或泥灰岩夹层中，裂缝未切穿页岩层，部分顺层滑动见镜面擦痕、无充填；上部石灰岩段裂缝以垂直裂缝为主，且部分充填度较低 [图 4-12（c）]。石牌组与天河板组底部主要发育垂直裂缝，裂缝最宽超过 3 cm，充填矿物以方解石为主，见少量的石英，局部黄铁矿发育，部分裂缝充填度低 [图 4-12（b）（c）]，测井显示该段具有高自然伽马、高声波时差的特征，也揭示了该段裂缝发育，天河板组底部—石牌组气显与之有关。天河板组中上部—石龙洞组裂缝不发育。覃家庙组裂缝较发育，充填物以方解石为主，见部分石膏充填 [图 4-12（f）]。娄山关组发育不同产状及类型的裂缝，多数被方解石脉全充填；娄山关组下部见大量充填度低的裂缝，部分晚期方解石多结晶变得粗大 [图 4-12（g）（h）]。

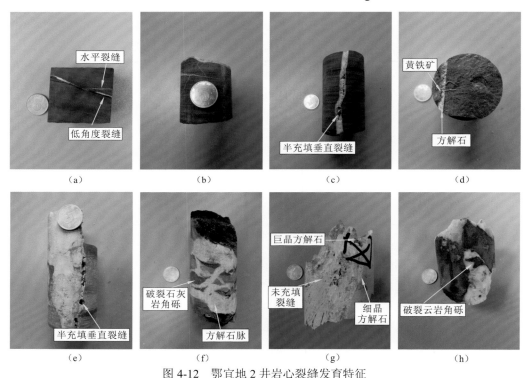

图 4-12　鄂宜地 2 井岩心裂缝发育特征

### 1. 裂缝充填脉体微区成分

在氧化的成岩环境下，$Mn^{2+}$ 趋向于被氧化为高价态不易置换 $Ca^{2+}$ 进入晶格，因此方解石脉体生成时所处的地层水环境和流体来源的差异往往会从脉体的化学成分中表现出来，淡水方解石都缺少铁和锰元素的化合物，而海相石灰岩则均含有少量的铁和锰（高键 等，2014；王衍琦 等，1996）。鄂宜地 2 井寒武系裂缝方解石脉的电子探针测试分析主要检测出 $Na_2O$、$K_2O$、$CaO$、$TiO_2$、$Al_2O_3$、$FeO$、$SiO_2$、$MgO$、$MnO$ 组分（表 4-4）。娄山关组裂缝脉体没有检测出 $MnO$，岩家河组—天河板组方解石脉均检测出 $MnO$，表明了娄山关组裂缝方解石形成于氧化环境，有大气水的介入，岩家河组—天河板组方解石可能形成于还原环境，大气水介入的可能性小。

表 4-4　鄂宜地 2 井寒武系裂缝方解石脉微区成分对比

| 编号 | 深度/m | Na₂O/% | K₂O/% | CaO/% | TiO₂/% | Al₂O₃/% | FeO/% | SiO₂/% | MgO/% | MnO/% | 质量分数/% |
|------|--------|--------|-------|-------|--------|---------|-------|--------|-------|-------|-----------|
| A74 | 392.7 | 0.098 | 0.056 | 63.829 | 0 | 0.010 | 0.055 | 0 | 0.372 | 0 | 64.420 |
| A71 | 431.1 | 0.007 | 0.002 | 61.892 | 0.086 | 0.014 | 0 | 0 | 0.251 | 0 | 62.252 |
| A28 | 1 622.3 | 0.011 | 0 | 57.879 | 0 | 0.006 | 0.201 | 0 | 0.172 | 0.037 | 58.306 |
| A27 | 1 635.4 | 0 | 0 | 62.526 | 0.027 | 0.011 | 0.326 | 0.044 | 0.131 | 0.052 | 63.117 |
| A26 | 1 643.0 | 0.069 | 0.013 | 53.986 | 0.010 | 0.015 | 0.162 | 0 | 0.107 | 0.007 | 54.369 |
| A19 | 1 661.6 | 0 | 0 | 60.270 | 0.016 | 0 | 0.466 | 0.018 | 0.216 | 0.069 | 61.055 |
| A15 | 1 674.5 | 0.026 | 0.026 | 53.631 | 0 | 0.003 | 0.535 | 0 | 0.204 | 0.045 | 54.444 |
| A8 | 1 701.2 | 0 | 0.004 | 59.533 | 0.016 | 0 | 0.470 | 0.046 | 0.202 | 0.047 | 60.322 |
| A3 | 1 736.5 | 0.038 | 0.012 | 61.288 | 0.018 | 0.001 | 0.114 | 0.049 | 0.219 | 0.033 | 61.772 |
| A2 | 1 772.5 | 0.027 | 0.028 | 63.403 | 0.016 | 0.004 | 0 | 0 | 0.261 | 0.024 | 63.763 |

## 2. 黄铁矿脉硫同位素

硫同位素在国土资源部中南矿产资源监督检测中心 MAT251 上测定，分析误差为 ±0.2‰，测试结果见表 4-5。石牌组裂缝充填黄铁矿的 $\delta^{34}S$ 值为 30.99‰～31.57‰，略低于覃家庙组膏盐层的 $\delta^{34}S$ 值（31.78‰～33.34‰），这表明石牌组黄铁矿中的硫来自膏盐层，地质历史过程中，石牌组地层中发生了热化学硫酸盐还原（thermochemical sulfate reduction，TSR）反应，石油烃类被氧化，生成相对亏损的重碳同位素 $CO_2$（Krouse et al.，1988），而 TSR 成因 $H_2S$ 被 $Fe^{2+}$ 捕获生成黄铁矿。一般来讲，TSR 成因 $H_2S$ 的 $\delta^{34}S$ 值比原始硫酸盐相对偏轻 10‰～20‰（Machel et al.，1995）。石牌组裂缝充填黄铁矿的 $\delta^{34}S$ 与覃家庙组膏盐层的 $\delta^{34}S$ 接近一致，表明 TSR 过程中水溶性硫酸盐供给量有限，在相对密闭环境下几乎被完全还原生成 $H_2S$，因此该过程没有出现显著的同位素分馏。TSR 反应生成的大量 $CO_2$ 促进了石牌组方解石脉的形成，加速了垂直裂缝的愈合，在水井沱组裂缝仍有部分未被完全充填的情况下，石牌组这种不连续方解石"塞子"在一定程度上抑制下伏水井沱组页岩气发生垂向快速散失。

表 4-5　鄂宜地 2 井膏盐及黄铁矿脉硫同位素

| 层位 | 样品编号 | 井深/m | $\delta^{34}S_{CDT}$ /‰ | 矿物 |
|------|----------|--------|------------------------|------|
| 覃家庙组 | P7 | 1 076.0 | 33.22 | 石膏 |
| | P6 | 1 077.0 | 33.34 | 石膏 |
| | P5 | 1 090.1 | 31.93 | 石膏 |
| | P4 | 1 090.2 | 31.78 | 石膏 |
| | P3 | 1 091.4 | 32.11 | 石膏 |
| 石牌组 | P2 | 1 366.8 | 30.99 | 黄铁矿 |
| | P1 | 1 367.00 | 31.10 | 黄铁矿 |
| | P0 | 1 367.1 | 31.57 | 黄铁矿 |

**3. 包裹体群成分**

包裹体可以分为原生包裹体和次生包裹体，原生包裹体与脉体矿物同时形成，次生包裹体则晚于脉体矿物形成。本小节根据镜下观察选择包裹体发育且样品量较大的脉体系统分析了寒武系裂缝充填脉体包裹体群气相组分及液相阴阳离子的组成。包裹体群气相组分、液相阴阳离子组成分析由核工业北京地质研究院分别采用 PE.Clarus600 气相色谱仪、DIONEX-500 离子色谱仪进行测试，测试结果及相关参数纵向变化见图 4-13。

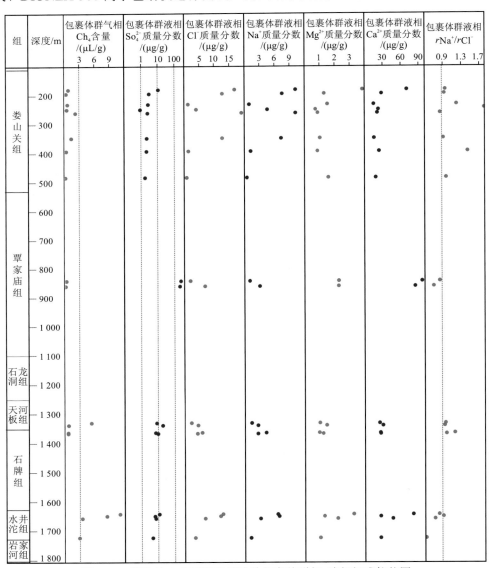

图 4-13　鄂宜地 2 井裂缝充填脉体包裹体群气-液相组成柱状图

$r$Na$^+$/$r$Cl$^-$ 为钠氯系数

包裹体群气相组分 CH$_4$ 的含量在纵向上具有明显的分布规律。CH$_4$ 的含量随地层埋藏深度增大而增加，CH$_4$ 的含量大体呈上升趋势。天河板组和水井沱组内充填脉体中包

裹体群气相 $CH_4$ 的含量明显较上覆覃家庙和娄山关组要高。其中，水井沱组包裹体群气相 $CH_4$ 的含量为 2.89～11.00 μL/g，石牌组—天河板组为 0.68～5.30 μL/g，覃家庙组为 0.26～0.42 μL/g，娄山关组为 0.28～2.24 μL/g。

包裹体群液相中 $SO_4^{2-}$ 的含量纵向上也具有明显的分布规律。随地层埋深增大，$SO_4^{2-}$ 的质量分数从娄山关组（0.92～10.9 μg/g）到覃家庙组（207～240 μg/g）整体呈上升趋势，从覃家庙组到下伏天河板组—石牌组（6.98～18.6 μg/g）、水井沱组（4.62～11.3 μg/g）逐渐降低。$Ca^{2+}$、$Mg^{2+}$ 的含量同样呈现出类似的分布特征，这可能指示覃家庙组蒸发岩系卤水通过裂缝下渗进入了下伏天河板组和水井沱组。就水井沱组内部而言，不同类型阴阳离子的含量均随深度增大而降低，这可能是覃家庙组高盐度卤水下渗的又一集中体现。

通常，海水的钠氯系数（$rNa^+/rCl^-$）为 0.85，经过强烈水岩作用的沉积水钠氯系数小于 0.85，受大气水淋滤影响的地层水钠氯系数大于 1（曾溅辉 等，2008）。纵向上，随地层埋深增大钠氯系数呈减小的趋势。其中，娄山关组裂缝充填脉体包裹体群钠氯系数变化较大，大部分介于 0.90～1.20，最高可达 1.79，表明地质历史过程中曾有大气水下渗进入娄山关组，与电子探针和同位素分析相吻合。

覃家庙组和水井沱组方解石脉体包裹体液相钠氯系数均较低，且水井沱组自上而下有降低的趋势，最低值在水井沱组底部，仅为 0.52，这表明覃家庙组、水井沱组页岩的封闭性较强，且水井沱组底部页岩段的封闭性最强。天河板组—石牌组部分方解石脉样品包裹体群液相钠氯系数也较高，个别数据大于 1，可能是脉体矿物捕获了晚期有大气水混入的次生包裹体。

脱硫系数（$rSO_4^{2-} \times 100 / rCl^-$）也是地层封闭性的判别标志，通常把脱硫系数 1 作为脱硫作用是否彻底的界限值。但是本次测试分析得到的脱硫系数均大于 1，可能主要与流体中富含膏岩层卤水有关。

## （二）古流体对页岩气保存条件指示

### 1. 页岩封闭性评价

古流体地球化学特性揭示了寒武系封闭性的差异。整体而言寒武系由浅至深，封闭性增强；覃家庙组膏盐层之下整体封闭性好于膏盐层之上的地层，展现了膏盐层在区域上强大的封盖能力（金之钧 等，2010），这与覃家庙组页岩气显示、天河板组—石牌组裂缝气显示、水井沱组高含气页岩层的发现是相吻合的。娄山关组古流体化学分析表明其裂缝脉体形成于相对开放的氧化环境，有大气水的混入；水井沱组—岩家河组封闭性最强，裂缝形成于高含气饱和度还原环境，与外界的流体交流不活跃。

### 2. 页岩气逸散通道

鄂宜地 2 井系统的古流体分析表明垂直裂缝是寒武系页岩气逸散的主要通道，页岩气沿着层面扩散到裂缝中，再经裂缝向外散失。岩心观测水井沱组上部—天河板组底部垂直缝延伸长，脉体碳氧同位素、硫同位素，以及包裹体群水溶液氢氧同位素揭示天河板组—石牌组裂缝发生了 TSR，生成的方解石脉碳同位素偏负、包裹体群水溶液氢同位素偏负，黄铁矿脉硫同位素示踪表明 TSR 硫酸盐的来源为覃家庙组膏盐，裂缝的形成一方面使页岩气向上散失，另一方面导致覃家庙组高盐度地层水沿着裂缝向下渗透。

**3. 页岩气保存条件**

以鄂宜地 2 井古流体同位素测试为基础，结合包裹体群测试结果和埋藏史（图 4-14），分析页岩气保存条件。受黄陵隆起 200 Ma 隆升（沈传波 等，2009）的影响，鄂宜地 2 井寒武系垂直裂缝和水平裂缝开始形成，生成的液态烃沿这些裂缝运移，裂缝充填脉体捕获了大量该期次烃类，形成的脉体记录了第 I 期流体包裹体群。中侏罗世末，寒武系页岩埋深达到最大，原油大量热裂解生气，天然气沿裂缝运移被充填脉体捕获，形成第 II 期高密度甲烷包裹体。该阶段寒武系封闭性较好，水井沱组形成方解石脉的地质流体主要来自同层石灰岩的溶蚀产物。

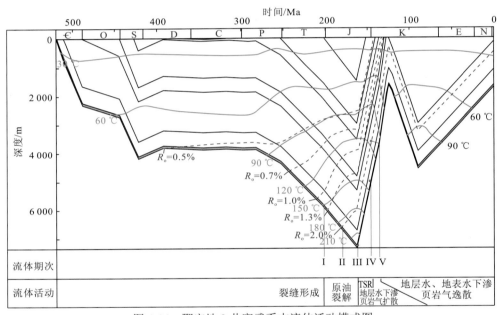

图 4-14　鄂宜地 2 井寒武系古流体活动模式图

晚侏罗世以来宜昌地区整体抬升，随着构造挤压及抬升剥蚀，垂直裂缝系统发育，该次裂缝发育可能延伸高度较大，切穿了寒武系覃家庙组至水井沱组。覃家庙组高盐度卤水沿着裂缝向下运移，水井沱组页岩气快速向上逸散，地层压力降低，两者在石牌组裂缝中相遇，发生了 TSR 反应。TSR 成因 $CO_2$ 的生成促进了石牌组方解石脉体形成，一定程度上抑制了水井沱组页岩气急剧扩散。在此过程中，水井沱组裂缝脉体主要形成了第 III、第 IV 期次生气相和气液两相包裹体群，均一温度分别为 200～230℃、130～150℃。

白垩纪早期，寒武系上覆盖层遭受剥蚀，大气水沿裂缝下渗，娄山关组裂缝充填的天然气被氧化，生成 $CO_2$，促进了碳酸盐脉体的形成，其中发育了均一温度小于 110℃的包裹体群。早白垩末期的沉积围绕黄陵隆起呈楔状发育（Shen et al.，2012），白垩系开始快速沉积，进而抑制了寒武系页岩气的急剧逸散。

喜山期以来，地层整体抬升遭受剥蚀。寒武系埋藏变浅，大气水可能沿着裂缝下渗至石牌组—天河板组，裂缝充填脉体捕获了该期次流体，形成少量具有低钠氯系数特征的纯液相包裹体。水井沱组封闭性相对较好，该期包裹体群不发育，这也与该地层低含水、高含气的特征相吻合（方朝合 等，2014；刘洪林和王红岩，2013）。

综上，鄂宜地 2 井水井沱组页岩气保存条件相对较好，使得该地区寒武系水井沱组成为页岩气勘探主要目的层。

## 三、天阳坪断裂两侧古流体活动差异

### （一）流体包裹体岩相特征

就各个井而言，天阳坪断裂以北地区的鄂宜地 2 井、鄂宜页 1 井页岩段流体包裹体类型相似，以甲烷包裹体、液态烃包裹体为主，见少量的气液两相包裹体。天阳坪断裂以南地区的鄂宜地 4 井、WZK03 井以气液两相包裹体为主，鄂宜地 4 井水井沱组页岩见少量的气液两相包裹体，陡山沱组部分样品盐水包裹体较发育（图 4-15）。从包裹体组合特征来看，鄂宜地 2 井、鄂宜页 1 井记录了早期页岩近最大埋深阶段的裂缝形成并捕获了烃类、高密度甲烷包裹体，这些包裹体形成于页岩段内部高度封闭的条件，后期没有被构造改造，表明该类型包裹体形成以后构造运动不强烈，挤压破坏应力场不强，整体保存条件相对较好。烃类、甲烷包裹体所占比例高，气液两相包裹体所占比例小，

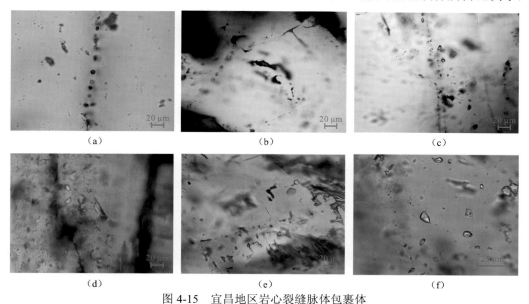

（a）　　　　　　　　　　（b）　　　　　　　　　　（c）

（d）　　　　　　　　　　（e）　　　　　　　　　　（f）

图 4-15　宜昌地区岩心裂缝脉体包裹体

（a）定向分布高密度甲烷包裹体，鄂宜页 1 井；（b）不规则状烃类包裹体，鄂宜地 2 井；（c）定向、自由分布高密度甲烷包裹体，鄂宜地 2 井；（d）定向分布的气液两相包裹体，鄂宜地 4 井；（e）原生低气液比两相包裹体，鄂宜地 4 井；（f）原生自由分布气液两相包裹体，WZK03 井

说明了早期封闭系统的裂缝较发育, 晚期构造裂缝少, 页岩段被地层水-大气水渗入的流体包裹体非常少 (刘安 等, 2018)。WZK03 井、鄂宜地 4 井陡山沱组发育大量的气液两相包裹体, 甲烷包裹体、烃类包裹体不发育表明早期页岩段封闭体系裂缝不发育, 或者早期发育的流体包裹体被后期构造所改造, 晚期半封闭或开放体系下的流体活动强烈。

流体包裹体岩相学特征与岩心裂缝发育的特征相吻合。鄂宜地 4 井裂缝的发育密度、规模要远高于鄂宜页 1 井。鄂宜页 1 井裂缝不发育, 形成于晚期的无充填-半充填裂缝少与富含甲烷包裹体、烃类包裹体, 缺少气液两相包裹体的组合特征一致。鄂宜地 4 井部分流体包裹体并不发育, 表现出被强烈改造的特征, 流体包裹体类型以气液两相包裹体为主, 见大量晚期的次生水溶液包裹体, 与晚期半充填、无充填裂缝发育一致。

## (二) 流体包裹体均一温度、盐度

鄂宜页 1 井、鄂宜地 2 井陡山沱组、牛蹄塘组多数样品都可以检测到高密度的甲烷包裹体, 拉曼偏移主要在 $2910 \sim 2912 \text{ cm}^{-1}$ [图 4-16 (a)], 具有典型的高密度甲烷包裹体拉曼偏移特征, 代表其形成于高压环境 (刘德汉 等, 2013), 在页岩气保存条件好的焦石坝、南川区块志留系页岩裂缝脉体中也发现了大量高密度的甲烷包裹体 (Gao et al., 2019; 席斌斌 等, 2016)。鄂宜地 4 井陡山沱组未能检测出纯甲烷包裹体, 但气液两相包裹体中气相组分检测出甲烷。WZK03 井牛蹄塘组底部石英脉气液两相包裹体中气相组分检测出氮气和甲烷, 氮气的体积分数为 86%~90% [图 4-16 (b)]。

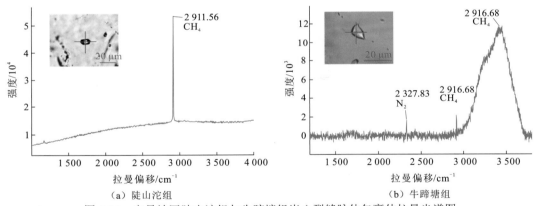

(a) 陡山沱组　　　　　　　　　(b) 牛蹄塘组

图 4-16　宜昌地区陡山沱组与牛蹄塘组岩心裂缝脉体包裹体拉曼光谱图

鄂宜页 1 井裂缝脉体包裹体有均一温度分别为 210~220 ℃、170~180 ℃、110~140 ℃、90~100 ℃ 的多期次流体活动。鄂宜地 4 井裂缝脉体包裹体有均一温度分别为 190~220 ℃、110~130 ℃、90~100 ℃ 的三期流体活动。WZK03 井裂缝脉体包裹体均一温度为 121~170 ℃, 峰值为 140~160 ℃ (图 4-17)。均一温度显示鄂宜页 1 井、鄂宜地 4 井古流体活动具有相似性, 可能记录了晚侏罗世以来抬升剥蚀阶段的流体活动, 均一温度记录的 WZK03 井流体活动深度则更浅。3 口井裂缝脉体包裹体盐度差别较大: 鄂宜页 1 井裂缝脉体包裹体盐度一般大于 10%, 最大可达 21.9%; 鄂宜地 4 井裂缝脉体包裹体盐度整体低于鄂宜页 1 井, 部分样品为 3%~5%; WZK03 井裂缝脉体包裹体盐度整体低，最高仅为 6.44%，少量盐度低于 3%（图 4-18）。在宜昌及周边地区都发育寒武系覃家庙组膏盐盖层的条件下，低盐度可能指示了古流体中大气水的混入程度，即鄂宜地4 井、WZK03 井部分古流体中有大气水的混入。

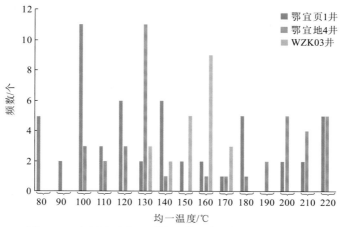

图 4-17　宜昌地区岩心裂缝脉体包裹体均一温度直方图

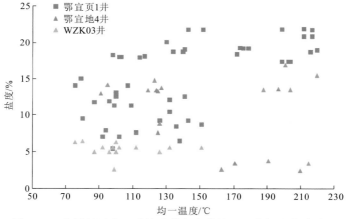

图 4-18　宜昌地区岩心裂缝脉体包裹体均一温度与盐度关系图

　　以 WZK03 井最低均一温度 121℃为基础，依据鄂西地区中生代以来古地温梯度为2～3℃/100 m，推测最晚一期流体活动埋藏深度超过 3500～4000 m。在最低温度为 121℃的条件下，气液两相包裹体中含有大量 $N_2$ 且盐度低表明挤压条件下长阳背斜紧闭的核部垂直裂缝发育，大气水下渗深度超过 3500～4000 m，在该深度页岩气的逸散程度已经非常高，气体组分中混入了大量大气来源的 $N_2$。寒武系页岩的高含氮与保存条件密切相关，渝东南地区寒武系页岩埋深超过 3000 m，页岩气中 90%以上为 $N_2$（焦伟伟 等，2017），中扬子地区寒武系保存条件差的浅埋藏页岩气中往往也含有大量的 $N_2$（Liu et al.，2016）。流体包裹体分析表明裂缝是页岩气向上逸散、地层水、地表水渗入页岩层的通道。

　　通过天阳坪断裂两侧页岩气的保存条件的对比研究发现，因黄陵隆起刚性基底的砥柱作用，天阳坪断裂南北两侧页岩气保存条件差异明显。天阳坪断裂以南正对黄陵隆起地区的构造变形最强，断层、裂缝、破碎带发育，页岩气逸散时间早、大气水下渗深度大，构造保存条件最差。因此围绕宜昌周边页岩气勘探应向宜昌斜坡带东西两侧巴东—大冶对冲干涉带拓展，越过天阳坪断裂向宜都—鹤峰复背斜北端勘探风险较大。

## 四、PT 参数对页岩气保存的指示意义

事实上流体包裹体记录了大量的温度、压力信息，也是页岩气保存的重要记录（Gao et al., 2019）。压力也是含气性的核心指标，因此压力的演化也指示了含气性的变化。依据中扬子地区页岩气的地质条件，在不考虑局部地区白垩纪以来二次生烃的特殊条件下，中扬子地区寒武系页岩气的成藏普遍具有早期深埋藏和早期浅埋藏两种模式，两种不同的模式下页岩的孔隙结构、压力演化、含气特征具有显著的差异。

页岩有机质孔隙演化是压实作用、生烃作用、泄压压实、构造应力相互叠加共同作用的结果。在不同的演化阶段主控因素不一样，本节建立早期深埋藏和早期浅埋藏两种模式下的页岩段物性及压力系数演化图（图 4-19）。

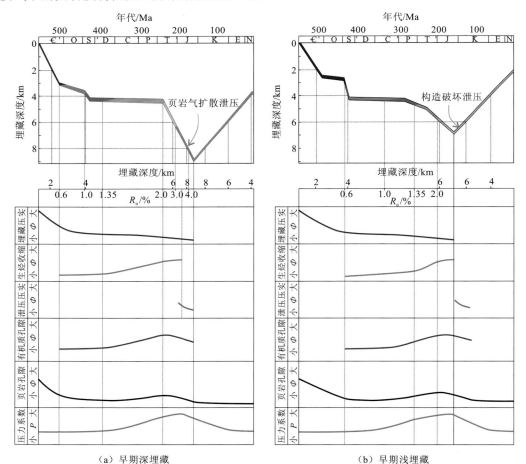

（a）早期深埋藏　　　　　　　　　　　（b）早期浅埋藏

图 4-19　早期深埋藏和早期浅埋藏两种模式下的页岩段物性及压力系数演化图

Ungerer（1990）认为有机质演化有解聚型和平行脱官能团型两种类型，解聚型有机质演化整体产生中间大分子，有机质收缩，主要产生有机质边缘孔；平行脱官能团型有机质演化过程中只有一部分官能团随着演化程度的升高依次从干酪根中直接脱除生烃，最后逐渐残余惰性骨架，同时产生有机质内部孔。在不考虑静岩压力随埋深增大而增加的条件下，有机质碎片在页岩中所占的体积应该是一定的，不论是解聚形成的有机质边缘孔还是官能团脱除形成的有机质内部孔，都会导致有机质孔隙体积的增加。

在埋藏压实作用阶段，埋藏时间和埋深两个因素对地层孔隙度演化的影响都是非常重要的（刘震 等，2007）。在整个埋深增大的过程中，压实作用致使孔隙度降低。正常页岩压实作用持续影响页岩孔隙度，埋藏深度越大，压实作用越强，3 000 m 以后孔隙度降低的速度变慢。寒武系页岩一般在中侏罗世埋深达到最大，晚侏罗世以来以抬升剥蚀为主（梅廉夫 等，2010），压实作用对富有机质页岩和贫有机质页岩的作用是一样的。

有机质孔隙一般在 $R_o$ 为 0.6%时开始发育，因为早期生成大量的沥青会堵塞孔隙。随着热演化程度进一步加强，在 $R_o$>1.3%时沥青发生热解产生大量的有机质孔隙，有机质孔隙会急剧增加，在不考虑其他因素的条件下，有机质孔隙随着有机质成熟度的升高而增加，该阶段页岩压力系数整体随着生烃作用增大。当 $R_o$>3.5%时，孔隙度急剧下降（王玉满 等，2018）。当 $R_o$>3.5%时，一方面页岩生气能力显著降低，另一方面页岩气的扩散持续进行，导致压力系数不升反降，在该阶段，随着埋深增大、温度升高，页岩的吸附能力受高温影响有下降的趋势，页岩气以游离气为主。

相对于早期深埋藏类型，早期浅埋藏类型在侏罗纪之前的沉积沉降阶段，深埋藏过程中页岩有机质成熟度相对较低，没有因为页岩气逸散造成泄压，该阶段孔隙度持续增大、压力系数持续升高。抬升剥蚀阶段，侏罗纪以来的大规模抬升剥蚀过程中因构造破坏的广泛存在，页岩泄压非常普遍，也会造成一定程度的泄压压实；同时构造破坏往往表现为挤压推覆，强大的异常应力对部分页岩层孔隙段产生极大的影响，导致有机质孔隙塌陷甚至消失，因此该阶段页岩孔隙度降低、地层压力系数也有降低的趋势，页岩的含气性持续性下降，因为抬升过程整体温度降低，页岩的吸附能力增强，吸附气比例升高。四川盆地整体保存条件良好，以 JY1 井为例，古近纪以来整体抬升剥蚀，但页岩气扩散程度低，孔隙有回弹增大的趋势（聂海宽 等，2012）。

# 第三节　基底控藏型页岩气富集模式

宜昌地区页岩气的勘探突破表明，古隆起、古斜坡等稳定古构造周缘是中下扬子区古生界页岩气勘探的潜在有利区。据此，建立了基底控藏型页岩气富集模式，其具有以下内涵。

（1）桐湾运动末期形成的早寒武世隆凹相间的古地理格局直接影响宜昌地区寒武系

水井沱组富有机质页岩的展布，对页岩气的形成分布有重要的源控作用，水井沱组页岩含气量与 TOC 具有较好的正相关性，指示有机质丰度是影响页岩气富集的关键因素。

（2）印支期开始隆升、燕山期迅速隆升的黄陵岩体控制宜昌斜坡带的构造沉降，使下古生界页岩层埋藏深度适中、抬升早、有机质成熟度相对低，在中下扬子区下古生界页岩过成熟的演化背景下尤为特殊。适宜的热演化条件下，水井沱组页岩有机质纳米孔隙发育，构成页岩气重要的储集空间。

（3）受黄陵隆起的砥柱作用，宜昌斜坡带在南方中、新生代多期次强烈构造活动中免遭构造破坏和强改造，表现为以隆升剥蚀为主、局限断裂活动为辅、整体构造变形弱的特点，构造保存条件较邻区优越，加之页岩渗透性极低，宜昌单斜构造上水井沱组页岩气仍可以有效保存，是当前该区勘探的主体。

（4）寒武系页岩裂缝发育，早期构造作用形成的高角度裂缝、晚期由重力顺层滑脱作用形成的低角度剪切裂缝，共同构成页岩气运移、储集的重要空间。

## 一、沉积基底对深水陆棚页岩展布的控制

扬子克拉通北缘存在多期次、持续的岩浆事件，表明华南陆块参与了罗迪尼亚（Rodinia）超大陆的拼合与裂解过程（凌文黎 等，2006）。宜昌晓峰一带出露的晓峰基性-超基性岩套之上，依次发育含火山碎屑的南华系红色碎屑岩、震旦系—下寒武统黑色页岩及中、上寒武统膏盐的沉积建造序列与拗拉槽沉积建造序列相似，可以大致推测在宜昌地区，板内拉张活动始于新元古代，并一直延续到早寒武世。

寒武系水井沱组富有机质页岩是板内拉张或构造热沉降形成的台内凹陷沉积产物，出现了沉积相的分异[图 4-20（a）]，黑色页岩沉积受早寒武世出现的隆凹相间的古地理格局制约[图 4-20（b）]。穿越宜昌斜坡的鄂阳页 1 井、鄂宜页 1 井、鄂宜参 3 井的钻探证实寒武系水井沱组富有机质页岩的厚度与下伏灯影组的厚度呈相互消长的镜像关系（表 4-6）。自西向东，水井沱组页岩厚度逐渐减小，灯影组碳酸盐岩厚度逐渐增大。位于西侧陆棚相带的鄂阳页 1 井富有机质页岩厚度为 141 m，灯影组厚度为 176.5 m，该处灯影组以薄层石灰岩为主，灯影组与水井沱组间发育厚约 75 m 的岩家河组，两者之间呈低角度不整合接触。台地边缘斜坡相带的鄂宜页 1 井、鄂宜地 2 井富有机质页岩厚度分别为 86 m 和 72.32 m；向东过渡到台地边缘浅滩相带的鄂宜参 3 井，水井沱组厚度锐减至 5.2 m，暗色页岩不发育，灯影组厚达 662.8 m，主要为喀斯特缝洞极其发育的台地边缘浅滩相灰白色鲕粒白云岩、粉晶白云岩，明显的不整合指示鄂宜参 3 井灯影组经历了长期的陆上暴露和喀斯特化。位于宜昌斜坡带东侧的鄂宜页 3 井水井沱组下部以灰黑色灰质页岩夹瘤状石灰岩为主，黑色页岩厚度小于 15 m，富含三叶虫、腕足类化石及黄铁矿，该井灯影组未钻穿，综合岩性、生物组合推测该井水井沱组为局限台地相沉积。

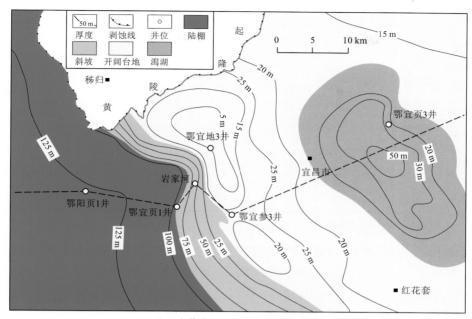

（a）水井沱组沉积相与页岩等厚线图

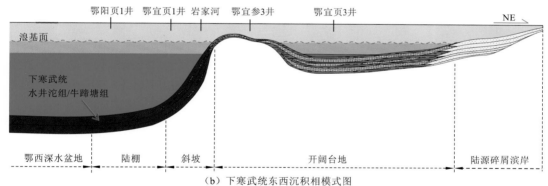

（b）下寒武统东西沉积相模式图

图 4-20　宜昌地区早寒武世沉积相平面展布图

表 4-6　宜昌地区典型井水井沱组沉积厚度、页岩有机地化及含气特征

| 单井 | 古地理位置 | 灯影组厚度/m | 水井沱组厚度/m | 富有机质页岩厚度/m | TOC>2%页岩厚度/m | 页岩TOC/% | 页岩$R_o$/% | 现场解吸气含量/（m³/t） |
|---|---|---|---|---|---|---|---|---|
| 鄂宜探 2 井 | 台地 | 523.0 | 55.0 | 38.00 | — | — | — | — |
| 鄂宜页 3 井 | 台内洼陷 | — | 84.0 | 48.00 | 15 | 0.18~4.77/1.34 | | 0.20~0.94/0.33 |
| 鄂宜参 1 井 | 台缘隆起 | 617.0 | 9.0 | 3.00 | — | < 0.5 | | |
| 鄂宜地 3 井 | 台缘隆起 | 624.4 | 8.6 | 4.05 | — | < 0.5 | | |
| 鄂宜参 3 井 | 台缘隆起 | 662.8 | 5.2 | 2.65 | — | < 0.5 | | |
| 鄂宜地 5 井 | 台缘隆起 | 615.3 | 18.0 | 13.99 | — | < 0.5 | | |

| 单井 | 古地理位置 | 灯影组厚度/m | 水井沱组厚度/m | 富有机质页岩厚度/m | TOC>2%页岩厚度/m | 页岩TOC/% | 页岩$R_o$/% | 现场解吸气含量/（m³/t） |
|---|---|---|---|---|---|---|---|---|
| 鄂宜参2井 | 台缘斜坡 | 429.00 | 62.2 | 31.98 | 13.70 | 0.10～7.91/1.91 | — | — |
| 鄂秭地2井 | 台缘斜坡 | 420.80 | 79.6 | 63.30 | 22.66 | 0.25～5.02/2.34 | 1.97～2.59/2.33 | 0.23～4.45/2.15 |
| 鄂宜地2井 | 台缘斜坡 | — | 101.6 | 72.32 | 28.00 | 0.52～5.96/2.26 | 2.26～2.37/2.35 | 0.17～5.58/2.24 |
| 鄂宜页1井 | 台缘斜坡 | 235.00 | 136.1 | 86.00 | 36.70 | 0.43～10.45/2.70 | 2.18～2.30/2.26 | 0.58～5.48/2.05 |
| 鄂秭地1井 | 陆棚 | 247.72 | >290.0 | 104.81 | 44.10 | 0.53～8.72/2.14 | 1.43～1.79/1.61 | 0.23～1.05/0.59 |
| 鄂阳页1井 | 陆棚 | 176.50 | 469.5 | 141.00 | 41.00 | 1.00～5.50/2.20 | 2.50～3.70/2.70 | 0.32～4.48/2.30 |

注：a～b/c 格式中，a 为最小值；b 为最大值；c 为平均值

　　总体上看，水井沱组富有机质页岩厚度变化大，台地边缘斜坡—陆棚相带是页岩发育的有利相带，其富有机质页岩厚度是台地边缘隆起带厚度的 2～10 倍。有机地化方面，水井沱组页岩 TOC 为 0.1%～10.45%，TOC 大于 1%的暗色页岩连续累计厚度为 68～80 m，TOC 大于 2%的富有机质页岩累计厚度为 13～44 m（表 4-6），生烃条件好，是研究区最重要的烃源岩层系。深水陆棚相优质页岩是页岩气富集的基础，前人对页岩古环境、古生产力、硅质成因（陈孝红 等，2018；郭旭升，2014b）等做了大量研究，因篇幅有限，本小节仅关注页岩含气性方面。鄂宜页 1 井水井沱组—岩家河组连续含气页岩段厚 176.03 m（1 762.24～1 938.27 m），钻井过程中气显频繁，现场解吸页岩含气量为 0.31～5.48 m³/t，连续含气量大于 2 m³/t 的累计厚度达 44.05 m，页岩含气量随深度增大而增加，这一趋势与 TOC 的垂向变化趋势基本一致。对鄂宜页 1 井、鄂阳页 1 井和鄂宜地 2 井的统计显示（图 4-21），TOC 与现场解吸的页岩含气量呈正相关，表明了 TOC 对页岩含气量的重要控制作用。

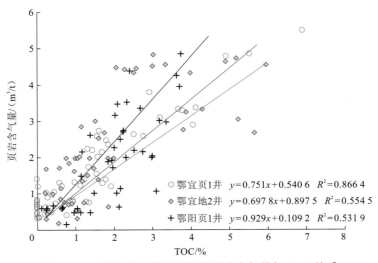

图 4-21　宜昌地区水井沱组解吸页岩含气量与 TOC 关系

## 二、基底隔热作用对页岩热成熟度的影响

黄陵隆起低温热年代学锆石和磷灰石裂变径迹的研究表明，在 160～110 Ma 和 45 Ma 以来发生两期快速隆升剥蚀事件（李天义 等，2012；Xu et.al.，2010；沈传波 等，2009；袁玉松 等，2007），该构造隆升对宜昌斜坡带油气成藏有重要的影响。一个显著的特征是黄陵隆起的构造隆升使区域上寒武系烃源岩的热成熟度相对低，进而影响页岩生、排烃时间。

区域调查揭示，水井沱组页岩热演化程度由黄陵隆起向四周呈逐渐加深的趋势 [图 4-22（a）]。邻近隆起区的鄂秭地 1 井泥页岩的 $R_o$ 等效值为 1.43%～1.79%，平均为 1.61%，相对较低；南侧的长阳鸭子口白竹岭剖面中泥页岩的 $R_o$ 等效值为 2.56%～2.67%，平均为 2.62%；宜都背斜聂河地区钻探的 ZK05 井中泥页岩的 $R_o$ 等效值为 2.46%～3.15%，平均为 2.85%。研究区西侧兴山峡口镇建阳坪剖面中泥页岩的 $R_o$ 等效值为 2.73%；南阳镇剖面中泥页岩的 $R_o$ 等效值为 2.19%～3.07%，平均为 2.63%。受黄陵古隆起的抬升演化和隔热作用，由隆起周缘向外 $R_o$ 逐渐升高的现象表明，靠近隆起区域地层抬升强度大、埋深小，远离隆起区域抬升强度小、埋深较大。页岩埋藏、生烃史模拟表明，宜昌地区寒武系烃源岩在印支期以前长期处于持续沉降埋藏状态，下寒武统烃源岩在早奥陶世晚期进入生油高峰，在晚三叠世中期达到生气高峰，早中侏罗世页岩埋深达到最大，随后发生快速抬升，烃源岩热演化也定型于燕山期，现今寒武系水井沱组泥页岩 $R_o$ 等效值为 2.4%～3.2%，处于过成熟晚期的干气阶段。寒武系页岩适宜的热演化程度有利于有机质纳米孔隙的形成，氩离子抛光扫描电镜观察显示 [图 4-22（b）]，水井沱组页岩发育丰富的有机质纳米孔隙，孔隙呈弯月形、不规则形状，面孔率为 5%～20%，有机质孔隙孔径主要集中在 1.4～47.2 nm，与川南筇竹寺组页岩孔隙具有相似的特征（李贤庆 等，2015），这些有机质纳米孔隙构成页岩气重要的储集空间（Javadpour，2009）。

与湘鄂西地区相比，宜昌斜坡带花岗岩基底具有明显的隔热作用。热导率定义为单位时间单位长度内温度升高或降低 1℃时在垂直热流方向上单位面积所通过的热量，也称为导热系数，常用单位为 W/(m·K)。在盆地热史模拟中用来表征热量从较热部分传到较冷部分的能力。

沉积盆地向下拗陷的地壳与抬升较高的上地幔，两者呈镜像关系。同时盆地结晶基底多以花岗岩为主，之上沉积着白云岩、石灰岩、砂岩等，它们都具有较高的热导率。石英的热导率最高，而长石的热导率则相对较低（表 4-7）（康健，2008）。沉积岩中热导率较高的石英和碳酸盐矿物较火山岩多，通常其热导率要高于火山岩。常见造岩矿物和岩石的热导率如表 4-7 所示。页岩热导率相对较低，如川南龙马溪组深层含气页岩储层热导率最高为 5.15 W/(m·K)，最低为 1.22 W/(m·K)，平均为 2.50 W/(m·K)。宋小庆等（2019）采集、测试了贵州地区白垩系—青白口系 9 个系别 18 个组共 433 件样品的热导率、热扩散率及比热容，岩性包括碳酸盐岩、砂泥岩和玄武岩等。测试的岩石样品分为 14 类，热导率（干燥）从高到低依次是白云岩（4.54±0.82）W/(m·K)、石英砂

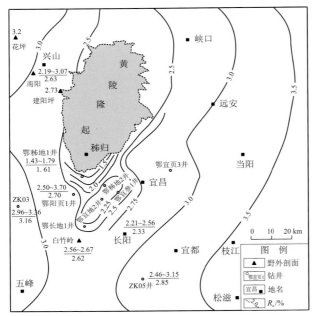

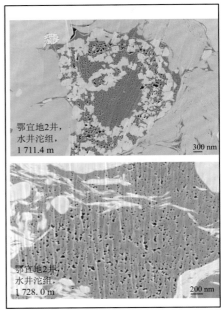

（a）有机质热演化程度平面分布图　　　　　（b）典型井页岩有机质纳米孔隙照片

图 4-22　宜昌地区水井沱组有机质热演化程度平面分布图和典型井页岩有机质纳米孔隙照片

岩（3.93±0.81）W/(m·K)、砾岩（3.44±0.81）W/(m·K)、粉砂岩（3.36±0.54）W/(m·K)、凝灰岩（3.35±0.38）W/(m·K)、泥质白云岩（3.18±1.21）W/(m·K)、板岩（3.04±0.49）W/(m·K)、变余砂岩（2.91±0.43）W/(m·K)、石灰岩（2.87±0.26）W/(m·K)、泥灰岩（2.70±0.26）W/(m·K)、页岩（2.02±0.57）W/(m·K)、碳质页岩（2.21±0.20）W/(m·K)、玄武岩（2.08±0.05）W/(m·K)、泥岩（1.81±0.33）W/(m·K)。白云岩、石英砂岩、砾岩及泥质白云岩的热导率变化幅度较大。随着埋深增大、岩石年龄越老，热导率和热扩散率越高，坚硬而致密的岩石热导率高于疏松岩石的热导率。

表 4-7　常见造岩矿物和岩石的热导率

| 矿物/岩石 | 热导率/[W/(m·K)] | 矿物/岩石 | 热导率/[W/(m·K)] |
|---|---|---|---|
| α 石英 | 6.5~7.2 | 石灰岩 | 2.01 |
| 长石 | 2.31 | 砂岩 | 2.596 |
| 云母 | 2.32 | 钙质砂岩（含水率43%） | 0.712 |
| 白云石 | 5.51 | 干细粒石英砂岩 | 0.264 |
| 方解石 | 2.9 | 粉砂岩 | 1.67 |
| 硬石膏 | 5.0 | 干页岩 | 1.4~2.4 |
| 花岗岩 | 2.68~3.35/2.72 | 湿页岩 | 0.64~0.86 |
| 玄武岩 | 2.17 | 黏土 | 1.11 |

对上、下扬子区古生界页岩热物性参数的研究表明，页岩具有高生热率和低热导率，其热传递效率极低，类似绝热保温的盖层，可形成所谓的隔热效应。与之对应的是膏岩层，因其热导率极高，易造成膏岩层之上的地层温度升高，其下地层温度降低，即所谓的热折射效应。扬子区页岩的隔热效应导致页岩层之下的地层异常高温和其上的地层异常低温。页岩和膏岩这些特殊沉积岩类的热物性引起的独特热效应及其对油气成藏的影响值得关注和对比。

以裂陷盆地瞬时热流模型为例，其方程式为

$$\frac{d}{dz}\left[k\frac{dT}{dz}+Q\right]=c\frac{dT}{dt} \tag{4-1}$$

式中：$T$ 为温度；$dT/dz$ 为地温梯度；$k$ 为岩石热导率；$c$ 为比热；$t$ 为时间；$z$ 为深度；$Q$ 为热量。式（4-1）可看出，地温梯度 $dT/dz$ 与热导率 $k$ 呈反比，热导率高的地段地温梯度反而低。在基岩埋深相同的情况下，热导率高的基岩对盖层地温梯度的贡献优于热导率低的岩石，这是由于较高热导率的岩石在本身较低的地温梯度的"阻碍"下，能将深部相同的热量传递到距地表最近的位置。

通过上述分析，在忽略放射性元素供热的前提下，泥页岩的热导率较低，传热性能较差；地温梯度相对较大的白云岩的热导率较高，传热性能较好。同样，板岩等古老基底岩石的热传导率［（3.04±0.49）W/(m·K)］较玄武岩［2.17 W/(m·K)］、花岗岩［2.72 W/(m·K)］结晶基底高，传热性能相对较好。宜昌斜坡带位于花岗岩结晶基底之上，与位于板岩基底之上的南部湘鄂西褶皱带相比，由深部传来的热量相对较少，花岗岩基底具有明显的隔热作用，致使宜昌斜坡带寒武系页岩热成熟度相对较低。宜昌斜坡带页岩埋深浅、生烃时间晚、烃源岩热成熟度低，对中、下扬子区下古生界广泛分布的高演化、生烃枯竭的页岩而言，其页岩气成藏极为有利。宜昌地区在水井沱组获得的工业气流也印证了热成熟度对盆外页岩气勘探的重要影响。

## 三、结晶基底对构造破坏的砥柱作用

燕山早期构造运动具有构造强度大、范围广的特点，是本区主要的构造形成期。扬子板块周缘的华南海槽和秦岭海槽相继闭合造山，华南板块近南北向的挤压应力沿隆起两翼释放，形成近东西向的剪切应力，在东西向的剪切应力和南北向的挤压应力的作用下，形成了南北两个弧形构造体系，即向西南突出的大巴山—大洪山弧形构造带，和向北突出的八面山—大磨山褶皱弧形带。两个构造带在中扬子地区中部交会，形成了以断褶、断块构造为特征的川东北—大冶对冲干涉构造带（邓铭哲 等，2018；Zhu et al.，2011；何治亮 等，2011），对冲交接的部位大致位于黄陵—荆州—簰洲—大冶一线，宜昌斜坡带位于对冲干涉构造带内，远离南北两侧造山带，其构造活动较南北两侧弱。

宜昌及周边地区地震剖面显示（图 4-23），中扬子东西分带的构造格局十分明显，自东至西应力传递具有递减的特征，构造样式依次为逆冲推覆构造-叠瓦状逆冲推覆构造-断褶构造，地层冲断变形逐渐减弱。东北侧的秦岭—大别造山带是弧形构造带中变

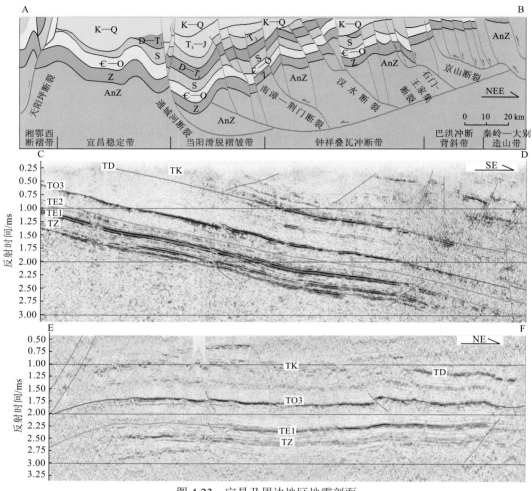

图 4-23　宜昌及周边地区地震剖面

剖面 AB：北东向宜都—随州地震地质解释大剖面（李昌鸿 等，2008）；剖面 CD：南东向宜昌—当阳地震剖面；剖面 EF：北东向长阳—当阳剖面，其中 TK、TD、TO3、TE2、TE1、TZ 分别为白垩系、泥盆系、奥陶系五峰组、寒武系覃家庙组、寒武系水井沱组、震旦系陡山沱组的底界

形变位最强烈的地区，表现为显著的逆冲推覆构造，常见飞来峰，并伴随以震旦系陡山沱组为滑脱面的强烈剪切拆离变形。巴洪冲断背斜带以基底卷入型断层和断层滑脱褶皱为主，地层沿切入基底的深大断裂整体发生逆冲，冲断形成的构造高部位遭受剥蚀（邓铭哲 等，2018）。中部的钟祥叠瓦冲断带以叠瓦状前展的盖层滑脱断层和转折褶皱为特征，滑脱层深度大，断层多为切穿全部地层深达基底的大断层。至江汉平原西侧的当阳滑脱褶皱带，变形强度明显减弱，挤压作用将上三叠统—中侏罗统卷入变形，形成宽缓褶皱，褶皱内部的所有断层都向下终止于志留系底部的页岩层（邓铭哲和何登发，2018），油气保存条件较好。

　　鄂西地区在早燕山期受到强烈的挤压和抬升作用下，下寒武统水井沱组烃源岩生烃停止，进入改造和残余油气藏形成期。在燕山主幕的强烈挤压作用下，形成强烈活动的逆冲断层和与高角度断层相关的隔挡式褶皱，伴随发育大量的构造裂缝（邓铭哲 等，2018）。早期燕山运动伴随着对中、古生界油气盖层的剥蚀和强烈改造，晚侏罗世—早白垩世的剥蚀量为 4～8 km，局部可达 10 km，构造核部多已出露上寒武统—下古生界志留系，油气藏保存条件遭受破坏，形成沿江南隆起带分布、被燕山构造运动破坏的系列古油藏（李双建 等，2011a）。

与鄂西地区不同，由于黄陵隆起刚性基底的砥柱作用，宜昌斜坡带具有特殊的隔热、保整作用。宜昌黄陵隆起刚性基底由古老变质岩系、侵入的新元古代酸性和基性岩体构成，除部分出露地表外，大部分位于沉积盖层之下。深部地球物理资料可以有效显示地下岩体的分布，前人采用布格异常、剩余重力异常及航磁 $\Delta T$ 化极垂向一阶导数异常为背景，参考地表露头岩体显示，推断宜昌地区存在 6 大岩体，其中天阳坪岩体和黄陵庙岩体分布范围大、形态较规则（凌文黎 等，2006）。宜昌斜坡覆盖在天阳坪岩体之上，与黄陵隆起具有统一的基底，该基底使宜昌斜坡带在南方中、新生代发生的多期次强烈构造活动中免遭构造改造和破坏。当推覆构造前锋带扩展到古隆起时受到阻挡，围绕古隆起构造形迹发生了明显转向，大巴山—大洪山弧形构造带的逆冲块体构造方向由南转变为北东向，致使弧形构造带呈东西向"S"形展布（邓铭哲和何登发，2018）。发育于黄陵结晶基底之上的宜昌斜坡带构造强度明显弱于邻区，构造样式以南东倾向的平缓单斜、宽缓断背斜为主，地层连续性好，褶皱和断层规模明显偏小，在志留系局部地区发育位移量较小的逆冲断层，在寒武系层内的断层规模小，多数未穿透上寒武统的膏岩盖层（图 4-23）。

燕山期构造作用对宜昌斜坡带油气成藏的影响分述如下。

（1）宜昌单斜构造已形成，大部分油气在燕山期受极大破坏后彻底散失，如靠近隆起花岗岩暴露区的宜昌龙王洞中寒武统碳酸盐岩顺层裂缝中发育沥青（Xu et al.，2019），即为油气沿层内断层或局部断块运移至中寒武统碳酸盐岩储层后，顺单斜地层运移至地表形成的。

（2）局部早期聚集的油气调整至构造高部位、少部分成藏（图 4-24），如鄂宜地 2 井钻遇天河板组裂缝型石灰岩发生井喷，气液混合喷出地表高约 20 m，持续数小时，气

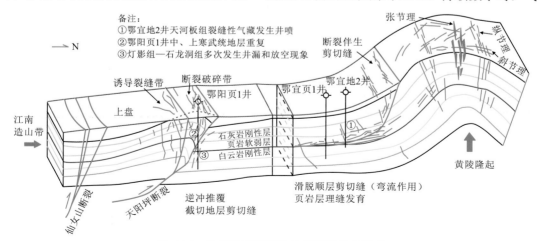

图 4-24　宜昌地区寒武系地层裂缝发育模式

液分离点火火焰高 2～3 m，分析认为气藏被破坏后沿裂缝（或断层）向上倾方向运移，最终在中寒武统天河板组中聚集，储集空间由半充填的构造缝、溶蚀缝、压溶缝和晶间溶孔组成，由天河板组中部 20 m 厚的泥灰岩形成顶封层。

（3）水井沱组页岩气藏虽经缓慢逸散，由于页岩渗透率低，现今仍有效保存在泥页岩微米-纳米级有机质孔隙和无机质孔隙中，这部分非常规天然气是当前该区勘探的主体。

## 四、裂缝对页岩气的影响

宜昌地区寒武系地层遭受多次构造改造，发育了密度不一的裂缝，这些形成于不同期次、发育在不同位置的裂缝对页岩气勘探具有不同的意义。一方面，钻穿天阳坪断裂的鄂阳页 1 井在灯影组至石龙洞组碳酸盐岩层中多次发生井漏、放空和垮塌现象，钻探过程中地层承压能力差、钻井液密度窗口范围小，表明在推覆体边缘，逆冲作用在中—上寒武统白云岩、石灰岩脆性地层中产生截切地层的高角度裂缝，这类裂缝多分布在靠近断裂上盘的石灰岩地层中（图 4-24），构成流体散失的通道。另一方面，在隆起上的斜坡区域，早燕山期黄陵隆起处于主隆升期，由于其刚性岩体的砥柱作用，加之泥页岩具有一定的塑性，逆冲推覆在斜坡上易发生弯流作用，断裂沿着页岩软弱层顺层滑动，并在页岩层内形成大量的裂缝（图 4-24、图 4-25），宜昌地区寒武系页岩中裂缝表现出构造和滑脱作用双重控制的特点。鄂宜页 1 井页岩裂缝可分为构造缝和页理缝，目的层段 1820～1874 m 的成像测井资料识别出高阻缝 222 条、高导缝 2 条、微断层 10 条，全井眼地层微电阻率成像仪（fullbore formation microimager，FMI）图像上显示高阻缝规模大、多切穿井筒，在其周边常出现伴生的规模小、未切穿井筒的次生小高阻缝 [图 4-25（a）（b）]，反映出该区天然裂缝规模大且密度较高。页岩岩心显示，裂缝宽度为毫米级至微米级不等 [图 4-25（e）（f）]，宽裂缝（缝宽约 0.1 cm）出现频次低、间距大；伴生的诱导缝较窄，宽度为 0.1 mm 左右，出现的频次高、间距小；微裂缝多为高角度裂缝，裂缝倾角主要为 65°～75°，裂缝走向与其西南部的天阳坪断裂走向接近，高角度裂缝分布频次和走向特征表明其受区域构造应力的控制（罗胜元 等，2012；Gale and Holder，2008）。

由于斜坡存在一定的坡度，寒武系页岩中滑脱作用同样十分明显，鄂宜页 1 井水井沱组底部 1864～1871.51 m [图 4-25（c）] 和中部 1853.85～1854.33 m [图 4-25（d）] 两个层段均发生了沿着页岩软弱层的顺层滑动，变形产生的镜面擦痕与层面斜交，呈波浪状，多被方解石、白云石等矿物全部或部分充填。同时，早期高角度裂缝被后期水平裂缝切割 [图 4-25（f）]，直接证明了由黄陵隆起隆升、重力作用引起的滑脱作用发生在区域构造挤压抬升之后。邻井鄂秭地 2 井寒武系水井沱组页岩裂缝脉体的薄片镜下研究表明：①早期高角度方解石脉体和晚期的顺层方解石-白云石复合脉体，均形成于早白垩世燕山运动晚期的构造挤压和抬升阶段；②脉体中检测出高密度的甲烷包裹体，顺层裂缝中复合脉体的甲烷包裹体密度要明显高于高角度裂缝中方解石脉体中的甲烷包裹体（刘力 等，2019），高角度裂缝中方解石脉体中的甲烷包裹体均一温度为-86.1～-100.5℃，低于顺层裂缝中复合脉体中的甲烷包裹体的均一温度（-82.9～-91.1℃）；③高角度裂缝

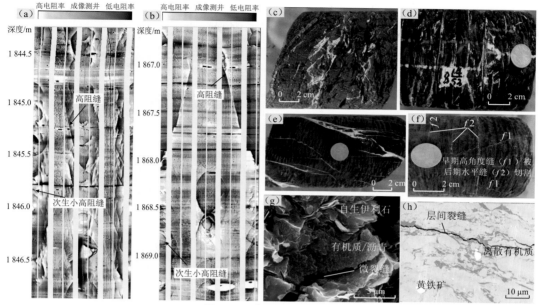

图 4-25　典型井裂缝分布

（a）鄂宜页 1 井水井沱组 1840～1847 m FMI 测井显示高阻缝发育；（b）鄂宜页 1 井水井沱组 1866.5～1869.5 m FMI 测井显示高阻缝和次生小高阻缝发育；（c）鄂宜页 1 井水井沱组，1864.72 m，碳质泥岩层间揉皱变形强烈，方解石脉水平充填，镜面擦痕明显；（d）鄂宜页 1 井水井沱组，1854.21 m，碳质泥岩为一滑脱变形层，整段中水平裂缝发育，被黄铁矿和方解石局部充填；（e）鄂宜页 1 井水井沱组，1831.53 m，碳质泥岩，高角度微裂缝呈雁列式密集分布，裂缝密度为 18 条/m，宽裂缝出现频次低、间距大，伴生的诱导缝出现频次高，间距小；（f）鄂宜页 1 井水井沱组，1842.95 m，碳质泥岩中见两组相交的高角度裂缝，方解石脉体充填，早期高角度裂缝被后期水平裂缝切割；（g）鄂宜地 2 井水井沱组，1858.50 m，有机质与微裂缝伴生；（h）鄂宜地 2 井水井沱组，1864.72 m，层间裂缝切割离散有机质

中方解石脉体的形成经历了还原环境向氧化环境转变，而顺层裂缝中复合脉体长期处于还原环境中（刘力 等，2019）。以上现象表明，早期区域构造应力形成的高角度裂缝对寒武系页岩气的局部封闭条件产生了破坏，造成页岩气部分散失；而晚期地层抬升、顺层滑脱形成的低角度裂缝对局部封闭条件的破坏作用有限。这种由于推覆作用形成的构造缝和顺层滑脱作用形成的剪切缝，成为页岩气运移、储集的重要空间，对宜昌地区水井沱组页岩气的保存有重要作用。

　　综上所述，桐湾运动末期形成早寒武世隆凹相间的古地理格局，控制着宜昌地区寒武系水井沱组富有机质页岩的展布，陆棚相和斜坡相页岩沉积厚度大，TOC 高，是控制页岩气富集的关键因素。古隆起周缘页岩具有埋藏深度适中、抬升早的特点，造成寒武系古老页岩热成熟度相对低，有利于页岩气的富集和保存。受黄陵隆起刚性基底的砥柱作用，印支期以来该区以频繁的隆升运动为主，断层分布局限于层内，整体构造变形弱，保存条件优越。水井沱组页岩裂缝发育，早期构造作用形成高角度裂缝造成页岩气部分散失，晚期由于顺层滑脱作用形成的低角度剪切缝对页岩气的破坏作用有限。宜昌地区的勘探实践证实，印支期古隆起、古构造斜坡周缘、逆冲推覆构造下盘是中下扬子区页岩气的有利勘探区。

# 第五章 雪峰山地区页岩气保存条件与富集模式

## 第一节 雪峰山地区区域地质背景

### 一、雪峰山地区区域地质构造特征

雪峰隆起及周缘地区广泛发育下寒武统牛蹄塘组海相页岩，有效厚度大、有机质丰度与热演化程度高，具备优越的生烃物质基础，但同时也存在形成时代老、经历多期构造运动、页岩气赋存条件复杂等问题（黄俨然 等，2018；赵文智 等，2016；张琳婷 等，2014）。与该区相比，北美主要页岩气产地与我国已发现工业气流的四川盆地整体构造相对稳定，保存条件较好，含气性主要受页岩 TOC、热成熟度、矿物组成、物性等内部因素及埋深、地层压力等外部因素的影响（翟刚毅 等，2017b；郭彤楼和张汉荣，2014；聂海宽 等，2012），但近年来黄陵隆起周缘宜昌地区寒武系水井沱组高产气页岩层的发现（罗胜元 等，2019），证实构造复杂地区仍存在较大的页岩气资源潜力，提振了在古隆起及周缘进行深入勘探的信心。雪峰隆起周缘是四川盆地外围页岩气调查与探索的新区，是实现我国南方页岩气勘探开发由长江上游向中游湘鄂地区拓展的一个重要区域。区域内实施的慈页 1 井、常页 1 井等在牛蹄塘组页岩中均钻获了页岩气显示，前人对该组沉积演化与有机地球化学特征、成藏与构造保存条件等进行了研究，认为其生烃基础好，区域上页岩的含气性主要受较高的热演化程度与复杂构造条件等因素制约（孟凡洋 等，2018；林拓 等，2014），但对于牛蹄塘组而言，仍缺乏对含气性特征的精细刻画与分析，页岩气纵向差异富集的控制因素也尚不明确，为后期深入勘探及资源综合评价增加了难度。为探索页岩气有利区的分布、识别优质含气层段，中国地质调查局在雪峰隆起西缘部署的页岩气探井——湘张地 1 井，于牛蹄塘组页岩中获得了较高的测试气量，且含气性纵向上变化较大。以湘张地 1 井为对象，在对牛蹄塘组页岩系统取样测试分析获取含气量数据与各项地质参数的基础上，系统描述了页岩含气性特征，并以此来探讨雪峰隆起西缘牛蹄塘组页岩气分布规律及有机质、矿物组分、孔隙特征、物性、裂缝发育程度、构造变形差异等因素对含气性的影响，明确页岩气纵向上差异分布的主控因素。

雪峰隆起位于扬子地块与华夏地块结合部位，是以晚前寒武纪浅变质岩系为主体的隆起带，走向为北北东到北东向，总体向北西向突出呈弧形展布，具有复杂的演化历史（邓大飞 等，2014；梅廉夫 等，2012）。该区北西以慈利—保靖基底断裂为界与湘鄂西褶皱带相邻，南东大致以安化—溆浦断裂组合为界与湘中拗陷相接（图 5-1）（彭中勤 等，2019）。区域内经历多期构造运动，形成一系列以北北东-北东向为主的断裂与褶皱构造，并存在多个不整合面与滑脱构造带，主要出露新元古界冷家溪群、板溪群、震旦系、寒武系—志留系、泥盆系—下三叠统、上三叠统—中侏罗统、白垩系等。

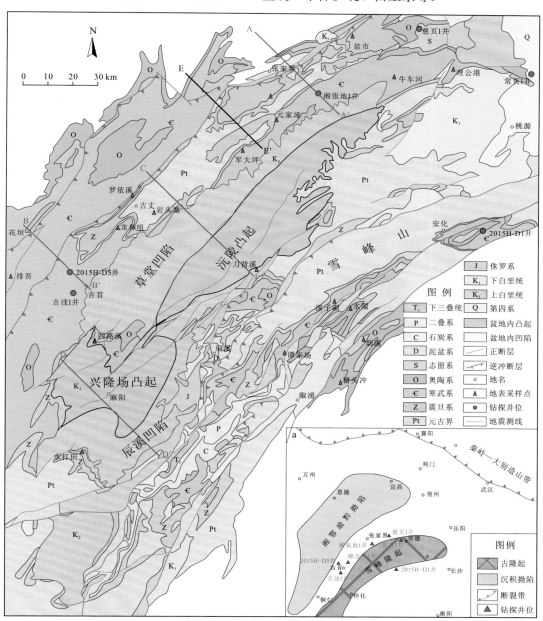

图 5-1　雪峰隆起及周缘二维地震测线和构造路线平面分布图

区域内地层出露较全，雪峰隆起东缘和南缘由于抬升剥蚀元古界大量出露，隆起西缘和北缘除古丈—张家界大坪一线出露元古界外，其他地区古生界出露广泛（图 5-1），主要为海相地层。寒武系为以泥质和碳酸盐岩为主的沉积,下寒武统牛蹄塘组主要以黑色碳质、硅质页岩为主,页岩中发育星点状黄铁矿。奥陶系主要以粉砂质板岩、碳质板岩、硅质板岩、硅质岩组合为特征。志留系为局限盆地相黑色笔石页岩沉积和滨浅海相碎屑岩沉积。泥盆系以浅海相碳酸盐岩、滨海相碎屑沉积为主。石炭系主要为碳酸盐岩类沉积。二叠系为一套浅海碳酸盐岩沉积。沉麻盆地内部白垩系覆盖区主要表现为隆凹相间的构造格局,分为"两凸两凹"4个次级构造单元(图5-1)。结合地表地层出露情况、地震及钻井资料,沉陵凸起及兴隆场凸起白垩系覆盖之下均为元古界,为暗灰绿色砂质泥岩及变质的板岩、砂质板岩、绢云母板岩。辰溪凹陷、草堂凹陷内则为下古生界残留区,其中辰溪凹陷埋深最大,地层发育较全,西部边界受古隆起控制,东部表现为冲断特征。

早寒武世雪峰隆起区处于华南较深水的海相沉积环境中,牛蹄塘组以深水陆棚-盆地相沉积的黑色碳质页岩、硅质页岩为主,局部含钙质与砂质,底部夹石煤及硅磷质结核。页岩中富含有机质、黄铁矿和海绵骨针化石,指示低能、缺氧的深水还原环境(刘安 等,2013;王传尚 等,2013)。牛蹄塘组在隆起西缘张家界—吉首一带主要为深水陆棚沉积,局部页岩段含钙质与砂质,向南东至安化—溆浦一带逐渐过渡为深海-半深海盆地沉积,砂质含量极少。区内调查发现,牛蹄塘组存在于现今整个雪峰隆起地区,西缘分布广泛,东缘多个地区因隆升剥蚀而缺失,埋深为0~3 000 m不等,碳质页岩、硅质页岩累计厚度为100~200 m。

湘张地1井位于湖南省张家界市沉古坪镇,构造位置处于雪峰隆起西缘、慈利—保靖断裂东侧的沉古坪向斜中心区,该向斜呈北东向狭长带状展布,与雪峰构造区内的主体构造方位一致,核部出露奥陶系石灰岩,地层整体较平缓,倾角为10°~15°。地震测线解释剖面显示,该区存在包括慈利—保靖断裂在内的多个逆冲推覆构造,其上发育叠瓦扇反向逆冲断层组合(图5-1),断层之间为地层宽缓、构造相对稳定带。湘张地1井位于逆冲断层之间的稳定带上,地层上倾方向存在反向断裂遮挡,挤压背景下的逆断层一般具有较好的屏蔽性,有利于气体保存,故该井所在区具有一定的页岩气勘探潜力。湘张地1井牛蹄塘组顶深为1 792.8 m,底深为1 998 m,钻探厚度为205.2 m,其中黑色碳质页岩、硅质页岩累钻厚度为199 m,占比为97%。按取心的岩性特征将牛蹄塘组自下而上划分为6段,顶部页岩中含粉砂,向下砂质减少,以碳质页岩为主夹少量泥质灰岩,底部主要为碳质页岩与硅质页岩(表5-1,井位见图5-1)。该井牛蹄塘组页岩富含有机质,TOC为1.19%~10.50%,平均为4.44%,有机质类型以I~II$_1$型为主,$R_o$为2.56%~3.30%,总体处于过成熟演化阶段,具有较好的生气物质基础与潜力。

## 二、雪峰山地区滑脱构造作用

湘张地1井牛蹄塘组一段内发育一滑脱构造,滑脱面与主变形带分布深度为1 982.0~1 993.5 m,该深度段内页岩与上下岩层相比,岩石致密、岩性组合复杂、基质物性差、黏土矿物含量高、岩石强度相对低,在构造挤压与拉张应力下,发生剪切流变和韧性变形产生滑动层(颜丹平 等,2018)。通过岩心与扫描电镜观察统计,该滑脱构

表 5-1　雪峰隆起周缘寒武系页岩气钻井一览表

| 井名 | 地理位置 | 构造位置 | 开孔—终孔/井深/m | 牛蹄塘组/小烟溪组顶底深度厚度/m | 含气性 |
|---|---|---|---|---|---|
| 2015H-D5井 | 吉首市花垣桃花坪村 | 雪峰隆起西缘、慈利—保靖断裂东侧的排碧向斜 | 寒武系比条组—震旦系留茶坡组—1 669.72 | 1 391.2～1 650.4 (259.2) | 气测录井：TG 值为 0.51%～4.31%，最高值在牛蹄塘组中部，厚度为 62 m；解吸气含量为 0.04～0.51 m³/t，平均为 0.22 m³/t |
| 湘张地1井 | 张家界市沅古坪镇 | 雪峰隆起西缘、慈利—保靖断裂东侧的沅古坪向斜 | 下奥陶统—震旦系灯影组—2 018.1 | 1 792.8～1 998.0 (205.2) | 气测录井：TG 值为 1.24%～1.97%，解吸气含量为 0.02～2.29 m³/t，解吸气大于 0.5 m³/t 的页岩厚 32 m，大于 0.3 m³/t 的页岩厚 45 m |
| 湘吉地1井 | 吉首市马颈坳镇 | 雪峰隆起西缘、慈利—保靖断裂东侧的武陵断裂弯褶皱带南缘 | 寒武系比条组—震旦系留茶坡组—2 065 | 1 828.0～2 042.0 (214.0) | 气测录井：TG 值 0.241%～16.65%，平均为 2.322%，TG 值>2% 的页岩厚 66.65 m |
| 常页1井 | 常德市鼎城区石板滩镇 | 雪峰隆起太阳山背斜西翼 | 寒武系探溪组—牛蹄塘组—1 377.68 | 980～1 377.68 (397.68) | 解吸气含量为 0.03～2.1 m³，平均为 0.45 m³，大于 0.5 m³/t 的连续页岩厚 101.4 m，位于牛蹄塘组中部 |
| 慈页1井 | 张家界市慈利县景龙桥乡 | 江南雪峰推覆隆起带景龙桥向斜 | 志留系龙马溪组—震旦系灯影组—3 008 | 2 002.0～2 747.0 (745.0) | 气测录井 8 层累计 81 m 见气异常，TG 值最大为 3.61%，解吸气含量为 0.33～0.95 m³/t，平均为 0.68 m³/t |
| 湘桃地1井 | 常德市桃源县牛车河镇 | 雪峰隆起—沅麻盆地东缘 | 白垩系东井组—震旦系灯影组—1 850.88 | 1 576.73～1 826.25 (249.52) | 气测录井：TG 值 0.081%～0.736%，平均为 0.267%，TG 值大于 0.3% 的页岩厚 96.7 m |
| 湘临地1井 | 常德市临澧县 | 雪峰隆起缘太阳山凸起 | 奥陶系刀靖组—震旦系留茶坡组—3 450 | 3 029.0～3 448.0 (177.0) | 气测录井：TG 值为 0.005%～0.661%，平均为 0.064% |
| 湘安地1井 | 益阳市安化县江南镇 | 雪峰古陆东南缘 | 奥陶系桥亭子组—南华系沱组—1 522.6 | 1 156.8～1 412.5（小烟溪组）(255.7) | 解吸气含量为 0.002 3～1.057/0.12 m³/t |
| 湘溆地1井 | 怀化市溆浦县深子湖镇 | 沉煤盆地东南缘 | 奥陶系桥亭子组—南华系洪江组—1 210 | 767.0～898.0 (131.0) | 气测录井：TG 值为 0.02%～0.5% |

注：TG 为测全烃

造的滑脱面与层理面产状相近，岩心较破碎，且多沿滑动面或低角度剪切面断开成饼状，为层间滑动与构造挤压作用造成的低角度剪切应力所致，且错断面上常见明显擦痕及滑动摩擦产生的镜面现象，反映出强烈的层间滑动作用 [图 5-2（a）～（c）]。

（a）1 982.4~1 994.5 m滑脱带内岩心沿滑动面或裂缝面断开　　　　　（b）1 990.0 m，滑动面上的镜面现象

（c）1 993.9 m，电镜观察下的擦痕，糜棱质　　　　　（d）2 004.4 m，白云岩中的溶蚀孔缝

图 5-2　湘张地 1 井牛蹄塘组滑脱带及灯影组白云岩溶蚀孔缝

　　岩心上发育较多的倾斜-高角度裂缝，与低角度剪切缝构成裂缝网络系统，页岩滑动变形及破裂过程中产生大量孔隙，极大地改善了该段致密页岩的物性，为气体提供了良好的储集空间与渗流通道。滑脱构造带促使页岩中吸附气解吸并赋存于孔缝之中，因此该段具有较高的 TG 值，这也导致后续钻探取心过程中气体快速散失（图 5-3），并无法由解吸气含量测算损失气含量，是该段页岩 TG 值整体高于其上 5 段而实测解吸气含量偏低的一个重要因素。

　　牛蹄塘组一段底部泥岩滑脱变形有所减弱，白云质含量逐渐增加，其下为震旦系灯影组细-粉晶白云岩夹碳质泥岩，界线附近白云岩溶蚀孔缝异常发育 [图 5-4（d）]，灯影组顶部白云岩为较好的储集层，牛蹄塘组部分烃类气体通过滑脱构造带向下运移至白云岩中，形成一个优质的储气层段（1 998～2 008 m），该白云岩段 TG 值最大达 4.68%、均值为 3.11%，向下白云岩孔缝发育逐渐减弱，物性变差，加上致密泥页岩夹层的强封隔作用，含气量骤减，TG 值快速下降（图 5-3）。

　　滑脱带内微孔隙与微裂隙发育（图 5-4），孔隙以溶蚀孔与碎粒孔为主，裂隙以矿物间裂隙为主，与强烈的滑脱变形使页岩破裂及带来的流体活动有关，有效地改善了页岩储集层的物性。滑脱带之上页岩中孔缝发育相对较差。

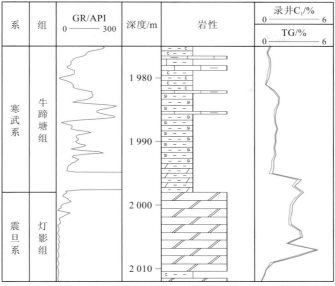

图 5-3　湘张地 1 井牛蹄塘组下部与灯影组 TG 值分布

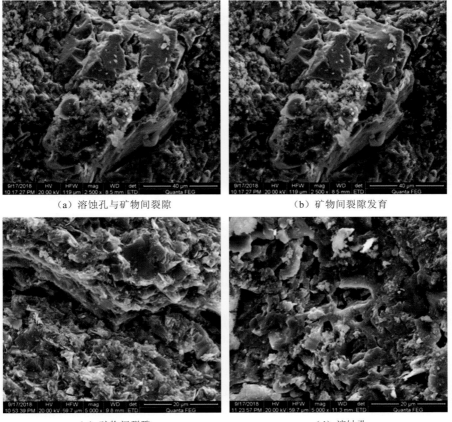

（a）溶蚀孔与矿物间裂隙　　　　　　　　（b）矿物间裂隙发育

（c）矿物间裂隙　　　　　　　　　　（d）溶蚀孔

图 5-4　湘吉地 1 井牛蹄塘组滑脱带页岩扫描电镜特征

压汞数据显示，滑脱带内页岩孔隙以大孔为主（图5-5），进、退汞量相差不大，孔隙连通性好。

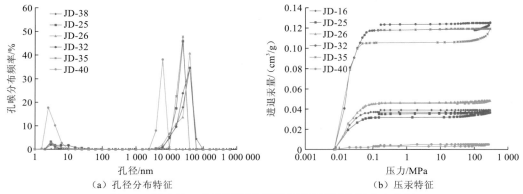

（a）孔径分布特征　　　　　　　（b）压汞特征

图5-5　湘吉地1井牛蹄塘组滑脱带页岩压汞孔径分布特征

N$_2$吸附数据显示（图5-6），页岩中微孔、介孔、宏孔均有发育，宏孔占比较大。相对压力大于0.9时，吸附曲线未呈现明显的饱和现象，也表明页岩中存在一定量的介孔、宏孔。吸附曲线反映以开放的平行板状孔隙为主，墨水瓶型孔隙为辅。其中，JD-1为非滑脱带样品，其孔隙以墨水瓶型孔隙为主，JD-2、3、4为滑脱带样品，以平行板状孔隙为主。

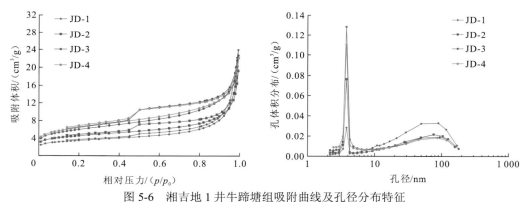

图5-6　湘吉地1井牛蹄塘组吸附曲线及孔径分布特征

# 第二节　雪峰山地区页岩气保存条件

## 一、沅麻盆地西缘古流体对页岩气保存条件的指示

### （一）裂缝及充填脉体发育特征

湘吉地1井牛蹄塘组页岩整体而言下部裂缝发育，上部裂缝不发育。其中牛蹄塘组底部发育两个滑脱破碎带，深度分别为2015～2024.3 m、2007～2013 m，裂缝呈网格状，岩心破碎，裂缝部分被方解石或石英充填，部分晚期裂缝没有见到明显的充填，测井显示破碎带具有相对高的声波时差、低密度测井响应也表明该段晚期未充填的裂缝发育。破碎

带顺层及切层的镜面擦痕发育，局部滑动、摩擦致使岩心碎裂呈渣状［图 5-7（a）～（c）］。

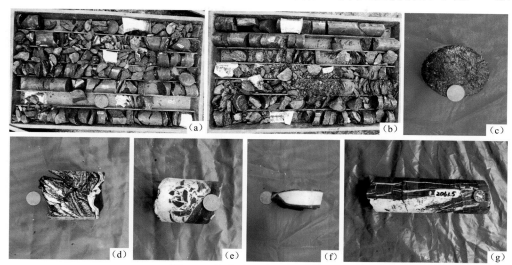

图 5-7　湘吉地 1 井岩心裂缝特征

（a）岩心破碎，部分充填，2010.75～2015.4 m；（b）岩心破碎，部分呈渣状，2006.06～2010.75 m；（c）镜面擦痕，2016.5 m；（d）顺层脉，揉皱变形，1981.5 m；（e）顺层脉，见页岩角砾，1880 m；（f）水平脉见黄铁矿、方解石充填，1834 m；（g）密集的垂直缝，2061.3 m

　　牛蹄塘组上部岩心完整，部分层段主要发育相对孤立的裂缝，以顺层裂缝为主，石英、方解石、黄铁矿等全充填，局部可见脉体揉皱变形、页岩角砾卷入脉体中［图 5-7（d）～（f）］。牛蹄塘组下伏留茶坡组硅质泥岩、硅质岩局部裂缝较为发育，以垂直缝为主，局部破碎，无充填；下伏金家洞组石灰岩局部层段裂缝发育，见密集的垂直缝，石英、方解石全充填［图 5-7（g）］。取样位置的裂缝特征见表 5-2、图 5-8。

表 5-2　湘吉地 1 井脉体取样位置变形及裂缝特征表

| 样号 | 脉体矿物 | 围岩性质 | 变形及裂缝特征 |
|---|---|---|---|
| XJ-12 | 方解石 | 泥岩 | 孤立垂直缝，宽 5 cm，边缘方解石中间见被胶结的角砾 |
| XJ-11 | 方解石 | 泥岩 | 间距为 30～50 cm 的顺层脉（透镜状），厚 0.5～1.5 cm，纤维状方解石垂直层面 |
| XJ-10 | 方解石 | 泥岩 | 孤立顺层缝，宽 4 cm，中间见少量页岩角砾 |
| XJ-9 | 方解石 | 泥岩 | 孤立顺层脉，宽 7 cm，结晶粗大 |
| XJ-8 | 方解石 | 钙质泥岩 | 近顺层脉，宽 10 cm，方解石全充填，中间见少量角砾 |
| XJ-7 | 方解石 | 泥岩 | 高角度脉，宽 2 cm，全充填结晶粗大 |
| XJ-6 | 方解石 | 泥岩 | 上下岩心完整，孤立高角度裂缝，宽 1.5 cm，全充填 |
| XJ-5 | 石英 | 碳质泥岩 | 上下岩心完整，孤立顺层滑动变形厚 10 cm，脉不规则，方解石、黄铁矿全充填 |
| XJ-4 | 方解石 | 硅质泥岩 | 顺层滑动破碎，水平缝，方解石充填，脉中见角砾，后期裂缝大部分未充填 |
| XJ-3 | 方解石 | 硅质泥岩 | 顺层滑动破碎，水平缝，方解石充填，后期剪切破碎，后期裂缝大部分未充填 |
| XJ-2 | 石英 | 泥质灰岩 | 上下裂缝发育，近垂直缝，缝宽 1 cm，长 30 cm，全充填 |
| XJ-1 | 方解石 | 石灰岩 | 垂直缝，间距为 0.5～5 cm，缝宽 5～40 mm，全充填 |

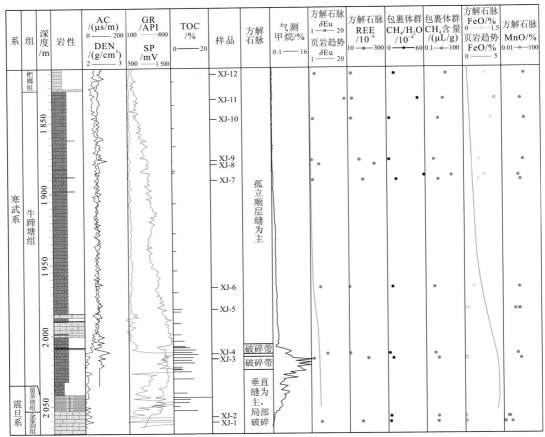

图 5-8　湘吉地 1 井古流体地球化学综合柱状图

REE 全称为 rare earth element，稀土元素

## （二）方解石脉元素地球化学分析

### 1. 电子探针分析

　　湘吉地 1 井方解石脉电子探针分析主要检测出 $Na_2O$、$K_2O$、$CaO$、$TiO_2$、$Al_2O_3$、$FeO$、$SiO_2$、$MgO$、$MnO$ 组分，其中 $MgO$、$FeO$、$MnO$ 组分的含量纵向变化规律性较强（表 5-3）。$MgO$ 的含量由下而上具有降低的趋势，$MgO$ 的来源主要是白云石的溶解，湘吉地 1 井 $MgO$ 的来源可能是下伏震旦系白云岩夹层。$FeO$、$MnO$ 组分含量的变化整体具有一致性，自下而上两者具有增加的趋势。$FeO$、$MnO$ 组分含量的纵向变化规律与中扬子地区牛蹄塘组页岩黄铁矿含量的变化规律恰好相反，后者黄铁矿中 $FeO$ 的含量自下而上呈降低的趋势（李海 等，2019）。在氧化的成岩环境下，$Mn^{2+}$ 趋向于被氧化为高价态不易置换 $Ca^{2+}$ 而进入方解石晶格，还原环境下的流体中 $Mn^{2+}$、$Fe^{2+}$ 溶解度较大，含量也较高，在埋藏过程中形成的碳酸盐矿物中 $Mn^{2+}$、$Fe^{2+}$ 含量一般较高（Rivers et al.，2008），因此方解石脉体生成时所处的地层水环境和流体来源的差异往往会从脉体的化学

成分差异中表现出来。湘吉地 1 井牛蹄塘组上部 FeO、MnO 组分含量高，可能指示了上部流体较下部流体还原性更强。

表 5-3　湘吉地 1 井方解石脉微区成分对比 （单位：%）

| 样号 | 质量分数 | | | | | | | | | |
|------|------|------|------|------|------|------|------|------|------|------|
| | 总量 | Na$_2$O | K$_2$O | CaO | TiO$_2$ | Al$_2$O$_3$ | FeO | SiO$_2$ | MgO | MnO |
| XJ-12-1 | 63.515 | 0.006 | 0 | 60.375 | 0 | 0 | 0.837 | 0.036 | 0.321 | 1.940 |
| XJ-11-1 | 63.713 | 0.023 | 0 | 61.340 | 0.002 | 0 | 1.214 | 0.005 | 0.334 | 0.795 |
| XJ-10-1 | 63.040 | 0.025 | 0.017 | 59.564 | 0 | 0 | 1.075 | 0 | 0.403 | 1.956 |
| XJ-9-1 | 63.737 | 0.068 | 0.012 | 61.357 | 0.010 | 0 | 0.600 | 0 | 0.315 | 1.375 |
| XJ-8-1 | 61.974 | 0.019 | 0.005 | 60.332 | 0.063 | 0 | 0.799 | 0 | 0.302 | 0.454 |
| XJ-7-1 | 62.701 | 0.019 | 0.001 | 61.067 | 0 | 0.005 | 0.578 | 0 | 0.284 | 0.747 |
| XJ-6-1 | 61.886 | 0 | 0.002 | 60.697 | 0.041 | 0 | 0.382 | 0 | 0.234 | 0.530 |
| XJ-5-1 | 60.170 | 0 | 0.003 | 59.374 | 0.010 | 0 | 0.090 | 0.016 | 0.480 | 0.197 |
| XJ-5-2 | 59.964 | 0.003 | 0.004 | 58.979 | 0 | 0 | 0.151 | 0.015 | 0.318 | 0.494 |
| XJ-5-3 | 61.607 | 0 | 0 | 60.457 | 0.008 | 0.001 | 0.171 | 0.026 | 0.366 | 0.578 |
| XJ-4-1 | 60.632 | 0.052 | 0.012 | 59.681 | 0.002 | 0.016 | 0 | 0.011 | 0.526 | 0.332 |
| XJ-3-1 | 59.112 | 0.034 | 0.007 | 57.892 | 0 | 0 | 0.058 | 0 | 0.413 | 0.708 |
| XJ-2-1 | 63.966 | 0.027 | 0.009 | 63.217 | 0.069 | 0.008 | 0.008 | 0.041 | 0.542 | 0.045 |
| XJ-2-2 | 62.284 | 0.022 | 0.027 | 61.844 | 0 | 0 | 0.025 | 0.042 | 0.289 | 0.035 |
| XJ-2-3 | 63.945 | 0.009 | 0.094 | 63.437 | 0 | 0 | 0 | 0.028 | 0.377 | 0 |
| XJ-1-1 | 64.872 | 0.039 | 0.017 | 64.324 | 0 | 0 | 0.046 | 0.023 | 0.343 | 0.080 |
| XJ-1-2 | 61.607 | 0.014 | 0 | 60.880 | 0.031 | 0 | 0.019 | 0.052 | 0.599 | 0.012 |
| XJ-1-3 | 60.418 | 0.043 | 0 | 59.646 | 0.016 | 0.001 | 0.041 | 0.023 | 0.632 | 0.016 |

**2. 稀土元素分析**

　　湘吉地 1 井方解石中稀土元素总量为 14.32～206.79 μg/g，平均为 82.55 μg/g；轻稀土元素（light rare earth element，LREE）总量为 11.51～142.61 μg/g，平均为 68.04 μg/g；重稀土元素（heavy rare earth element，HREE）总量为 2.09～64.20 μg/g，平均为 15.27 μg/g；LREE/HREE 为 2.22～9.86，平均为 5.73；$\delta$Eu 为 1.97～18.38，平均为 5.85，Eu 具有明显的正异常（表 5-4，图 5-9）。

表 5-4　方解石脉及页岩稀土元素总量

| 样号 | 质量分数/（μg/g） | | | | | | | | | | | | | | | | | LREE/HREE | δEu | δCe |
| | La | Ce | Pr | Nd | Sm | Eu | Gd | Tb | Dy | Ho | Er | Tm | Yb | Lu | ΣLREE | ΣHREE | ΣREE | | | |
|---|---|---|---|---|---|---|---|---|---|---|---|---|---|---|---|---|---|---|---|---|
| XJ-12 | 6.95 | 11.60 | 1.38 | 5.80 | 1.77 | 1.72 | 2.22 | 0.45 | 2.68 | 0.46 | 1.02 | 0.13 | 0.65 | 0.08 | 29.22 | 7.69 | 36.91 | 3.80 | 3.76 | 0.81 |
| XJ-11 | 9.75 | 12.10 | 1.23 | 4.85 | 1.62 | 7.05 | 1.74 | 0.35 | 2.13 | 0.34 | 0.72 | 0.09 | 0.52 | 0.06 | 36.60 | 5.95 | 42.55 | 6.15 | 18.38 | 0.72 |
| XJ-10 | 5.93 | 9.24 | 1.11 | 4.80 | 1.93 | 1.44 | 2.70 | 0.53 | 3.06 | 0.53 | 1.14 | 0.15 | 0.79 | 0.10 | 24.45 | 9.00 | 33.45 | 2.72 | 2.71 | 0.78 |
| XJ-9 | 18.30 | 36.30 | 4.05 | 16.20 | 3.87 | 1.77 | 4.01 | 0.74 | 4.27 | 0.79 | 1.81 | 0.24 | 1.38 | 0.17 | 80.49 | 13.41 | 93.90 | 6.00 | 1.97 | 0.92 |
| XJ-8 | 36.10 | 64.30 | 6.16 | 22.10 | 5.04 | 8.91 | 8.82 | 2.69 | 20.60 | 4.30 | 11.70 | 1.95 | 12.50 | 1.62 | 142.61 | 64.18 | 206.79 | 2.22 | 5.57 | 0.92 |
| XJ-7 | 27.20 | 48.50 | 5.15 | 20.00 | 4.46 | 2.47 | 4.50 | 0.72 | 3.79 | 0.67 | 1.54 | 0.21 | 1.00 | 0.12 | 107.78 | 12.53 | 120.31 | 8.60 | 2.42 | 0.88 |
| XJ-6 | 2.27 | 4.52 | 0.54 | 2.39 | 0.75 | 1.04 | 0.79 | 0.15 | 0.92 | 0.17 | 0.40 | 0.05 | 0.24 | 0.03 | 11.51 | 2.81 | 14.32 | 4.10 | 5.92 | 0.89 |
| XJ-4 | 4.24 | 5.60 | 0.60 | 2.24 | 0.42 | 0.99 | 0.52 | 0.09 | 0.58 | 0.14 | 0.36 | 0.05 | 0.31 | 0.04 | 14.09 | 2.09 | 16.18 | 6.74 | 9.19 | 0.74 |
| XJ-3 | 36.40 | 64.70 | 6.71 | 24.70 | 3.98 | 2.30 | 4.26 | 0.64 | 3.89 | 0.85 | 2.23 | 0.30 | 1.70 | 0.21 | 138.79 | 14.08 | 152.87 | 9.86 | 2.44 | 0.89 |
| XJ-1 | 28.50 | 33.40 | 4.96 | 18.80 | 3.74 | 5.46 | 4.02 | 0.67 | 4.04 | 0.82 | 2.00 | 0.26 | 1.43 | 0.17 | 94.86 | 13.41 | 108.27 | 7.07 | 6.16 | 0.60 |
| N-1 | 23.70 | 45.30 | 5.57 | 20.90 | 4.36 | 1.62 | 4.04 | 0.67 | 3.81 | 0.78 | 2.24 | 0.38 | 2.47 | 0.36 | 101.45 | 14.75 | 116.20 | 6.88 | 1.69 | 0.86 |
| N-2 | 28.40 | 52.30 | 6.50 | 22.60 | 3.58 | 1.35 | 3.10 | 0.42 | 2.16 | 0.45 | 1.43 | 0.26 | 1.82 | 0.28 | 114.73 | 9.92 | 124.65 | 11.57 | 1.78 | 0.84 |

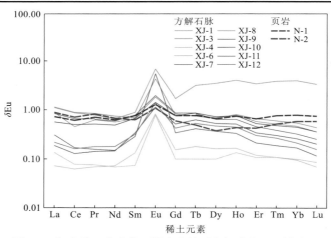

图 5-9　湘吉地 1 井脉体及围岩北美页岩标准化配分模式图

　　吉首—张家界一带寒武系属于被动大陆边缘斜坡带，前人建立了牛蹄塘组页岩典型的斜坡带元素地球化学剖面（刘安 等，2013）。牛蹄塘组页岩典型的斜坡带 ΣREE 为73.63～181.53 μg/g，平均为 131.88 μg/g；ΣLREE 为 65.69～165.86 μg/g，平均为 118.49 μg/g；ΣHREE 为 7.94～16.97 μg/g，平均为 35.39 μg/g；LREE/HREE 为 6.5～11.57，平均为 8.87；δEu 为 1.08～2.02，平均为 1.44，Eu 具有明显的正异常。

　　方解石脉稀土元素与页岩相比较，ΣREE 平均值小于页岩，但是高于石灰岩，研究表明较纯的碳酸盐岩 ΣREE 一般小于 30 μg/g，方解石脉的高 ΣREE 与页岩富含有机质的酸性流体对稀土元素的溶解有关，导致流体中 ΣREE 升高，使得 REE 含量高于源岩（胡

文瑄 等，2010），方解石脉 $\Sigma$REE 主要反映受页岩中流体的影响程度。寒武系页岩 $\Sigma$REE 整体上底部偏高，向上有降低的趋势；脉体中 $\Sigma$REE 最高值位于牛蹄塘组靠近顶部，牛蹄塘组底部 $\Sigma$REE 可能是受到牛蹄塘组页岩下伏石灰岩的影响，这与电子探针测定的结果一致（图 5-10）。

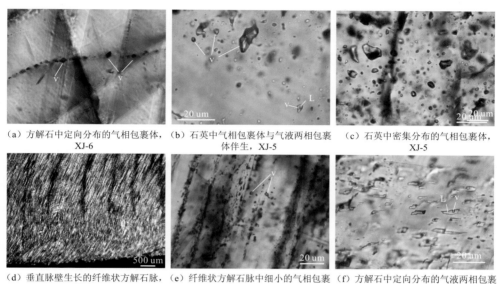

（a）方解石中定向分布的气相包裹体，XJ-6　　（b）石英中气相包裹体与气液两相包裹体伴生，XJ-5　　（c）石英中密集分布的气相包裹体，XJ-5

（d）垂直脉壁生长的纤维状方解石脉，XJ-11　　（e）纤维状方解石脉中细小的气相包裹体，XJ-11　　（f）方解石中定向分布的气液两相包裹体，XJ-7

图 5-10　湘吉地 1 井脉体矿物及包裹体特征

方解石脉与页岩相比较，$\delta$Eu 明显高于页岩（图 5-9）。溶液中 Eu 会受到源岩的影响，源岩具有高度的 Eu 负异常，即使在高度还原环境中溶液也具有明显的负异常（周家喜 等，2012）。当岩层本身处于 Eu 正异常的条件下，则可以指示其形成的氧化还原环境，例如黔北寒武系页岩 Eu 普遍正异常，脉体 Eu 则以负异常为主，脉体形成于弱氧化环境。湘吉地 1 井方解石脉 $\delta$Eu 均大于 1，指示其主要形成于还原环境，但是 $\delta$Eu 纵向上的变化规律与页岩不一致，寒武系被动大陆边缘斜坡带 $\delta$Eu 自上而下整体上由 1.08 增大至 2.02，指示页岩沉积环境还原性逐渐增强。而方解石脉 $\delta$Eu 的规律并不强，具最高值和次高值的 XJ-8、XJ-11 位于牛蹄塘组近顶部，表明方解石脉 $\delta$Eu 除了受到围岩的影响，还受到流体还原性程度的影响，$\delta$Eu 的配分模式展现出与高温热液流体类似的特征（赵彦彦 等，2019）。

（三）脉体包裹体分析

**1. 脉体包裹体类型**

湘吉地 1 井脉体包裹体主要类型有气相包裹体、气液两相包裹体和纯水溶液包裹体。

（1）气相包裹体：定向、自由分布，大小为 4～20 μm，呈椭圆状、菱形，部分具有明显的负晶形，包裹体呈灰黑色、灰白色，部分中间见明显的亮线，见定向分布和自由分布，石英和方解石中均发现该类包裹体 [图 5-10（a）～（e）]，激光拉曼显示气相组分主要为甲烷 [图 5-11（a）]。

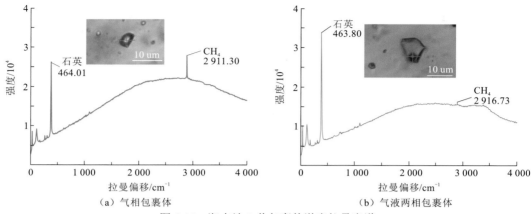

图 5-11　湘吉地 1 井包裹体激光拉曼光谱

（2）气液两相包裹体：室温下呈单一液相，定向分布或小群分布，包裹体大小为5～30 μm，方解石中以长条状为主，石英中以米粒状为主，部分呈不规则状，气液比为5%～15%，沿显微裂缝尤为发育［图 5-10（f）］，激光拉曼显示气相组分主要为甲烷［图 5-11（b）］。

（3）纯水溶液包裹体：室温下呈单一液相，以定向分布为主，包裹体大小为2～30 μm，呈无色或淡粉色，长条状或米粒状，部分形状不规则纯水溶液包裹体沿显微裂缝尤为发育。

统计显示不同的样品各类包裹体占比差别较大，气相包裹体占比为0%～80%，液相包裹体占比为10%～95%，气液两相包裹体占比为5%～75%。纵向上，整体而言气相包裹体的占比有向上增加的趋势。同一个样品相比较，次生包裹体较原生包裹体的气相包裹体的占比具有明显降低的趋势（表 5-5），例如 XJ-5 样品原生包裹体和次生包裹体的气相包裹体占比分别为80%、20%，液相包裹体占比分别为10%、50%。包裹体的类型变化规律表明古流体活动期间牛蹄塘组上部富气而下部富水，原生-次生包裹体类型的变化表明古流体早期富气、晚期富水。顺层状纤维状方解石脉的形成往往与生烃过程中形成的超压密切相关（Parnell et al.，2000），牛蹄塘组上部纤维状方解石脉及其以气相包裹体为主的特征表明其形成可能与生气阶段的超压相关。

表 5-5　包裹体类型统计表

| 样号 | 自由分布包裹体类型占比/% | | | 定向分布包裹体类型占比/% | | |
| --- | --- | --- | --- | --- | --- | --- |
| | 气相 | 液相 | 两相 | 气相 | 液相 | 两相 |
| XJ-2 | 5 | 25 | 70 | 0 | 30 | 70 |
| XJ-4 | 5 | 80 | 15 | — | — | — |
| XJ-5 | 80 | 10 | 10 | 20 | 50 | 30 |
| XJ-6 | 60 | 20 | 20 | 20 | 10 | 70 |
| XJ-7 | 10 | 30 | 60 | 5 | 20 | 75 |
| XJ-9 | 10 | 20 | 70 | 5 | 20 | 75 |
| XJ-10 | 60 | 30 | 10 | 60 | 30 | 10 |
| XJ-11 | 80 | 5 | 15 | — | — | — |

**2. 脉体包裹体均一温度、盐度**

湘吉地 1 井脉体气液两相包裹体的均一温度为 128～224℃，其中 XJ4、XJ6 样品的最高均一温度相对较低，不超过 160℃，其余样品的最高均一温度主要为 180～230℃，整体而言上部样品的最高均一温度高于下部样品，下部样品的低温流体包裹体更发育，峰值为 130～140℃（表 5-6 和图 5-12）。包裹体盐度的分布范围为 3.25%～15.98%。

表 5-6　$CH_4$ 包裹体均一温度、密度及捕获压力计算结果

| 样号 | 均一温度/℃ | 甲烷密度/（g/cm³） | 捕获温度/℃ | 形成深度/km | 捕获压力/MPa | 压力系数 |
|---|---|---|---|---|---|---|
| XJ-5-2A | -85.6 | 0.237 | 185 | 5.8 | 81.91 | 1.41 |
| XJ-5-2B | -84.1 | 0.222 | 185 | 5.8 | 72.91 | 1.26 |
| XJ-5-2C | -83.6 | 0.215 | 185 | 5.8 | 68.99 | 1.19 |
| XJ-5-2D | -82.9 | 0.199 | 185 | 5.8 | 60.72 | 1.05 |
| XJ-5-4A | -85.5 | 0.237 | 185 | 5.8 | 81.93 | 1.41 |
| XJ-5-4B | -85.5 | 0.237 | 185 | 5.8 | 81.93 | 1.41 |
| XJ-5-4C | -85.5 | 0.237 | 185 | 5.8 | 81.93 | 1.41 |
| XJ-5-5 | -84.2 | 0.223 | 185 | 5.8 | 73.48 | 1.27 |
| XJ-5-7 | -83.4 | 0.211 | 185 | 5.8 | 66.84 | 1.15 |

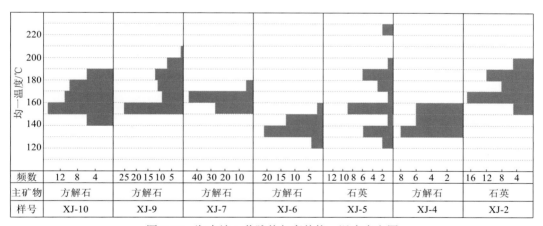

图 5-12　湘吉地 1 井脉体包裹体均一温度直方图

**3. $CH_4$ 包裹体密度及压力计算**

以湘吉地 1 井为例分析古流体的压力演化。激光拉曼测得气液两相包裹体的气相组分为 $CH_4$，拉曼偏移为 2916.73 $cm^{-1}$，纯甲烷包裹体拉曼偏移为 2911 $cm^{-1}$ 左右。据 Lu 等（2007）在玻璃毛细管系统中对不同压力条件下测甲烷拉曼特征峰 $v_1$ 位移与甲烷压力关系的实验研究曲线资料，甲烷拉曼特征峰 $v_1$ 位移为 2918～2910 $cm^{-1}$，所对应的压力由小于 0.1 MPa 逐渐增加到 60～70 MPa，因此拉曼偏移主要反映了包裹体的内压变化，

刘德汉等（2013）推测拉曼偏移小于 $2\,912\,cm^{-1}$、密度大于 $0.162\,g/cm^3$ 的包裹体属于高密度甲烷包裹体，因此湘吉地 1 井检测到的纯甲烷包裹体属于高密度甲烷包裹体。甲烷包裹体的均一温度为 $-85.6\sim-82.9\,℃$，根据包裹体密度计算公式（刘斌和沈昆，1999）：

$$\rho = \frac{0.162\,050\,6}{(0.288)^r}, \qquad r = \left(1 - \frac{Th + 273.15}{190.6}\right)^{0.285\,7} \qquad (5\text{-}1)$$

式中：Th 为甲烷包裹体的均一温度，℃，将实测甲烷均一温度带入公式计算获得的包裹体密度为 $0.199\sim0.237$，属于高密度甲烷包裹体。

　　包裹体形成阶段压力计算选用 Duan 等（1992）建立的甲烷体系状态方程，纯甲烷包裹体形成温度由伴生的气-液两相盐水包裹体的均一温度主峰值（190 ℃）确定，通过甲烷包裹体密度获得其捕获压力为 $60.72\sim81.93\,MPa$（表 5-6）。

　　将 XJ-5 样品捕获的甲烷包裹体的同期气液两相包裹体均一温度 190 ℃投到埋藏史图上，对应的深度为 5.8 km，将甲烷包裹体的捕获压力与静水压力做比较，获得地层的压力系数为 $1.05\sim1.41$，处于弱超压的状态，时间为侏罗纪中期。与四川盆地内部相比较，四川盆地志留系页岩裂缝古流体的形成时间主要是白垩纪晚期，压力系数达到 2.2（席斌斌 等，2016）；雪峰山地区明显具有裂缝形成时间早、页岩泄压时间早、压力系数低、水溶液侵入页岩时间早且深度大的特征，不易于页岩气晚期保存。因此古流体包裹体温度、压力参数指示了地质历史中温度、压力参数的改变及相应的页岩的含气性变化。

### 4. 包裹体群组分

　　包裹体群气相组分分析获得了 $CH_4$、$CO_2$、$H_2O$ 组分的含量，考虑测试方法为高温（400 ℃）爆裂法打开包裹体，可能造成 $CaCO_3$ 的分解，致使 $CO_2$ 含量升高，因此这里主要就 $CH_4$、$H_2O$ 的含量做分析。

　　脉体包裹体甲烷的含量总体而言自下而上有增加的趋势，深度大于 1966.2 m 的样品中 $CH_4$ 的含量普遍小于 $1\,\mu L/g$，1966.2 m 以上脉体样品中 $CH_4$ 的含量普遍大于 $1\,\mu L/g$，因此牛蹄塘组上部脉体包裹体中 $CH_4$ 更普遍，或者发育更多的甲烷包裹体。脉体包裹体 $H_2O$ 组分变化较大，为 $5.29\times10^4\sim3.77\times10^5\,\mu L/g$，向上规律性较差（表 5-7，图 5-8）。气/水比是页岩气保存条件的重要指标，四川盆地内部保存条件较好，页岩往往具高压、含气量高、含水饱和度低的特征，盆外地区因构造破坏，页岩层含气性差，含水饱和度高（魏祥峰 等，2017；刘洪林和王红岩，2013）。以包裹体群气相组分为基础，就 $CH_4$、$H_2O$ 含量计算气/液比例，为 $3.1\times10^{-4}\sim58.0\times10^{-4}$，该比值非常小，可能是样品用去离子水处理过程中部分水溶液进入矿物微裂缝在低温烘干过程中又无法完全排除所致，但牛蹄塘组脉体包裹体群气/水在纵向上依然有增大的趋势，与包裹体群 $CH_4$ 含量的变化趋势一致。包裹体群和包裹体类型统计指示地质历史中牛蹄塘组上部总体具高含气饱和度、下部具高含水饱和度的特征。

表 5-7　脉体包裹体群 CH₄、H₂O 含量

| 样号 | 深度/m | CH₄/（μL/g） | H₂O/（$\times 10^4$ μL/g） | CH₄/H₂O/（$\times 10^{-4}$） |
|---|---|---|---|---|
| XJ-12 | 1 816.3 | 4.440 | 37.70 | 11.8 |
| XJ-11 | 1 834.0 | 2.580 | 5.29 | 48.8 |
| XJ-10 | 1 848.0 | 1.060 | 25.30 | 4.2 |
| XJ-9 | 1 877.0 | 0.469 | 13.30 | 3.5 |
| XJ-8 | 1 888.0 | 10.900 | 18.80 | 58.0 |
| XJ-7 | 1 891.0 | 1.030 | 7.17 | 14.4 |
| XJ-6 | 1 966.2 | 0.483 | 6.03 | 8.0 |
| XJ-4 | 2 013.0 | 0.526 | 17.00 | 3.1 |
| XJ-3 | 2 016.5 | 0.958 | 11.20 | 8.6 |
| XJ-2 | 2 057.5 | 0.883 | 18.90 | 4.7 |
| XJ-1 | 2 061.3 | 0.838 | 21.10 | 4.0 |

## （四）构造保存条件综合评价

### 1. 古流体与页岩气逸散的通道

脉体地球化学特征揭示了古流体的化学性质变化规律与同层位页岩的地球化学性质变化规律不一致,脉体包裹体群揭示了古流体的含气性与页岩的 TOC 也不具有明显的相关性（图 5-13）,正是由于裂缝系统的发育改变了古流体的性质及页岩的含气性纵向变化。脉体具有氧化还原指示意义的方解石脉 FeO、MnO 含量与脉体包裹体群 CH₄ 含量具有一定的正相关性（图 5-13）,暗示了外来流体改变了页岩的封闭性,也改变了页岩的含气性。前人研究也表明,页岩的横向渗透率是纵向渗透率的数十倍（Zhang et al.,2019a）,而且整个中下寒武统在斜坡带以泥岩和致密泥质灰岩沉积为主,盖层的封盖能力强,在没有裂缝系统的情况下,页岩气不易向上散失。牛蹄塘组底部及其下伏地层裂缝系统发育使之成为页岩气逸散的直接通道,裂缝越发育的层段、页岩气的逸散程度越高,同时,裂缝系统与下伏地层水、甚至大气降水沟通,致使牛蹄塘组底部的优质页岩段成为高含水层。牛蹄塘组底部及下伏岩层裂缝发育,一方面是因为页岩易于形成区域上的滑脱带（Liu et al.,2018）,另一方面寒武系下部页岩脆性矿物含量高（彭中勤 等,2019）,易于产生裂缝,且因为刚性颗粒的支撑作用,裂缝不易闭合,可以形成渗透层,成为页岩气逸散的通道（Liu et al.,2018）。

湘张地 1 井与湘吉地 1 井位于同一构造带,研究发现两者页岩气的逸散规律具有相似性。湘张地 1 井甲烷包裹体不发育,气液两相包裹体和纯水溶液包裹体占比非常高,表明其形成阶段页岩处于高含水饱和度状态。盆地的水文地质旋回往往经历了沉积压实阶段的离心流和抬升剥蚀阶段的向心流（Lou et al.,2004；Garven,1985）,离心流与压实排水和烃源岩排烃相关；向心流则与地层水和大气水的倒灌有关,渗透层、断层、裂缝则是通道。页岩在经历了生烃排液之后处于高含气饱和度状态,因此大量水主要来源于其他层位（图 5-14）。

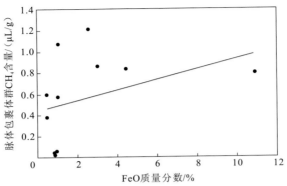

图 5-13　脉体 FeO 含量与包裹体群 CH₄ 含量相关图

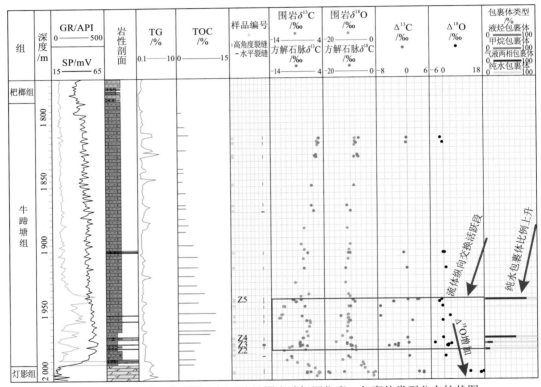

图 5-14　湘张地 1 井裂缝方解石脉及围岩碳氧同位素、包裹体类型分布柱状图

湘张地 1 井牛蹄塘组下部方解石脉的 $\delta^{13}C$ 值明显大于围岩段，而与 1963 m 之下的石灰岩段相似，表明流体来源于下部石灰岩的溶解；同时该段方解石脉的 $\delta^{18}O$ 变化范围也非常大，一种可能是和碳同位素一样，为不同层位石灰岩溶解后古流体沿着裂缝垂向运移的产物，另外一种可能是高角度裂缝致使地层水沿着裂缝渗入页岩导致氧同位素分馏，结合包裹体类型分析，后者的可能性更大。岩心指示湘张地 1 井下部较上部高角度裂缝发育，具古流体纵向运移的通道。湘张地 1 井上部裂缝不发育，下部高 TOC 优质页岩段裂缝发育，水溶液顺着裂缝向上渗入页岩。裂缝是外来流体进入页岩的通道，同时也是页岩气向外逸散的通道。

**2. 页岩高含气–高含水转变的埋深及时间确定**

烃源岩的低含水饱和度主要是生烃排水和汽化携液造成的（Lewan，1997），牛蹄塘组脉体包裹体最大均一温度超过 200℃，包裹体中的烃类组分也是以甲烷为主，缺少早期生油阶段的包裹体，表明裂缝形成经历了最大埋深的构造变形阶段，页岩经历了充分的生烃和排水作用。页岩裂缝的开启及与外界的沟通程度可以从流体的性质反映出来，即由以气为主的包裹体类型变为以水为主的包裹体类型，含气饱和度下降、含水饱和度上升。以牛蹄塘组下部破碎带中的样品 XJ-4 为例，样品位于牛蹄塘组 TOC 最高段，页岩的含气性与 TOC 往往呈正相关，在深埋生烃阶段，该段应为含气饱和度最高的层段。裂缝脉体包裹体记录的主要包裹体类型以液相和两相为主，记录的气液两相包裹体均一温度为 134～158℃，以此为基础，与埋藏史相结合，可以确定裂缝形成的主要时间段。

恢复雪峰山北缘地区寒武系的埋藏史，模拟所需地层厚度以地震剖面和露头为依据，以钻井和露头 $R_o$ 数据（彭中勤 等，2019）、白垩系和寒武系包裹体最大均一温度数据为制约，剥蚀厚度、时间恢复参考前人的研究成果（赵宗举 等，2003），热流值以盆地类型为基础，同时考虑该区断裂活动频繁（杨绍祥，1998）对深部热流值传导的影响。

研究表明，加里东期雪峰构造带北缘主要形成了宽缓的背斜，自中、晚三叠世之交的印支运动开始，该区域才被褶皱和断裂构造所改造（赵宗举 等，2003），因此寒武系裂缝古流体记录的主要是印支运动以来的构造活动信息，同时考虑雪峰隆起西侧沅麻盆地白垩系产状平缓，断层不发育，白垩系与下伏南华系—中生界不同层系呈角度不整合接触，寒武系盖层的主要剥蚀时间应在白垩纪之前。

将 XJ-4 样品捕获的甲烷包裹体均一温度投到埋藏史图，对应的深度为 4.0～4.8 km，时间为侏罗纪中—晚期。XJ-5 样品捕获的甲烷包裹体时间为侏罗纪中期。

**3. 古流体与页岩现今含气性的关系**

古流体记录了牛蹄塘组页岩的含气性。因为后期的构造作用，页岩的含气性发生了逆转，即上部页岩因为构造破坏作用弱，处于高压、高含气饱和度的状态，下部受到了来自下伏的碳酸盐岩地层以水溶液为主的古流体的影响，页岩气逸散。但是古流体指示的页岩地史中含气性与现今的页岩含气性几乎相反。现今含气性高的主要在 TOC 最高的层段，同时也是裂缝最为发育的层段，钻探现场水浸实验揭示该段主要是裂缝气，页岩微孔气显非常弱（彭中勤 等，2019）。正是在页岩段相对封闭、致密的条件下，构造形成顺层破碎段形成了大量的储集空间，在压力差的驱使下导致上部页岩气顺垂向裂缝运移至破碎带，致使页岩气逸散，部分残留在裂缝中。

# 二、沅麻盆地寒武系页岩气保存条件

## （一）沅麻盆地寒武系页岩气研究思路

同属中扬子地区的雪峰隆起周缘寒武系页岩的热演化程度也较低（彭中勤 等，2019），预示着该区可能也具有良好的勘探潜力，特别是白垩系覆盖的沅麻盆地，早古生界在白垩纪再次深埋，若晚期具有较大的二次生烃潜力，将具有重要的勘探价值（Zhao et al.，2019）。

寒武系岩层经历了加里东以来的多期次构造运动，多期次古流体叠加导致确定形成时间非常困难。本节主要研究寒武系页岩白垩纪以来的二次生烃，因此将采样层位确定为白垩系底部的不整合面附近，以限定古流体活动时间。不整合面往往是流体运移的重要通道，且寒武系经历了前白垩纪多期次构造活动后裂缝非常发育，若寒武系页岩白垩纪以来大规模生烃，富烃流体沿着裂缝运移到不整合面被包裹体捕获的可能性非常大。另外寒武系露头区往往是构造高部位，白垩系直接覆盖在寒武系富有机质页岩之上，若发生二次生烃，相关信息被白垩系底部地层捕获的可能性就更大。为此采集了沅麻盆地北部寒武系富有机质页岩之上白垩系底部的裂缝充填脉体，采样位置如图5-15所示。此外为了对比研究，还采集了沅麻盆地北侧湘张地1井、湘吉地1井寒武系页岩的脉体样品。

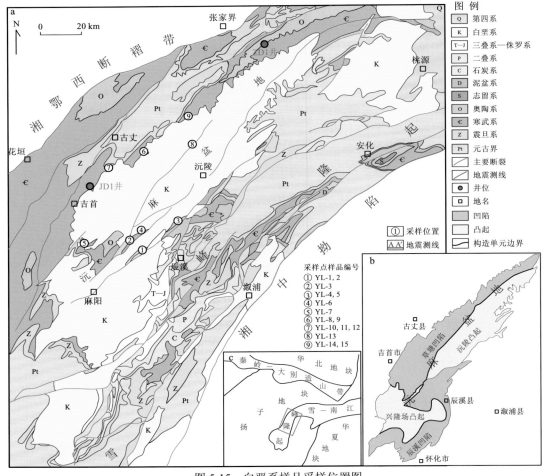

图 5-15  白垩系样品采样位置图

本次调查研究在野外发现有脉体的采样点9个，共计采样15件。钻取较宽的方解石脉及围岩钻取粉末做碳氧同位素测试，选取裂缝宽度大于1cm的脉体挑取5～10g方解石单矿物进行包裹体群组分分析，余样进行稀土元素测试。包裹体群组分、均一温度、盐度测试在核工业北京地质研究院完成，方解石脉同位素和微量元素测试在国土资源部中南矿产资源监督检测中心完成。

## （二）方解石脉地球化学特征

### 1. 碳氧同位素

方解石脉及围岩碳氧同位素特征见表5-8。方解石脉碳氧同位素的变化较大，$\delta^{13}C$值为-10.55‰～-1.26‰，$\delta^{18}O$值为-22.51‰～-6.67‰；不整合面砾岩裂缝中石灰岩角砾的$\delta^{13}C$值为-2.78‰～2.74‰，$\delta^{18}O$值为-10.27‰～-7.93‰；采样点测试一个泥质砂岩中石灰岩夹层的$\delta^{13}C$值、$\delta^{18}O$值分别为-3.34‰、-14.61‰。

表5-8 方解石脉及围岩碳氧同位素测试结果

| 样品编号 | 裂缝类型 | 采样位置 | 方解石脉碳同位素/‰ | 方解石脉氧同位素/‰ | 石灰岩碳同位素/‰ | 石灰岩氧同位素/‰ | 脉体与围岩碳同位素差/‰ | 脉体与围岩氧同位素差/‰ |
|---|---|---|---|---|---|---|---|---|
| YL-2 | 泥岩裂缝 | ① | -9.60 | -7.04 | — | — | — | — |
| YL-3 | 不整合面砾岩裂缝 | ② | -2.85 | -11.97 | 2.74 | -10.27 | -5.59 | -1.7 |
| YL-4 | 不整合面砾岩裂缝 | ③ | -2.60 | -17.86 | — | — | — | — |
| YL-5 | 不整合面砾岩裂缝 | ③ | -2.82 | -17.83 | — | — | — | — |
| YL-6 | 不整合面砾岩裂缝 | ④ | -3.06 | -17.88 | 1.2 | -9.94 | -4.26 | -7.94 |
| YL-7 | 不整合面砾岩裂缝 | ⑤ | -8.35 | -21.11 | — | — | — | — |
| YL-8 | 不整合面砾岩裂缝 | ⑥ | -3.37 | -18.37 | -2.64 | -9.11 | -0.73 | -9.26 |
| YL-9 | 不整合面砾岩裂缝 | ⑥ | -3.39 | -17.36 | -2.78 | -9.38 | -0.61 | -7.98 |
| YL-10 | 不整合面砾岩裂缝 | ⑦ | -1.83 | -18.92 | 0.44 | -9.61 | -2.27 | -9.31 |
| YL-11 | 不整合面砾岩裂缝 | ⑦ | -1.26 | -22.51 | 1.11 | -8.76 | -2.37 | -13.75 |
| YL-12 | 不整合面砾岩裂缝 | ⑦ | -1.37 | -22.15 | 1.46 | -7.93 | -2.83 | -14.22 |
| YL-13 | 砂质泥岩裂缝 | ⑧ | -10.55 | -6.67 | — | — | — | — |
| YL-14 | 泥质砂岩裂缝 | ⑨ | -3.21 | -12.74 | -3.34 | -14.61 | 0.13 | 1.87 |
| YL-15 | 泥质砂岩裂缝 | ⑨ | -3.36 | -13.67 | -3.34 | -14.61 | -0.02 | 0.94 |

### 2. 稀土元素

稀土元素含量及特征见表5-9，稀土元素使用北美页岩标准化后的配分模式，如图5-16所示。白垩系方解石脉的ΣREE为12.44～43.14 μg/g，平均为23.92 μg/g；ΣLREE为9.87～37.49 μg/g，平均为20.23 μg/g；ΣHREE为2.20～5.65 μg/g，平均为3.70 μg/g；

LREE/HREE 为 3.79～8.27，平均为 5.64；δEu 为 0.93～1.31，平均为 1.064，Eu 异常不明显。与白垩系样品做对比分析的寒武系方解石脉 XJ-6、XJ-7 的 ΣREE 分别为 14.32 μg/g、120.31 μg/g；ΣLREE 分别为 11.51 μg/g、107.78 μg/g；ΣHREE 分别为 2.81 μg/g、12.53 μg/g；LREE/HREE 分别为 4.10、8.60；δEu 分别为 5.92、2.42，Eu 异常非常明显。背景值寒武系页岩 N-1、N-2 的 ΣREE 分别为 116.20 μg/g、124.65 μg/g；ΣLREE 分别为 101.45 μg/g、114.73 μg/g；ΣHREE 分别为 14.75 μg/g、9.92 μg/g；LREE/HREE 分别为 6.88、11.57；δEu 分别为 1.69、1.78，Eu 异常较为明显。

表 5-9　方解石脉及页岩稀土元素含量

| 样号 | 质量分数/(μg/g) | | | | | | | | | | | | | | | | | LREE/HREE | δEu | δCe |
|---|---|---|---|---|---|---|---|---|---|---|---|---|---|---|---|---|---|---|---|---|
| | La | Ce | Pr | Nd | Sm | Eu | Gd | Tb | Dy | Ho | Er | Tm | Yb | Lu | ΣLREE | ΣHREE | ΣREE | | | |
| YL-3 | 1.38 | 3.20 | 0.58 | 3.36 | 1.11 | 0.24 | 0.88 | 0.15 | 0.82 | 0.14 | 0.32 | 0.038 | 0.2 | 0.025 | 9.87 | 2.57 | 12.44 | 3.84 | 1.06 | 0.75 |
| YL-6 | 1.82 | 6.00 | 1.02 | 5.02 | 1.26 | 0.27 | 1.03 | 0.16 | 0.84 | 0.14 | 0.30 | 0.036 | 0.2 | 0.023 | 15.39 | 2.73 | 18.12 | 5.64 | 1.04 | 0.88 |
| YL-7 | 1.30 | 6.40 | 1.32 | 7.96 | 2.56 | 0.67 | 1.97 | 0.32 | 1.66 | 0.28 | 0.60 | 0.07 | 0.38 | 0.046 | 20.21 | 5.33 | 25.54 | 3.79 | 1.31 | 0.84 |
| YL-10 | 5.77 | 17.60 | 2.22 | 9.35 | 2.10 | 0.45 | 1.94 | 0.32 | 1.76 | 0.31 | 0.72 | 0.088 | 0.46 | 0.054 | 37.49 | 5.65 | 43.14 | 6.63 | 0.98 | 1.05 |
| YL-11 | 3.64 | 8.53 | 1.00 | 4.01 | 0.82 | 0.17 | 0.78 | 0.12 | 0.67 | 0.12 | 0.27 | 0.034 | 0.18 | 0.022 | 18.17 | 2.20 | 20.37 | 8.27 | 0.93 | 0.97 |
| XJ-6 | 2.27 | 4.52 | 0.54 | 2.39 | 0.75 | 1.04 | 0.79 | 0.15 | 0.92 | 0.17 | 0.40 | 0.054 | 0.29 | 0.033 | 11.51 | 2.81 | 14.32 | 4.10 | 5.92 | 0.89 |
| XJ-7 | 27.20 | 48.50 | 5.15 | 20.00 | 4.46 | 2.47 | 4.50 | 0.72 | 3.79 | 0.67 | 1.54 | 0.190 | 1.00 | 0.120 | 107.78 | 12.53 | 120.31 | 8.60 | 2.42 | 0.88 |
| N-1 | 23.70 | 45.30 | 5.57 | 20.90 | 4.36 | 1.62 | 4.04 | 0.67 | 3.81 | 0.78 | 2.24 | 0.380 | 2.47 | 0.360 | 101.45 | 14.75 | 116.20 | 6.88 | 1.69 | 0.86 |
| N-2 | 28.40 | 52.30 | 6.50 | 22.60 | 3.58 | 1.35 | 3.10 | 0.42 | 2.16 | 0.45 | 1.43 | 0.260 | 1.82 | 0.280 | 114.73 | 9.92 | 124.65 | 11.57 | 1.78 | 0.84 |

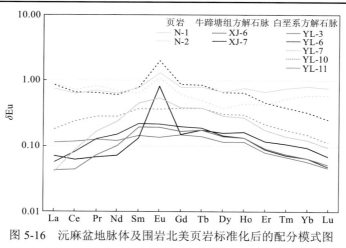

图 5-16　沅麻盆地脉体及围岩北美页岩标准化后的配分模式图

（三）方解石脉体包裹体特征

**1. 包裹体类型**

观测发现只有部分白垩系脉体样品见明显的气液两相包裹体和气相包裹体；寒武系

脉体包裹体丰富，本节主要展示与烃类包裹体相关的、形成温度高的样品，脉体包裹体显微特征见图 5-17，包裹体类型统计见表 5-10，XJ-5、ZD-5 样品气相包裹体主要指高密度甲烷包裹体。

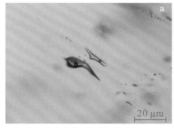
（a）定向分布的气液两相包裹体，YL-6

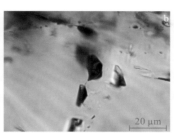
（b）气相包裹体，YL-8

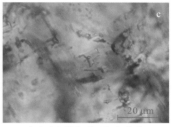
（c）自由分布的气液两相包裹体YL-12

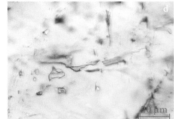
（d）定向分布的水包裹体，YL-12

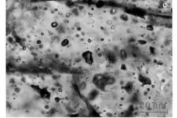
（e）密集分布的高密度甲烷包裹体，XJ-5

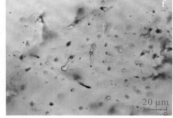
（f）密集气液两相包裹体，ZD-5

图 5-17 脉体包裹体显微特征

表 5-10 包裹体类型、均一温度、盐度统计表

| 样品 | 包裹体类型及占比/% | | | 均一温度范围/℃ | 均一温度峰值/℃ | 盐度/% |
|---|---|---|---|---|---|---|
| | 气相 | 液相 | 两相 | | | |
| YL-6 | 30 | 65 | 5 | 115～141 | 110～120，130～140 | 1.74～12.42 |
| YL-8 | 30 | 60 | 10 | 110～131 | 110～130 | 1.57～11.75 |
| YL-10 | 20 | 75 | 5 | 104～127 | 100～130 | 5.56～14.87 |
| YL-12 | 10 | 80 | 10 | 94～145 | 110～130 | 0.88～12.42 |
| YL-15 | 5 | 85 | | 101～140 | 100～130 | 2.74～9.73 |
| XJ-5 | 80 | 10 | 10 | 128～224 | 130～140，150～160，170～190 | 13.94～16.05 |
| ZD-5 | 50 | 30 | 20 | 189～256 | 240～250 | 3.39～11.81 |

（1）气液两相包裹体：室温下呈单一液相，定向分布或小群分布，包裹体大小为 5～25 μm，呈长条状或米粒状，气液比为 5%～15%，沿显微裂缝尤为发育。

（2）纯水溶液包裹体：室温下呈单一液相，以定向分布为主，包裹体大小为 2～15 μm，呈四边形或米粒状，沿显微裂缝尤为发育。

（3）气相包裹体：室温下呈单相，包裹体大小为 2～6 μm，自由分布或沿着显微裂缝分布，白垩系样品因为荧光效应无法获得气相包裹体拉曼光谱，通过对气相包裹体降温至低于-100℃，未能获得冰点，依据 $CO_2$-$CH_4$ 的 $P$-$T$ 相图推测其为复杂的 $CO_2$-$CH_4$

混合体系。

（4）高密度甲烷包裹体：呈定向、自由分布，大小为 4～20 μm，呈椭圆状、菱形，包裹体见灰黑色、灰白色，部分中间见明显的亮线，测得包裹体均一温度为 -85.6～-81.6℃，激光拉曼偏移 2910 cm$^{-1}$ 左右，具有典型的高密度甲烷包裹体特征（Gao et al., 2019）。

白垩系裂缝方解石脉的包裹体类型以纯水溶液包裹体为主，占比为 60%～85%，气相包裹体占比为 5%～30%，气液两相包裹体占比仅为 5%～10%。牛蹄塘组裂缝脉体包裹体类型以高密度甲烷包裹体为主，占比为 50%～80%，液相包裹体占比为 10%～30%，气液两相包裹体仅占 10%～20%（表 5-10）。

**2. 包裹体均一温度、盐度**

白垩系样品包裹体的均一温度为 94～145℃，均一温度峰值为 100～140℃，盐度为 0.88～14.87。寒武系样品包裹体的均一温度为 128～256℃，各个样品均一温度峰值差别较大，盐度为 3.39～16.05。寒武系样品包裹体的均一温度、盐度要明显高于白垩系样品（表 5-10）。

**3. 包裹体群组分**

白垩系方解石脉样品通过爆裂法获得了单矿物中的离子含量，通过转换为毫克当量计算钠氯系数（$r\mathrm{Na}^+/r\mathrm{Cl}^-$）、变质系数 $[(r\mathrm{Cl}^- - r\mathrm{Na}^+)/r\mathrm{Mg}^{2+}]$、脱硫系数（$r\mathrm{SO}_4^{2+} \times 100/r\mathrm{Cl}^-$）。样品钠氯系数为 0.92～1.09，变质系数为 -0.13～0.28，脱硫系数为 34.86～126.08（表 5-11）。

**表 5-11　脉体包裹体群离子组分统计表**

| 样品号 | F$^-$质量浓度/(mg/L) | Cl$^-$质量浓度/(mg/L) | NO$_3^-$质量浓度/(mg/L) | SO$_4^-$质量浓度/(mg/L) | Na$^+$质量浓度/(mg/L) | K$^+$质量浓度/(mg/L) | Mg$^{2+}$质量浓度/(mg/L) | Ca$^{2+}$质量浓度/(mg/L) | $r\mathrm{Na}^+/r\mathrm{Cl}^-$ | $(r\mathrm{Cl}^- - r\mathrm{Na}^+)/r\mathrm{Mg}^{2+}$ | $r\mathrm{SO}_4^{2+}/r\mathrm{Cl}^-$ |
|---|---|---|---|---|---|---|---|---|---|---|---|
| YL-3 | 0.65 | 10.60 | 0.88 | 5.01 | 6.32 | 0.40 | 1.05 | 14.50 | 0.92 | 0.28 | 34.86 |
| YL-6 | 0.76 | 9.84 | 0.99 | 5.62 | 5.88 | 0.64 | 1.29 | 18.60 | 0.92 | 0.21 | 42.13 |
| YL-7 | 0.28 | 6.55 | 1.30 | 5.84 | 4.38 | 0.37 | 0.92 | 18.40 | 1.03 | -0.08 | 65.76 |
| YL-10 | 0.52 | 1.72 | 1.00 | 2.94 | 1.22 | 0.44 | 0.73 | 17.00 | 1.09 | -0.08 | 126.08 |
| YL-11 | 0.18 | 3.03 | 0.90 | 2.49 | 2.11 | 0.27 | 0.58 | 16.10 | 1.07 | -0.13 | 60.61 |

### （四）古流体活动及其对二次生烃的指示

**1. 裂缝及古流体活动时间的限定**

研究表明，盆内与盆外裂缝发育具有较大的差异，盆内以沉积成岩裂缝为主，而盆外则主要发育构造裂缝（Zhang et al., 2019b），野外调查采样并没有发现成岩裂缝脉体，所采集的样品为典型的构造裂缝（图 5-18）。

（a）白垩系粉砂质泥岩中的半充填垂直缝　　　（b）白垩系砾岩中的全充填垂直缝

图 5-18　岩心及露头裂缝特征

　　沅麻盆地寒武系与白垩系为两个显著不同的构造层，地震剖面显示白垩系产状相对平缓，断层不发育，白垩系与下伏南华系—中生界不同层系呈角度不整合接触。由南向北不整合面之下层系的时代逐渐变老，盆地北边主要为白垩系与寒武系接触，地层的断层和褶皱非常发育，少有断层切穿白垩系，由此可见白垩系之下的地层构造变形主要形成于白垩纪之前。沅麻盆地最早的白垩纪地层为早白垩世巴雷姆（Barremian）期晚期开始沉积的石门组，主要褶皱、断裂及伴生的裂缝系统主要形成于巴雷姆阶之前。寒武系裂缝古流体记录的主要是印支运动以来的构造活动信息，在一定程度叠加了晚燕山期—喜山期的构造运动，而白垩系裂缝的古流体记录的主要是晚燕山期—喜山期的流体活动。

　　野外调查采样也发现白垩系裂缝不发育，不易采集脉体样品，而寒武系裂缝密度非常大，这一方面可能与寒武系较白垩系成岩程度高、岩石脆性强、易破裂有关，最主要的原因还是白垩纪以前构造变形强度高于白垩纪之后。

**2. 古流体来源及其对二次生烃的指示**

　　对比发现 $\delta^{13}C$ 低值和 $\delta^{18}O$ 高值来自泥岩裂缝。湖南地区白垩系泥岩中钙质结核的碳、氧同位素值分别为-8.24‰～-7.30‰、-11.35‰～-7.96‰（刘芮岑 等，2018），泥岩裂缝的碳氧同位素与之较为接近，为同层泥岩中碳酸盐矿物的重溶，同时也表明裂缝与外界的沟通少，处于封闭的环境，白垩系泥岩具有良好的纵向封闭能力。不整合面角砾岩裂缝方解石脉氧同位素明显轻于同层位的石灰岩角砾，氧同位素的分馏主要受到围岩初始氧同位素组成、温度和水/岩比例等因素的影响（Jacobsen and Kaufman，1999）。在初始值相近、形成温度近似条件下，氧同位素的分馏主要受到水/岩比例的影响，方解石脉与围岩的 $\Delta^{18}O$ 差值变化较大可能反映了高水/岩比、流体活跃的形成环境，与不整合面孔渗发育吻合。角砾岩裂缝方解石脉碳同位素明显轻于不整合面石灰岩角砾，也有别于该区寒武系碳酸盐岩 $\delta^{13}C$ 普遍大于-1‰（Zhu et al.，2004）的特点，但是一般重于泥岩裂缝脉体和白垩系泥岩中钙质结核的碳同位素，因此碳同位素的来源可能是同层位石灰岩角砾和泥岩中钙质结核重溶后的混合。脉体碳氧同位素指示了不整合面附近流体的主要来源是白垩系岩层。

通常在水-岩反应过程中，在相对还原条件下，$Eu^{2+}$ 与 $Ca^{2+}$ 具有相同的电价及相似的离子半径，$Eu^{2+}$ 会取代碳酸盐中的 $Ca^{2+}$，从而导致 Eu 正异常的出现，而在相对氧化的环境则相反（Harpalani and Chen，1997），白垩系脉体主要形成于弱氧化-弱还原环境，而寒武系脉体则形成于还原环境。塔中地区奥陶系方解石脉稀土元素组成特征与围岩差别大，与寒武系页岩相似，表明其方解石脉稀土元素可以记录来自下伏页岩的热液信息。白垩系不整合面角砾岩直接覆盖在富有机质页岩之上，其古流体稀土元素配分模式与之迥异，表明寒武系流体活动对白垩系影响微弱。

钠氯系数、变质系数、脱硫系数通常用于流体来源分析和地层封闭性评价。地层水的钠氯系数纵向上具有自上而下整体降低的规律，受到淡水影响程度低的地层水一般小于1，陆相-过渡相正常沉积成岩为 3～5 km 的深度段，其值基本小于1。白垩系裂缝方解石脉包裹体群液相钠氯系数为 0.92～1.09，表明其相对较好的封闭性。变质系数反映地层水的浓缩变质程度，如果数值小于0，反映地层水封闭性一定程度被破坏，样品结果显示都接近0。部分样品钠氯系数偏大、变质系数小于0可能是脉体后期受到大气水的影响，部分低均一温度的样品包裹体对应的盐度小于3%（图5-19）。脱硫系数越小，地层的封闭性越好，通常把脱硫系数1作为脱硫作用是否彻底的界限值。样品脱硫系数均大于1，远超正常的沉积成岩环境的流体脱硫系数，一般在富含硫酸盐的环境下会出现这类情况，例如膏盐（Shan et al.，2015）。雪峰隆起及周缘重晶石矿非常发育（方维萱等，2002），可能在白垩系沉积阶段将重晶石的硫酸根带入了湖盆沉积。包裹体群组分指示的环境与方解石脉稀土元素揭示的弱氧化-弱还原的形成环境具有一致性。

综上所述，白垩系古流体主要来自白垩系本身，没有明显受到寒武系古流体的影响。寒武系古流体记录了页岩气藏处于相对封闭、还原的环境。寒武系页岩脉体高密度甲烷包裹体占比可高达80%，按含有气相包裹体矿物颗粒统计，甲烷含油包裹体颗粒（grains containing oil inclusions，GOI）指数达到60%以上，高密度甲烷包裹体的发育表明页岩具有高的气/水比例，气藏处于超压环境（Gao et al.，2019），与高密度甲烷包裹体同期的包裹体均一温度超过220℃也暗示页岩经历了深埋，古流体记录的是大规模生气后的产物。

白垩系底部不整合面附近的古流体形成于高水/岩比例的环境，主要记录的是弱氧化-弱还原的条件，封闭性弱于白垩系泥岩，与不整合面相对较高孔渗的物性条件吻合。白垩系古流体与寒武系古流体两者的差异性也表明两者之间缺少同源性。本次测试共计磨制15个包裹体测试样，其中只有5个可以测试，其余样品包裹体不发育，且几乎以纯水溶液包裹体为主。测试样品中有包裹体的矿物颗粒只占 2%～15%，包裹体中 60%～85%属于纯水溶液包裹体，包裹体丰度及类型特征表明了不整合面主要为极低含气饱和度、高含水饱和度的特点，气相包裹体的成分较复杂，没有发现明显的纯甲烷包裹体。

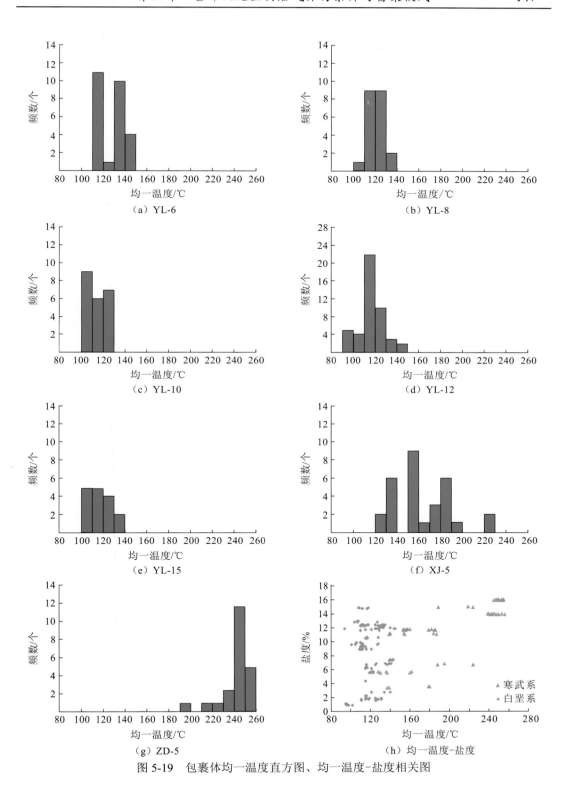

图 5-19 包裹体均一温度直方图、均一温度-盐度相关图

中扬子地区寒武系页岩生烃潜力巨大，在宜昌地区，牛蹄塘组页岩之上石灰岩裂缝高密度甲烷包裹体具有普遍性（刘力 等，2019），雪峰隆起寒武系清虚洞组白云岩方解石脉中沥青和高密度甲烷包裹体也具有高度的普遍性（周云 等，2018），震旦系顶部、寒武系娄山关组白云岩储层沥青在雪峰隆起周缘分布极为广泛（刘安 等，2017；赵宗举 等，2003）。白垩系采样位置位于向斜的构造高位和盆地中央隆起带的轴部，与下伏烃源岩直接接触，属于油气汇聚的有利部位。研究表明除了晚期成藏，油层 GOI 指数一般大于 5%，运移通道一般为 1%～5%。然而白垩系裂缝及包裹体中未发现沥青，可能白垩系沉积时寒武系页岩热成熟度已经超过了生油阶段的热成熟度；白垩系甲烷包裹体也不发育，其流体性质受到寒武系古流体改造弱，白垩系深埋阶段寒武系没有二次生烃产生大量的页岩气进入不整合面。

（五）古流体形成深度

雪峰山周缘地区现今热流值低、地温梯度不足 25 ℃/km，低于江汉盆地现今的 35 ℃/km（马力 等，2004），但是现今的地温梯度与地史中的地温梯度及热流值变化大，例如江汉盆地的热流值大致从 150～50 Ma 的 75 mW/m$^2$ 降低到现在不足 50 mW/m$^2$（袁玉松 等，2007）。雪峰山地区喜山期以前构造活跃，断层发育，构造活跃区往往比稳定区热流值高，一方面深大断裂将深部热流值传导到上部，另一方面断层摩擦会生成部分能量，沅麻盆地白垩纪构造变形也以伸展机制为主（柏道远 等，2015），该阶段的热流值变化应该与江汉盆地有相似之处。因此推测雪峰隆起周缘在白垩纪的地温梯度应该为 30 ℃/km。地表温度以 25 ℃计算，白垩系包裹体样品获得的最大均一温度为 123～145 ℃，分布较为集中，推测不同采样位置地史中白垩系的最大埋深为 3.2～4.0 km。湘张地 1 井、湘吉地 1 井寒武系牛蹄塘组页岩包裹体最高均一温度分别为 256 ℃、224 ℃，沅麻盆地寒武系页岩的 $R_o$ 一般为 2.5%左右，最大不超过 3.0%（彭中勤 等，2019），最大温度与 $R_o$ 是相匹配的，记录的是牛蹄塘组页岩经历的近最大埋深阶段的温度，最大埋深可能为 6.6～7.6 km。

# 第三节　断裂控藏型页岩气富集模式

雪峰隆起及周缘下寒武统牛蹄塘组页岩分布广、埋深适中、页岩气发育的沉积环境、沉积厚度、有机质丰度、有机质成熟度等指标相对较好，具备一定的生气能力，常页 1 井、慈页 1 井、湘张地 1 井、湘吉地 1 井等参数井和调查井都发现了页岩气，勘探实践成果丰富。但区内经历了多期多旋回构造运动的叠加作用，下古生界页岩在构造变形、断裂、抬升剥蚀等强烈改造作用的影响下，其页岩吸附能力、保存状态等成藏条件均发生改变，导致牛蹄塘组页岩气富集成藏特征较为复杂。

# 一、断裂构造样式与页岩含气性

## （一）断裂构造样式特征

雪峰山构造带夹持于张家界—花垣断裂和城步—新化断裂之间，是"江南古陆"在湘鄂黔境内的弧形延伸。以研究区内 4 条分别过慈利—保靖断裂、吉首—古丈断裂、草堂凹陷、沅陵凸起和辰溪凹陷等主要断裂和构造单元的二维地震测线（图 5-1 中 AA′—DD′测线）的精细解释为基础，并结合野外露头资料和地表地质资料，通过对区内构造样式进行分析，明确不同区带构造特征的差异，综合已有钻探成果，为下一步的区域构造研究和页岩气勘探提供借鉴。

测线 AA′位于武陵断弯褶皱带张家界—沅古坪一线，如图 5-20 所示，测线北西侧发育北西向早期逆冲断层 F1，后期发育了南东向区域性低角度逆冲断层 F2（慈利—保靖断层）。F2 断层下盘为基底先存断裂，断层 F2 与 F3 组成背冲式构造，F2 断层之上发育同期同向的 F4 断层，而在 F4 断层之上可见逆冲叠瓦扇构造。

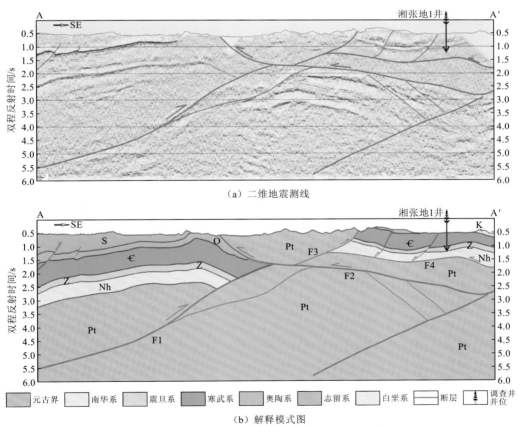

（a）二维地震测线

（b）解释模式图

图 5-20　过湘张地 1 井二维地震测线及解释模式图

　　测线 BB′位于花垣—吉首一线，如图 5-21 所示，该测线发育一系列高角度逆冲断层，不同断层之间组合形成不同的构造样式，如断层 F7、F10 上盘为断弯褶皱构造，断层 F5 和 F7、F9 和 F10 组成背冲式构造，F8 和 F9 组成对冲式构造。地震测线显示寒武系牛蹄塘组底界界面反射波连续，除靠近断层处受牵引作用地层产状变陡以外，整体地层产状平缓，沉积序列清楚。

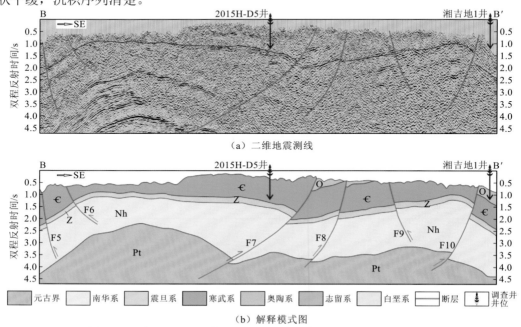

（a）二维地震测线

（b）解释模式图

图 5-21　过 2015H-D5 井、湘吉地 1 井二维地震测线及解释模式图

　　测线 CC′位于沅麻盆地草堂凹陷白垩系覆盖区（图 5-22）（彭中勤 等，2019），主体由两条同期发育的高角度逆断层（F11、F12）向凹陷中心对冲形成对冲式构造，两条断裂均断开古生界并切穿基底，凹陷内部断层不发育，向斜形态宽缓。测线北西侧元古代地层出露，之上地层剥蚀殆尽。测线南东侧为白垩系覆盖，之下为沅陵凸起。测线中部白垩系覆盖区之下主要为寒武系，凹陷中心地层平缓，向两侧产状逐渐增大，寒武系牛蹄塘组埋深适中，草堂凹陷内部断裂不发育。

　　测线 DD′位于辰溪凹陷（图 5-23）（彭中勤 等，2019），受北西侧兴隆场凸起的控制，辰溪凹陷寒武系—二叠系具有向凸起方向超覆尖灭的特征，为一生长地层，但它的形成过程记录了构造变形动力学和逆冲相关褶皱作用的过程，具有角度不整合的沉积学特征，又与构造变形密切相关。在构造变形期内沉积于背斜前后翼或盆缘斜坡上的能反映构造过程的地层定义为"生长构造样式"。本节沿用"生长构造样式"，旨在探讨区内此类生长地层/生长构造样式对牛蹄塘组页岩气保存条件的影响。辰溪凹陷东南侧断裂较发育，为一系列高角度逆断层形成的逆冲叠瓦扇构造样式，辰溪凹陷内部寒武系牛蹄塘组底界地震反射波连续，该构造样式在研究区内仅见于辰溪凹陷北缘，生长地层/生长构造样式主要涉及丹洲群以上地层，从二维地震解释结果来看，辰溪凹陷在晋宁运动及以后地质历史时期受到了加里东、印支、燕山和喜山等多期构造运动的影响。

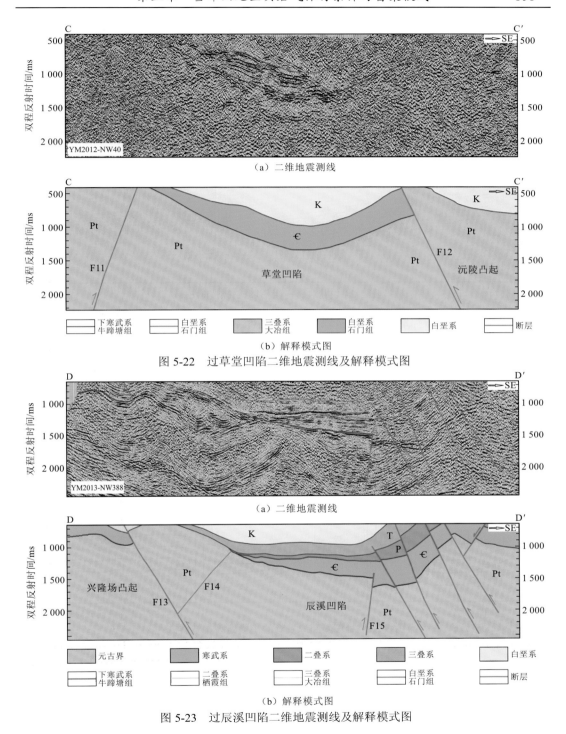

（a）二维地震测线

（b）解释模式图

| 下寒武系牛蹄塘组 | 白垩系石门组 | 三叠系大冶组 | 白垩系石门组 | 白垩系 | 断层 |
|---|---|---|---|---|---|

图 5-22　过草堂凹陷二维地震测线及解释模式图

（a）二维地震测线

（b）解释模式图

| 元古界 | 寒武系 | 二叠系 | 三叠系 | 白垩系 |
|---|---|---|---|---|
| 下寒武系牛蹄塘组 | 二叠系栖霞组 | 三叠系大冶组 | 白垩系石门组 | 断层 |

图 5-23　过辰溪凹陷二维地震测线及解释模式图

构造剖面 EE′为川木溪—四都坪一线（图 5-24），整体位于雪峰隆起及北西侧，剖面内发育的构造要素主要是逆冲叠瓦扇构造、冲起构造、背冲式和对冲式构造样式。逆冲叠瓦扇构造由王家瑙—川木溪、观丈峪—笪箕湾、渡坦坪、马子坪—庄家峪等一系列高角度逆冲断层组成，冲起构造由马子坪—庄家峪断层与剪刀寺—三岔村断层组成，背冲式构造由金塌—四都坪断层及其北侧的相背逆冲的渡坦坪断层（大庸—保靖断裂带主体断层）组成，对冲式构造由金塌—四都坪逆断层及其南侧相向逆断层组成。

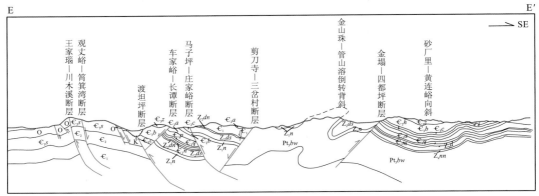

图 5-24 川木溪—四都坪构造剖面图

构成构造样式的构造要素多种多样，主要与断裂和褶皱的不同组合形式有关。从其区域构造形态来看，浅层总体呈现前展式逆冲推覆薄皮构造样式，深层以基底冲断的厚皮构造样式为主。雪峰隆起内主要表现为 6 种断裂构造样式（图 5-25）。

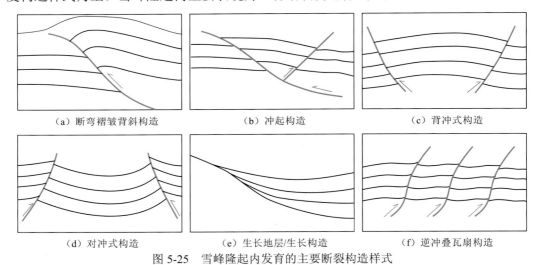

图 5-25 雪峰隆起内发育的主要断裂构造样式

## （二）典型井断裂构造样式简析

研究区及邻区断裂构造样式具有多期性且相互叠加，造成不同区域断裂构造样式差异性较大。在纵向上，区内的断裂构造样式主要受寒武系滑脱层的控制。在横向上，沿雪峰造山带南缘到中央挤压逆冲带，延伸至武陵断弯褶皱带，断裂构造变形的强度随构造应力的减弱而逐渐降低。断裂构造样式分布由基底冲断与滑覆叠加构造和叠瓦扇逆冲断层转变为断层相关褶皱。沿雪峰山构造带走向，断裂构造样式也不尽相同，靠近雪峰山中央挤压逆冲带，地层在雪峰古隆起的挤压应力作用下，在北亚带发育叠瓦状大型逆冲断层和反向正断层，南亚带主要发育反向逆断层。在雪峰造山带南缘发育背冲构造和褶皱。雪峰造山带北缘（武陵断弯褶皱带）主要表现为深部逆冲推覆，上部以背冲、对冲构造样式为主，断层主要集中在慈利—保靖—花垣断裂带和沅麻盆地中央沅陵、乌宿、泸溪、麻阳一带及东南缘的辰溪—怀化一线。

对页岩气而言，其聚集和形成不像常规油气藏那样需要圈闭的制约，构造活动对页岩气的形成和保存是一把双刃剑，如果构造变形与抬升剥蚀作用太强，出现大的区域性通天断裂或裂缝使目的层顶底板封闭系统严重破坏，导致常规或非常规的油气系统完全或者部分失效。如果构造活动抬升产生的裂缝仅限于目的层内裂缝或断裂，即表现"裂而不破"的裂缝网是最理想的。因此远离断裂尤其是通天断裂、具有一定埋深且地层平缓的地区页岩气保存条件良好。通过对雪峰隆起及周缘已取得页岩气发现的探井进行断裂构造样式分析对比，总结构造活动对页岩气保存条件的影响，提炼出页岩气保存有利的断裂构造样式及其组合。

**1. 湘张地 1 井断裂构造样式及页岩含气性**

湘张地 1 井获得了牛蹄塘组页岩气的发现，此外，在敖溪组与清虚洞组页岩夹层及下伏震旦系灯影组孔缝型白云岩中均见一定气显，反映出该井所在区页岩气保存条件较好。

湘张地 1 井牛蹄塘组泥页岩从上至下共分为三段，其岩心水浸实验均有气显，TG 值主要为 1%～7%，从含气性现场解吸测试来看，中段（1909.2～1982.4 m）含气性最好，其岩性主要为灰黑色碳质泥岩夹少量薄层泥质灰岩，其样品解吸气含量为 0.12～1.59 $m^3/t$，含气量超过 0.5 $m^3/t$ 的连续泥岩段厚度达到 32 m（1933～1965 m），为牛蹄塘组的主含气层，体现出该区牛蹄塘组泥页岩良好的含气性。同时，该组泥页岩纵向上含气性存在差异，在裂缝发育段含气量明显较高，反映出裂缝对该组泥页岩含气性的改善作用。湘张地 1 井钻至中寒武统敖溪组白云岩、石灰岩之下 1375.5～1551.6 m 时黑色泥页岩大量出现，主要岩性变为泥页岩夹泥质灰岩，泥页岩岩心累计厚度超过 90 m，其水浸实验均有气显，其中 1387.7～1411.6 m 与 1434.4～1483.2 m 两段气显较为强烈，尤其是裂缝发育的岩心段气显异常强烈，对两段泥页岩样品采用燃烧法解吸测试的含气量为 0.64～2.31 $m^3/t$，解释为较好的含气层段，两段岩心累计厚度达 72.7 m，反映出该段泥页岩高含气性纵向上跨度大。钻至清虚洞组井深为 1692.9～1708.3 m 的泥页岩、泥灰岩段时，现场 TG 值迅速升高，最高达到 10.4%，并对录井仪收集的随钻井液返排气体直接点火成功，火焰呈淡蓝色。同时该段泥页岩样品现场解吸气含量为 0.77～1.98 $m^3/t$，显示除裂缝游离气外，泥岩吸附气含量较高，为清虚洞组中的一个优质含气层。结合岩心及地表露头综合分析，该层段石灰岩及泥岩中纵向裂缝发育，且裂缝遇不同岩性往往尖灭，该层段 TG 值的迅速上升，正是微裂缝发育的表征。钻遇震旦系灯影组孔缝型白云岩储层气显明显，揭示了该区新生古储常规天然气勘探的巨大潜力。湘张地 1 井钻至井深为 1998.0～2010.4 m 的震旦系灯影组白云岩、硅质白云岩段时，现场 TG 值升高，且稳定在 3%左右，解吸气含量相对较低，表明该段为较好的常规储层段，该段泥晶白云岩裂缝与溶孔极为发育，且低角度裂缝与高角度裂缝均有发育，局部形成网状裂缝系统，缝中多见方解石不完全充填。溶孔多分布在裂缝边缘或内部，尤其在裂缝交会处较为发育，以团簇状、狭长条带状、针孔状为主，部分溶孔中充填沥青质，表明该层段地质历史时期曾发生过油气充注。

从图 5-26 可见，该井主体位于慈利—保靖断裂的上盘，由金塔—四都坪逆断层及其南侧相向逆断层组成对冲式构造样式。在该对冲式构造样式控制下的两条断层间为一宽缓的向斜，向斜内地层产状平缓，地层序列完整，牛蹄塘组与上下地层间均呈整合接触，顶板为杷榔组含碳质、粉砂质泥岩，底板为留茶坡组硅质岩夹碳质泥岩。从岩心上看，顶底板岩心高角度裂缝不发育，仅发育少量的低角度或顺层裂缝 [图 5-26（a）～（c）]，基质致密，突破压力高（表 5-12）。但从图 5-3 可以看出，在有机质丰度较高的牛蹄塘组下部，其 TG 值相对较低，反之在有机质丰度相对较低的牛蹄塘组中部和灯影组顶部，TG 值较高。牛蹄塘组之上的清虚洞组下部发现裂缝气层 [图 5-26（d）]，说明后期构造裂缝发育，造成页岩气向上和向下逸散。

（a）上覆杷榔组岩心特征（顶板条件）

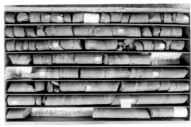
（b）下伏留茶坡组岩心特征（底板条件）

（c）牛蹄塘组岩心特征

（d）清虚洞组页岩气点火试验

图 5-26　湘张地 1 井岩心及裂缝分布图

表 5-12　湘张地 1 井顶底板突破压力系数表

| 井深/m | 层位 | 孔隙度/% | 渗透率/mD | 突破压力/MPa |
| --- | --- | --- | --- | --- |
| 1 641.00 | 清虚洞组 | 1.63 | 0.000 10 | 59.5 |
| 1 673.15 | 清虚洞组 | 1.63 | 0.000 11 | 61.7 |
| 1 745.00 | 清虚洞组 | 0.84 | 0.000 11 | 62.3 |
| 2 012.40 | 灯影组 | 0.78 | 0.000 11 | 46.5 |
| 2 017.20 | 灯影组 | 0.67 | 0.000 11 | 81.2 |

**2. 湘吉地 1 井断裂构造样式及页岩含气性**

湘吉地 1 井揭示寒武系牛蹄塘组暗色泥页岩厚度为 200 m，较好含气层段为 2007.5～ 2041.5 m，厚度为 34 m，TG 值最高达 16.6%。针对该段岩心采集了 14 件样品，通过燃烧法进行现场解吸，解吸气含量为 0.17～4.92 m³/t，平均为 1.78 m³/t，含气量达到 1.00 m³/t 的样品有 7 件，含气量达到 2.00 m³/t 的样品有 5 件，含气量达到 1.0 m³/t 的连续暗色泥页岩段厚度为 14 m。岩心浸水实验气泡明显 [图 5-27（a）]，现场录井仪收集的随钻反排气体直接点火成功，火焰呈淡蓝色，为优质泥页岩含气层。此外，该井于清虚洞组下部暗色泥页岩中也见较好的气显，岩心浸水实验气泡明显，TG 值最高达 3.10%，现场解吸气含量最大超过 1.00 m³/t。

（a）湘吉地1井杷榔组岩心特征（顶板条件）　（b）湘吉地1井牛蹄塘组岩心特征　（c）湘吉地1井牛蹄塘组裂缝发育情况

（d）湘吉地1井留茶坡组岩心特征（底板条件）　（e）湘吉地1井牛蹄塘组岩心浸水实验

图 5-27　过湘吉地 1 井对冲式构造样式剖面图

从图 5-27 看出，该井位于吉首—古丈断裂与怀化—沅陵断裂组成的对冲式构造样式所形成的河溪—梁家潭向斜北西翼，寒武系牛蹄塘组与上覆杷榔组和下伏留茶坡组均呈整合接触，在该对冲式构造样式控制下两条断裂间为一宽缓的向斜，向斜内地层产状平缓，地层序列完整，两条区域性断层间距大于 50 km，向斜大部分被新生代地层覆盖，最大埋深超过 5000 m，即为草堂凹陷寒武系牛蹄塘组页岩的最大埋深。顶底板岩心仅发育少量低角度或顺层裂缝 [图 5-27（b）～（d）]，在牛蹄塘组页岩段主要发生揉皱和顺层滑脱变形，岩心较为破碎，孔缝异常发育 [图 5-27（e）]。

**3. 2015H-D5 井断裂构造样式及页岩含气性**

2015H-D5 井是中国地质调查局武汉地质调查中心部署并组织实施的页岩气探井，主探下寒武统牛蹄塘组页岩气，设计井深为 1600 m，完钻井深为 1648.25 m，该井位于湖南吉首市董马库乡，其构造位置处于武陵断弯褶皱带。

从过 2015H-D5 井剖面图来看，该井位于慈利—保靖断裂与吉首—古丈断裂组成的背冲式构造样式所形成的背斜西翼，寒武系牛蹄塘组与上覆杷榔组和下伏留茶坡组均呈整合接触，在该背冲式构造样式控制下两条断裂间为一宽缓的背斜，背斜内地层产状平缓，地层序列完整，目的层最大埋深超过 2 000 m。从钻探揭示的岩心特征来看，顶板杷榔组岩心发育半充填高陡裂缝（图 5-28），底板灯影组岩石较为破碎，直接造成了页岩气的向上、向下逃逸。

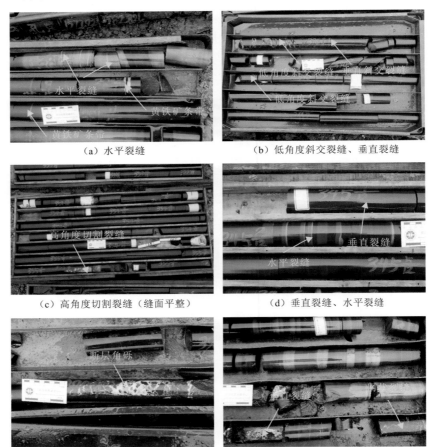

（a）水平裂缝　　　　　　　　（b）低角度斜交裂缝、垂直裂缝

（c）高角度切割裂缝（缝面平整）　　（d）垂直裂缝、水平裂缝

（e）断层角砾　　　　　　　　（f）垂直裂缝、网状裂缝

图 5-28　2015H-D5 井岩心裂缝类型

2015H-D5 井岩心裂缝统计结果如下。

（1）水平裂缝（0°～15°）：沿层面在剪切应力作用下向下滑动产生，反映页岩层受到伸展或挤压作用。

（2）低角度斜交裂缝（15°～45°）：容易形成由多条低角度斜交裂缝相交或平行的裂缝组，主要为顺层滑脱裂缝或韧性剪切破裂产生的裂缝。

（3）高角度切割裂缝（45°～75°）：泥页岩受韧性剪切破碎所形成的剪切缝合张裂缝，经常与断层、褶皱伴生。

（4）垂直裂缝（75°～90°）：一般为在伸展构造作用下形成的张裂缝，以单条的形式切割岩心。

　　对该井的牛蹄塘组页岩层系 162 条岩心裂缝倾角的分布范围按照以上的分类标准进行统计（图 5-29）。该井牛蹄塘组页岩岩心 31% 的裂缝为水平裂缝，49% 的裂缝为低角度斜交裂缝，高角度切割裂缝及垂直裂缝均较少，尤其是垂直裂缝仅为 4%。裂缝总体角度较平缓，低角度斜交裂缝多呈弧形弯曲状，倾向变化较大。这种主要由水平裂缝和低角度斜交裂缝组成的构造裂缝反映了研究区塑性相对较大的页岩长期处于较弱挤压作用下，产生了顺层滑脱的剪切应力，从而形成了以低角度斜交裂缝和水平裂缝为主的裂缝发育体系，16% 的高角度切割裂缝和 4% 的垂直裂缝主要为构造成因的剪切裂缝，对页岩气顶底板造成毁灭性破坏。

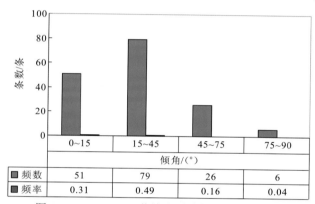

图 5-29　2015H-D5 井钻孔裂缝倾角频率分布图

　　2015H-D5 井位于麻栗场断裂与古丈—吉首断裂之间，两大断裂组成了背冲式构造样式，该井位于背冲式构造样式间的向斜核部，地层整体连续，但岩心裂缝发育，尽管以水平裂缝和低角度斜交裂缝为主，但少量的垂直裂缝和高角度切割裂缝仍然造成了一定的顶板破坏，导致牛蹄塘组烃源岩早期形成的页岩气向上运移。钻探过程中，在敖溪组下部页岩段取得了页岩气显示，但牛蹄塘组气显微弱。因此，尽管背冲式构造样式所形成的背斜宽缓，且地层相对平缓，在向斜核部存在相对较弱的挤压作用环境，但在背冲式构造样式构造剪切应力作用下，页岩气难以保存。

### 4. 湘溆地 1 井断裂构造样式及页岩含气性

　　湘溆地 1 井位于湖南省溆浦县水隘乡，其构造位置处于雪峰构造带南缘冲断褶隆带（图 5-30），该井主探下寒武统牛蹄塘组页岩气，开孔层位为奥陶系桥亭子组，从上至下依次钻穿奥陶系桥亭子组、白水溪组、寒武系探溪组、污泥塘组、牛蹄塘组、震旦系留茶坡组、陡山沱组，至南沱组冰碛砾岩完钻，未见页岩气显示。

　　从图 5-30 看出，该井主体位于溆浦—靖州断裂和安化—通城断裂组成的背冲式构造样式，寒武系牛蹄塘组与上覆污泥塘组和下伏留茶坡组均呈整合接触，在该构造样式控制下两条断裂间为一紧闭的背斜，背斜核部地层较为平缓，地层表现为由老向新的正常序列，但向斜两翼地层产状变陡，至剖面北西侧残留向斜越来越小至元古代老地层出露。

（a）桥亭子组岩心特征　（b）白水溪组滑脱构造　（c）探溪组岩心特征　（d）牛蹄塘组岩心特征　（e）留茶坡组岩心特征
　　（顶板条件）　　　　　　（顶板条件）　　　　　　（顶板条件）　　　　　　　　　　　　　　　　　（底板条件）

图 5-30　过湘溆地 1 井背冲式构造样式剖面图

从钻探所揭示的岩心特征来看，从开钻的桥亭子组至留茶坡组间发育数条中小型逆断层和正断层，断层泥厚度为 5～30 cm 不等，低角度、高角度构造裂缝呈网状，且大部分为未充填裂缝 [图 5-30（a）～（c）、（e）]，目的层牛蹄塘组岩心十分破碎（图 5-30）。尽管该井的牛蹄塘组和污泥塘组页岩厚度巨大，有机质丰度较高，有机质成熟度较其他地区更加适中（$R_o$ 为 2.34%～2.85%），但由于该井所处的构造位置和断裂构造样式对页岩气保存非常不利，全井段录井、测井和现场解吸均无页岩气显示。

雪峰隆起及周缘的牛蹄塘组是页岩主要富集区，综合分析雪峰隆起及周缘实施的湘张地 1 井、湘吉地 1 井、2015H-D5 井和湘溆地 1 井的断裂构造样式与牛蹄塘组页岩含气性特征，湘张地 1 井保存于对冲式构造样式，尽管获得了页岩气显示，但由于构造对顶底板条件的破坏，导致了先期生成的页岩气垂向上和横向上的逃逸，整体保存条件较差。湘吉地 1 井位于对冲式构造样式下，钻探显示牛蹄塘组滑脱带对储集条件的改善十分显著，该井主含气层位于牛蹄塘组下部滑脱带及邻近层段，岩心较为破碎，孔缝异常发育，破碎带厚度达 14 m，上下影响范围在岩心上超过 30 m，为气体提供了巨大的储集空间，为牛蹄塘组优质储层段。湘溆地 1 井、2015H-D1 井均位于雪峰构造带南缘，背冲式构造样式残留的向斜核部，保存条件差，基本无明显的页岩气显示。

综合区域地质调查成果和探井页岩气显示情况及二维地震测线解释结果分析来看：对冲式构造样式形成的稳定向斜构造对页岩气保存最为有利，特别是宽缓的向斜，其埋深适中，微裂缝发育、地表条件中等；断弯褶皱构造样式下盘有利于页岩气成藏，但普遍埋深较大，地表条件多为中-高山地形，对页岩气勘探开发不利；背冲式构造样式在区内多形成较宽缓的向斜，地表条件较好，但向斜内部构造裂缝网络复杂，岩石破碎，早期形成的页岩气基本逸散殆尽，其保存条件差。

## 二、裂缝型页岩气富集模式

### （一）裂缝型页岩含气性评价（湘吉地 1 井）

雪峰山地区页岩气富集成藏的一种普遍特征是页岩气分布与页岩裂缝紧密相关，典型的单井包括湘张地 1 井、慈页 1 井、湘吉地 1 井等。雪峰隆起是多期构造运动叠加的结果，湘张地 1 井与湘吉地 1 井所在区位于隆起西缘，整体构造变形与断裂发育程度弱于东缘，井位附近发育的断层主要为挤压性逆断层，同雪峰隆起主体构造方位一致，垂直主压应力方向，且断层两侧主要为低渗致密的泥页岩与厚层石灰岩，使断层具有好的封堵性，对气体保存有利。同时，上覆杷榔组致密泥页岩与中上寒武统发育的大套泥灰岩、石灰岩构成良好的盖层组合，加之牛蹄塘组厚层页岩的自封闭性，确保了该区两口井的含气性。湘张地 1 井保存于对冲式构造样式，尽管获得了页岩气显示，但由于构造对顶底板条件的破坏，导致了先期生成的页岩气垂向上和横向上的逃逸，整体保存条件中等。

由于页岩自身低孔低渗的特性，天然裂缝的发育对改善页岩储渗性能、提高含气量有重要作用，其发育程度可影响页岩气藏的品质。裂缝发育规模过大时，也会导致天然气散失，破坏已有气藏。由牛蹄塘组上段及上覆地层岩心裂缝的特征来看，大型穿层裂缝与断裂在两口井内均不发育，气体保存条件相对较好。两口井牛蹄塘组纵向含气性差异较大，页岩气整体呈上低下高、局部富集的分布规律，气显较好层均主要集中在黑色页岩、钙质页岩夹泥质灰岩条带等具有复杂岩性组合的牛蹄塘组下段，与裂缝纵向分布规律相近，尤其在下部滑脱带内，页岩裂缝强烈发育，构成网状裂缝系统，页岩含气性良好，最大含气量可达 4.9 m³/t。同时，由含气性较好的湘吉地 1 井现场含气量测试数据与岩心裂缝参数之间的关系可知，含气量与裂缝密度具有一定正相关性，随裂缝密度增大，含气量呈指数增加［图 5-31（a）］，表明裂缝对含气量具有重要影响。此外牛蹄塘组页岩裂缝密度与实测孔隙度也呈一定的正相关关系［图 5-31（b）］，这主要是由于岩心裂缝发育带常伴生较多的微裂缝，有效地增加了页岩的孔隙度，宏观裂缝与微裂缝相互连通，对提高含气量有显著作用。

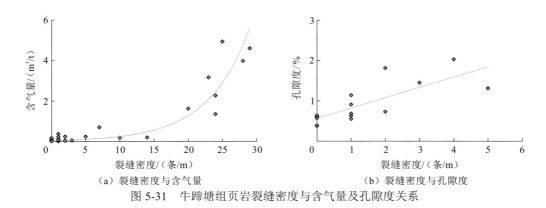

图 5-31　牛蹄塘组页岩裂缝密度与含气量及孔隙度关系

从慈页 1 井纵向特征来看，该井 TOC 高的层位含气量反而最差，说明了顶底板条件破坏，页岩气向上逃逸至杷榔组和敖溪组。

综合断裂构造样式和牛蹄塘组页岩含气性特征分析来看，页岩气含量受到裂缝分布的明显控制、与 TOC 无关，牛蹄塘组页岩气具有裂缝富集型成藏特征。

## （二）页岩裂缝发育特征及主控因素

通过对雪峰隆起西缘寒武系牛蹄塘组野外露头、页岩气探井岩心、薄片与扫描电镜的观测与统计，该区牛蹄塘组页岩宏观裂缝类型主要为构造裂缝和成岩裂缝，并发育少量与异常流体高压及风化作用有关的裂缝。微裂缝类型主要为层间裂缝、顺层裂缝及少量的有机质裂缝。

### 1. 宏观裂缝发育特征

野外露头宏观裂缝以区域构造剪切裂缝与局部构造相关裂缝等构造裂缝为主（图 5-32），还包括成岩裂缝、风化作用相关的裂缝等非构造裂缝。区域构造剪切裂缝主要包括平面剪切裂缝、剖面剪切裂缝及少量区域性直立剪切裂缝，一般具有一定的组系与方向性，其中平面剪切裂缝在该区最为发育（图 5-33）。平面剪切裂缝缝面平直光滑，倾角较大（40°～90°），与岩层面近于垂直或大角度相交，多切穿岩层或在层内发育，具有明显的方向性，裂缝内多未充填，常以 2～3 组共轭形式出现，切割层面呈网格状 [图 5-33（b）]，该剪切裂缝主要形成于岩层变形之前或与岩层变形同时形成，后期受构造运动影响，其产状会随着地层产状的变化而发生不同程度的改变，需进行产状恢复才能确定其原始产状。剖面剪切裂缝发育程度低于平面剪切裂缝，倾角也略低（一般小于 65°），多与层面斜交，缝面平直，偶见擦痕，常构成"X"形共轭剪切裂缝，在岩

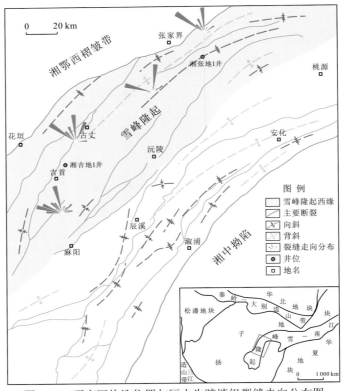

图 5-32　研究区构造位置与区内牛蹄塘组裂缝走向分布图

层早期构造变形之后产生，形成时间一般晚于平面剪切裂缝［图 5-33（c）］。区域性直立剪切裂缝在区内发育较少，倾角较大，近于直立，裂缝规模大，延伸长，常切穿多个岩层，形成时间较晚，为后期区域性剪切作用的产物［图 5-33（d）］。

（a）平面剪切裂缝，3组共轭　　　（b）平面剪切裂缝，相互切割呈网格状　　　（c）剖面"X"形共轭剪切裂缝

（d）区域性直立剪切裂缝　　　（e）褶皱核部张裂缝　　　（f）页岩层理裂缝（红色箭头指示），
　　　　　　　　　　　　　　　　　　　　　　　　　　　　风化作用相关的裂缝（黄色箭头指示）

图 5-33　牛蹄塘组野外露头宏观裂缝类型及特征

局部构造相关裂缝主要存在于褶皱和断层的发育带［图 5-33（e）］，在褶皱轴部与转折端、断层转换带交会处等部位尤为发育，与褶皱和断层同期相伴而生或在后期的构造运动中受其影响所形成，以局部剪切裂缝和张裂缝为主。局部剪切裂缝多同褶皱和断层走向方位斜交或顺走向方位展布，缝面平直，倾角变化大，常以共轭形式出现。张裂缝发育程度较低，主要位于背斜轴部及转折端等部位，多为岩层弯曲形成的纵向张裂缝，沿枢纽方向展布，缝面粗糙，常呈不规则形状，开度较大，见矿物充填及溶蚀现象。该区牛蹄塘组页岩成岩裂缝主要为层理裂缝，存在于不同岩层或岩性界面，地下多呈闭合状态或开度较小，抬升出露地表后因压力释放而张开，对改善页岩层的横向渗透性有一定的贡献。此外，页岩抗风化能力弱，出露地表遭受长期风化、淋滤与剥蚀作用，易沿层面和已有断层面发生物理、化学性破碎形成风化裂缝［图 5-33（f）］。

雪峰隆起西缘寒武系牛蹄塘组地表露头宏观裂缝中，高角度裂缝（倾角 60°～90°）最为发育，所占比例约为78%，中角度倾斜裂缝（20°～60°）次之，占比约为18%；区域构造剪切裂缝一般延伸长，切割多个岩层，局部构造相关裂缝延伸较短，因出露地表，受卸荷、剥蚀、风化及淋滤等作用影响，开度较大，与地下裂缝开度存在明显差异。地表裂缝以未充填为主，仅少量裂缝内见方解石、泥质等矿物。

通过对雪峰隆起西缘寒武系露头上约200组的区域构造剪切裂缝与局部构造相关裂缝产状进行测量与统计，并进行相应的产状复平，牛蹄塘组裂缝的优势方位主要有三组，分别是北西西向、北北西-近南北向、北东向（图 5-32、图 5-34），并发育北西向与北东东向的一些裂缝。其中,北西西向与北北西-近南北向的裂缝多为雪峰隆起过程中的多期南东-北西向挤压推覆作用形成的平面剪切裂缝,常以"X"形共轭形式出现,其夹角平分线方向与主构造应力方位一致;北东向裂缝则主要为挤压推覆中形成的剖面剪切裂缝,与主构造应力方位近于垂直。此外,三组优势方位裂缝中部分裂缝及其他多个方位分布的裂缝的形成主要与局部构造应力作用有关,为构造伴生或派生的剪切裂缝与张裂缝。

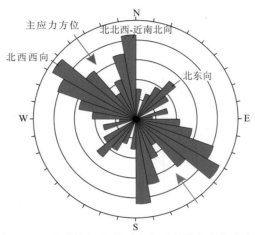

图 5-34　牛蹄塘组野外露头宏观裂缝主方位分布

　　牛蹄塘组岩心宏观裂缝类型以构造裂缝为主,成岩裂缝次之,并发育少量与异常流体高压有关的张裂缝。构造裂缝主要为剪切裂缝、滑脱裂缝及少量的张裂缝。剪切裂缝在岩心上最为发育,以高、中角度裂缝为主,低角度裂缝次之,缝面平直,在岩心上的延伸长度变化较大(0～30 cm),常被方解石、石英和黄铁矿等矿物全充填或半充填,为页岩在区域或局部构造应力作用下剪切破裂形成 [图 5-35 (a)(c)]。滑脱裂缝在岩心上也较为常见,下部滑脱带内更为密集发育,多呈低角度或近水平状态,为塑性相对较大的泥页岩在挤压和伸展运动造成的低角度或顺层的剪切应力作用下发生相对运动所形成,缝面上有明显的擦痕,并伴随泥岩涂抹及滑动摩擦产生的镜面现象,部分裂缝内充填方解石 [图 5-35 (d)(e)]。张裂缝仅在局部发育,延伸相对短,缝面粗糙,开度较大,多被方解石等矿物充填并伴随有矿物溶蚀现象,缝内常见两侧岩石破裂残留的碎屑 [图 5-35 (f)],其形成与岩层局部构造变形相关。岩心上成岩裂缝主要为层理裂缝与少量的泄水裂缝,其中充填与未充填的层理裂缝均有发育,泄水裂缝为成岩压实过程中孔隙流体排出所形成,多出现在钙质含量较高的页岩或泥灰岩夹层中,延伸长度变化大,缝面呈弯曲不规则状,与层理面近垂直或大角度相交,多被泥质或泥质与方解石共同充填,其延伸方向反映出压实作用下流体排出的路径 [图 5-35 (g)]。

　　此外,牛蹄塘组下部岩心中见少量与地层流体压力有关的裂缝,这类裂缝通常被方解石或有机质充填,倾角变化大,缝面粗糙,开度较大,多呈短而宽的弯曲透镜状 [图 5-35 (h)(i)],表现为张裂缝,伴随较多纤维状方解石细脉,其形成主要由地层局

图 5-35　牛蹄塘组岩心宏观裂缝类型及特征

(a) 高角度剪切裂缝，两期交切关系，一期无充填另一期方解石充填，湘吉地 1 井，1 878.8 m；(b) 高角度剪切裂缝与层理裂缝（蓝色箭头指示），剪切裂缝方解石充填，湘吉地 1 井，1 860.75 m；(c) 高角度剪切裂缝与低角度剪切裂缝，交切关系，湘吉地 1 井，1 838.8 m；(d) 滑脱裂缝，镜面现象，湘张地 1 井，1 990.0 m；(e) 滑脱带滑脱裂缝强烈发育，缝面擦痕明显，岩心沿裂缝破碎，湘吉地 1 井，2 009 m；(f) 张裂缝，方解石充填，见岩石碎屑，湘吉地 1 井，2 015.9 m；(g) 泄水裂缝，泥质与方解石充填，湘吉地 1 井，1 993.2 m；(h)～(i) 异常流体高压相关裂缝，方解石充填，湘吉地 1 井，2 036.8 m，湘张地 1 井，1 977.9 m；(j)～(l) 多期裂缝相互交切，构成网状裂缝系统，湘吉地 1 井，2 040 m、2 010.7 m、2 019.1 m（蓝色箭头指示裂缝形成时间早于红色箭头指示裂缝）

部孔隙流体高压导致，反映了牛蹄塘组局部层段在地质历史时期中曾存在过高压异常。岩心上也常见不同类型与期次的裂缝相互交切与叠加构成网状裂缝系统 [图 5-35（j）～（l）]，对页岩内天然气的富集与运移有重要贡献。

　　对湘吉地 1 井与湘张地 1 井牛蹄塘组岩心宏观裂缝参数统计分析表明：构造裂缝在岩心裂缝中所占比例最大，为 66.2%～79.1%，成岩裂缝占比为 19.1%～32.2%，两者在牛蹄塘组各深度段均有分布；裂缝倾角以高角度为主（60°～90°），低角度次之，主要为一些滑脱裂缝与层理裂缝；构造裂缝岩心上延伸长度在 0～5 cm、5～10 cm 和大于10 cm 三个范围内分布相对均匀，略呈递减趋势，层理裂缝则受限于岩心直径；裂缝开度以 0～1 mm 为主，1～2 mm 次之，大于 2 mm 的裂缝较少，岩心裂缝充填比例大，全、半充填裂缝比例超过85%，同野外露头宏观裂缝充填程度相反，这与地表风化、淋滤等作用造成的充填物流失有关。

　　此外两口井裂缝充填也略有差异：湘张地 1 井裂缝充填程度相对更高；充填物主要为方解石，泥质、石英及黄铁矿充填较少，且多与方解石共存（图 5-36）。对岩心裂缝统计并绘制的裂缝纵向分布图显示（图 5-37），两口井牛蹄塘组裂缝发育特征具有一定相似性，即下段最发育，中段欠发育；上段则存在差异，湘吉地 1 井上段较发育而湘张地 1 井上段则不发育。对比两口井发现，湘吉地 1 井牛蹄塘组整体裂缝发育程度强于湘张地 1 井。

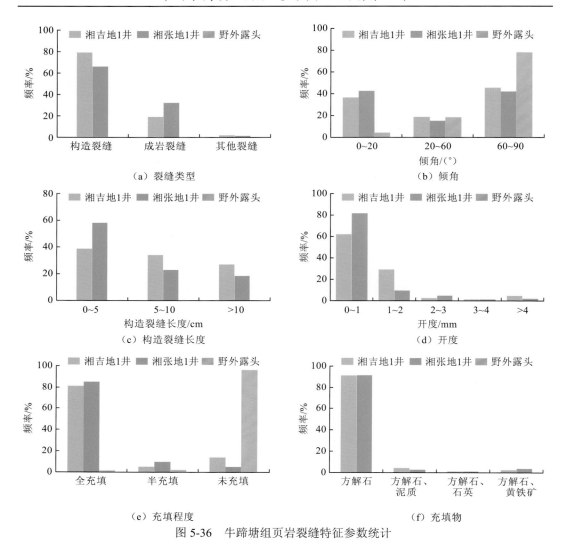

图 5-36 牛蹄塘组页岩裂缝特征参数统计

## 2. 微裂缝发育特征

该区牛蹄塘组页岩常规薄片上微裂缝以构造裂缝为主，多数被充填或半充填，充填物主要为方解石、石英及泥质。根据裂缝的交切与充填物的空间关系，观察到的构造裂缝可分为 4 期［图 5-38（a）（b）］，较早的 3 期裂缝以充填为主，其中石英形成时间晚于方解石，最后 1 期裂缝多未被充填或半充填。充填裂缝中常见开启的孔隙与裂缝［图5-38（c）］，可为气体提供一定的储集空间。部分薄片上可观察到密集发育的裂缝，且多期裂缝相互叠加组成网状裂缝系统，对页岩储渗性能的改善具有重要作用。此外，层理裂缝与泄水裂缝等非构造裂缝在薄片上也较为常见，泄水裂缝多切穿层理，主要充填泥质［图 5-38（d）］。

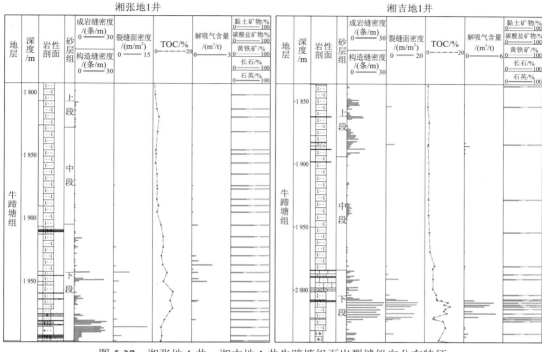

图 5-37　湘张地 1 井、湘吉地 1 井牛蹄塘组页岩裂缝纵向分布特征

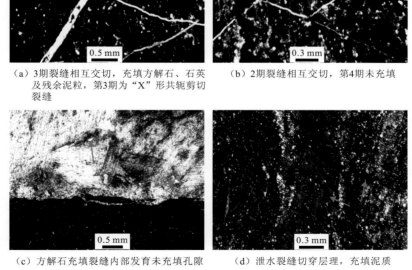

（a）3期裂缝相互交切，充填方解石、石英　　　（b）2期裂缝相互交切，第4期未充填
　　　及残余泥粒，第3期为"X"形共轭剪切
　　　裂缝

（c）方解石充填裂缝内部发育未充填孔隙　　　（d）泄水裂缝切穿层理，充填泥质

图 5-38　薄片观察下牛蹄塘组微裂缝特征

　　扫描电镜观察显示牛蹄塘组页岩中存在大量微、纳米级的微裂缝，以层间裂缝和顺层裂缝最为发育，层间裂缝的形成主要与构造作用相关，开度为 0.01～10 μm，延伸长度从几十纳米至几百微米，多为宏观裂缝伴生或派生，对页岩的储集空间与各类孔隙的连通性有重要的贡献。在一些裂缝发育带与滑脱带附近，强烈的挤压摩擦作用使带内矿物颗粒发生糜棱化，糜棱状矿物间孔、缝异常发育（图 5-39）。顺层裂缝多与成岩作用相关，主要为层理裂缝、收缩裂缝等，层理裂缝在顺层分布的片状矿物间较为常见。此外，牛蹄塘组页岩内分布较多的有机质，以沥青质体为主，其内多发育微、纳米级裂缝与孔隙，可为甲烷分子提供有效的吸附位点与储集空间。电镜观察下也常见一些粒内裂缝和粒间裂缝，在石英等脆性矿物与黏土矿物内与矿物间均有发育。

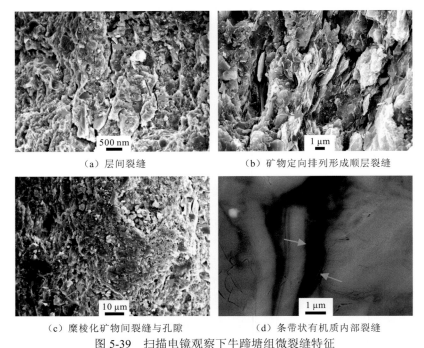

　　　　（a）层间裂缝　　　　　　　　　　　（b）矿物定向排列形成顺层裂缝

　　（c）糜棱化矿物间裂缝与孔隙　　　　　　（d）条带状有机质内部裂缝

图 5-39　扫描电镜观察下牛蹄塘组微裂缝特征

　　薄片下的构造微裂缝和扫描电镜观察的层间微裂缝多同岩心上的宏观裂缝相伴生，宏观裂缝发育带微裂缝密集发育，两者具有良好的相关性。微裂缝面密度在整个牛蹄塘组纵向上呈上低下高的分布规律（图 5-37），与单井岩心构造裂缝的分布趋势一致，而层理裂缝与顺层裂缝等非构造成因的微裂缝在牛蹄塘组页岩中的分布则无明显的规律性。

### 3. 裂缝发育期次

　　根据岩心裂缝交切关系、充填物成分与次序，并结合该区构造演化特征，可将牛蹄塘组构造裂缝发育期次划分为 6 期（表 5-13），主要为雪峰隆起的多期挤压推覆作用形成的区域构造剪切裂缝（4 期）、滑脱作用形成的滑脱裂缝（1 期）及局部构造形成过程中伴生或派生的局部构造裂缝（1 期）。其中区域构造剪切裂缝在整个牛蹄塘组纵向上均有分布：以第 1 期发育程度最高，第 3、5 期次之，第 2 期发育最弱；滑脱裂缝在下段滑脱带内密集发育，构成裂缝网络；局部构造剪切裂缝与张裂缝则具有明显的位置性，仅在局部较为发育，向上、下岩心延伸呈减弱趋势，受局部断层与褶皱特征的影响与控制。6 期裂缝中，后期裂缝多切割或受限于前期裂缝，其充填程度也低于前期裂缝，对页岩储渗性能贡献更大。对于存在多矿物充填的同一期裂缝，由矿物的接触关系及自形程度可知，石英、黄铁矿等矿物形成时间晚于方解石，反映出裂缝形成后经历过多期充填与改造作用。6 期构造裂缝在牛蹄塘组页岩纵向上分布不均，下段的发育程度明显高于中、上段。

表 5-13　牛蹄塘组岩心构造裂缝发育期次与特征

| 裂缝期次 | 倾角/（°） | 充填程度 | 充填物 | 裂缝类型 | 特征描述 | 发育程度 |
|---|---|---|---|---|---|---|
| 1 | 55～70 | 全、半充填 | 方解石为主，伴随少量石英、黄铁矿、泥质 | 区域构造剪切裂缝 | 组内均有分布，延伸较长、开度相对小，缝内发育未充填次级孔、缝，见共轭裂缝 | 非常发育 |
| 2 | 5～10 | 全充填 | 方解石为主，伴随少量石英 | 区域构造剪切裂缝 | 开度变化大，延伸不长，切割前期裂缝 | 欠发育 |
| 3 | 70～85 | 全充填 | 方解石 | 区域构造剪切裂缝 | 一组多条集中发育，开度小，延伸短 | 发育 |
| 4 | 2～75 | 全、半充填与未充填 | 方解石为主，伴随少量泥质 | 滑脱裂缝 | 滑脱带内密集发育，组成网状系统，低角度为主，开度变化大，擦痕明显，岩心沿裂缝开裂 | 局部发育，滑脱带内极为发育 |
| 5 | 60～85 | 未充填 | 无 | 区域构造剪切裂缝 | 裂缝面平直光滑，延伸长，岩心沿裂缝开裂 | 发育 |
| 6 | 5～80 | 全、半充填 | 方解石 | 张裂缝、局部构造剪切裂缝 | 局部发育构造裂缝，延伸短，张裂缝面粗糙，开度较大，分布局限 | 仅局部发育 |

**4. 裂缝发育主控因素**

页岩裂缝的发育与分布是由多因素共同决定的，归纳起来主要为非构造因素与构造因素，它们是控制页岩裂缝发育的内因和外因。

（1）岩性和矿物组分：页岩的岩性与矿物组成是影响裂缝发育的重要因素。该区牛蹄塘组岩性以碳质页岩为主，混有钙质页岩、硅质页岩及薄层泥质灰岩，其中钙质页岩、硅质页岩及泥质灰岩夹层主要分布于该组下段，由裂缝纵向分布（图 5-37）可知，多岩性组合的下段裂缝发育程度更高，这与该段岩性复杂、岩层非均质性强、岩石力学性质多变有关。对湘张地 1 井、湘吉地 1 井牛蹄塘组岩心样品的 X 衍射矿物组分分析结果显示，页岩矿物组成中石英占比最大，黏土矿物次之，其余为碳酸盐矿物、长石与黄铁矿等（图 5-37）。矿物组成对页岩岩石力学性质具有重要影响，页岩脆性主要受石英、长石和黄铁矿等脆性矿物控制，随岩石学与矿物学的深入研究发现，碳酸盐矿物也可增加页岩的脆性，黏土矿物则使页岩塑性增强。该区牛蹄塘组页岩的脆性矿物（含碳酸盐矿物）的体积分数为 59.2%～95.0%，平均为 75%，整体脆性较高，但纵向上变化较大，呈上低下高的分布趋势，与裂缝分布规律一致（图 5-37），对两口井岩心页岩的矿物组成与裂缝发育程度的分析也发现，构造裂缝密度与脆性矿物含量呈一定的正相关关系（图 5-40），与黏土矿物含量呈负相关关系，表明页岩脆性越强，裂缝也相对越发育。此外，石英等脆性矿物一般具有特定的晶形与较大的硬度，一定程度上可以抵御外力作用，使形成的孔隙与裂缝得以保存。

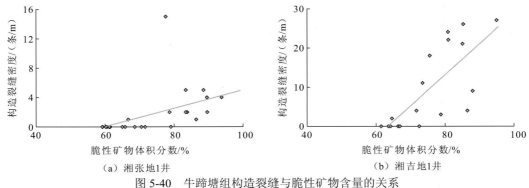

（a）湘张地1井　　　　　　　　　　（b）湘吉地1井

图 5-40　牛蹄塘组构造裂缝与脆性矿物含量的关系

（2）岩层厚度：泥页岩一般具有明显的分层特征，不同岩层的矿物成分、岩石力学性质等有所差异，裂缝的形成与分布一定程度上受岩层厚度控制。该区地表露头上牛蹄塘组区域构造剪切裂缝中，一部分裂缝会切穿多个岩层，并终止于某个岩层界面，另一部分则通常在一个岩层内发育，与岩层近垂直展布，终止于该层上下界面。局部构造剪切裂缝也受岩层厚度的影响。此外，牛蹄塘组岩心上的裂缝也常终止于岩性界面或层理面，受控于所在的页岩层厚度。对该区野外露头裂缝间距与岩层厚度的统计发现，同一构造部位，单个岩层内，裂缝间距相差不大，不同厚度岩层间则存在较大差异，裂缝平均间距与所在岩层厚度呈正比，岩层厚度越大，裂缝间距越大，对应裂缝密度则越小（图 5-41）；对岩心上各单页岩层厚度、层内裂缝发育条数的对比也发现，裂缝的发育程度与层厚呈一定的负相关关系，层厚越大裂缝发育越少，对应裂缝密度越小（图 5-41）。牛蹄塘组下段单页岩层厚度相对小于中、上段，因此，相同构造应力条件下该段更容易形成裂缝。

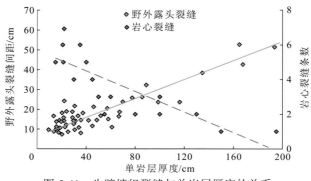

图 5-41　牛蹄塘组裂缝与单岩层厚度的关系

（3）异常流体高压：异常流体高压是岩石破裂成缝的一个影响因素。异常流体高压的存在降低了岩石抗剪强度，并且当压力达到一定值时，可使最小主应力由挤压状态变为拉张状态，形成张裂缝。高孔隙流体压力的形成可由构造挤压、地层封闭、欠压实、矿物脱水、有机质生烃、水热增压等多种因素导致。该区牛蹄塘组中的异常高压相关裂缝主要分布于下段高 TOC 的页岩中，且仅在局部发育，常呈短而宽的弯曲透镜状，多充填方解石与少量有机质。因此，牛蹄塘组局部段异常高压的产生主要由富有机质页岩生烃作用所致，仅存在于主要生排烃时期，对宏观裂缝与微裂缝的产生有重要驱动作用。此外，异常流体高压也可使早期的闭合裂缝重新开启或使充填的矿物发生溶蚀作用形成溶蚀孔缝，为页岩气提供一定的储集空间。

（4）总有机碳量：扫描电镜下，牛蹄塘组页岩中自生石英等硅质矿物含量高，多与有机质交互共生，为生物成因的有机硅质，因此，TOC 一定程度上指示出石英等脆性矿物的含量，两者有很好的正相关性，考虑脆性矿物与裂缝密度的正比关系，TOC 可反映出牛蹄塘组页岩裂缝的发育程度。此外，富有机质页岩生排烃作用及生烃时导致的异常流体高压，均可使有机质与周围矿物内及矿物间产生大量的微裂缝，是牛蹄塘组高 TOC 的下段页岩中微裂缝较发育的一个重要因素。

（5）成岩作用：不同成岩阶段，页岩的矿物组成、形态等有所差异，随成岩阶段的深入，热演化程度逐渐升高，岩石本身矿物会向更脆且稳定的组分转化从而增大岩石的脆性，有助于后期裂缝的形成，并且在成岩演化过程中有机质持续充分热解生烃会在页岩内产生大量微裂缝。该区牛蹄塘组页岩成岩阶段晚、热演化程度高，$R_o$ 为 3.0% 左右，对宏观裂缝与微裂缝的发育均有利。此外，成岩过程中的强烈压实作用会使沉积物致密，并伴随流体的排出，产生较多的泄水裂缝，此类裂缝在牛蹄塘组页岩中较为常见，对丰富储集空间具有一定作用。

（6）构造因素：构造因素是影响页岩裂缝发育的主要因素，是岩石破裂形成裂缝的外因。裂缝的发育与分布受构造应力与构造位置控制明显，其主要形成于构造应力集中与释放的过程中，不同性质的构造应力也决定着裂缝的性质与特征。雪峰隆起多期南东-北西向挤压构造应力造成牛蹄塘组页岩中区域构造剪切裂缝整体较发育，并使裂缝具有明显的方向性。局部构造应力的集中与变化，使裂缝的发育与分布具有差异性，褶皱轴部与转折端、断层端部与断面附近及不同断层的交会处与断层转换带等构造部位应力相对集中、变化梯度较大、地层变形强烈，更易产生裂缝。该区牛蹄塘组野外露头裂缝发育特征显示，非构造因素相近的条件下，无论断层上盘还是下盘，离断层带越近的页岩分布区裂缝相对越发育，裂缝密度越大；褶皱核部与转折端等大曲率构造部位裂缝的发育明显强于两翼，且陡翼裂缝发育强于缓翼，褶皱带上除剪切裂缝外还发育较多的张裂缝。岩心裂缝特征也表明，靠近断裂带的湘吉地 1 井岩心裂缝整体发育程度明显强于离断层面稍远的湘张地 1 井。

在区域挤压推覆构造背景下，该区牛蹄塘组页岩易沿挤压作用造成的顺层剪切应力发生滑脱产生滑脱裂缝，尤其是牛蹄塘组下段发育一范围较大的滑脱带，滑脱面与主变形带分布深度大于 10 m（湘张地 1 井 10.5 m、湘吉地 1 井 16.5 m），带内页岩与上下页岩层相比，岩石致密、基质物性差、岩性组合复杂、黏土矿物含量略高、岩石塑性强，易发生剪切流变和韧性变形产生滑动层，滑脱构造促使带内页岩裂缝大量发育，裂缝倾向变化大，倾角较小，在后期构造运动中，更容易沿先存裂缝面扩展，并形成一些中、高角度裂缝，与低角度裂缝叠加构成裂缝网络，这是滑脱带内各个角度裂缝均较发育的一个重要因素。

### （三）裂缝型页岩气富集成藏特征

牛蹄塘组页岩气主要由游离气和吸附气组成，游离气以游离态存储于孔隙和天然裂缝中，吸附气多聚集在有机质和矿物微孔隙表面，在地下温压条件下，两种状态气体基本维持着吸附-解吸的动态平衡，其地下赋存状态对后期勘探开发方案选择与资源量评估有重要影响（罗胜元 等，2019；张晓明 等，2015）。

研究发现页岩含气量与 TOC 有重要关系，如美国 Barnett 页岩、渝东北巫溪 2 井页岩及宜昌地区鄂宜页 1 井页岩含气量与 TOC 均呈良好的正相关关系，湘张地 1 井牛蹄塘组页岩含气量与 TOC 同样具有正相关性（图 5-42）（罗胜元 等，2019；梁峰 等，2016）。通过计算获得该井页岩样品的吸附气含量（罗胜元 等，2019），相比于其他地区，湘张地 1 井牛蹄塘组页岩总含气量与 TOC 呈线性相关，而吸附气含量同 TOC 更偏于呈复杂的对数曲线关系。当 TOC 小于 4%时，总含气量与 TOC 呈线性相关关系，随 TOC 的增大，吸附气含量与总含气量均逐渐增加。吸附气曲线与总含气曲线提前相交，未出现美国 Barnett 页岩与宜昌地区鄂宜页 1 井页岩中储集在非有机质中的游离气部分，表明该段页岩中非有机质相关孔隙发育较弱（梁峰 等，2016），对吸附气与游离气含量贡献均有

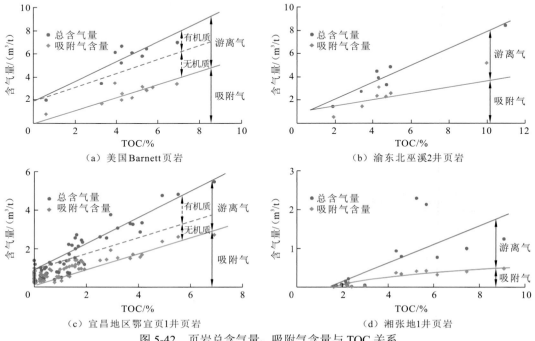

图 5-42　页岩总含气量、吸附气含量与 TOC 关系

限，有机质孔隙对含气性起主要控制作用，但受 TOC 较低的影响，该段页岩整体含气性较差，吸附气占比略大，通过计算得出该范围内吸附气含量占总含气量的 44%～61%，平均为 52%；在 TOC 大于 4%的 1～3 段，随 TOC 继续增大，吸附气含量增长缓慢，并趋于稳定，这同 TOC 和比表面积变化趋势相对应，而游离气含量增长仍较快，其在总含气量中占比超过了吸附气，为 58%～82%，且在局部段较为富集，表明该段内发育的裂缝与滑脱构造带及伴生的大量微裂缝和孔隙，极大地增加了游离气含量与总含气量。

　　雪峰隆起的形成是多期构造运动叠加的结果，保存条件对该区牛蹄塘组页岩含气性具有重要的控制作用。湘张地 1 井所在的向斜两翼存在挤压性断层，走向为北东-南西向，同雪峰隆起主体构造方位一致，与主应力方位近垂直，断层两侧分别为低渗透性泥页岩与厚层石灰岩，具有好的封堵性，对气体保存有利；向斜中心发育一小型逆断层（图 5-43），走向与两翼断层相近，断距为 40～60 m，同样具有较强的封闭性，对含气页岩层的破坏作用有限。同时，上覆杷榔组致密泥页岩与中上寒武统发育的大套泥灰岩、石灰岩构成良好的盖层组合，牛蹄塘组厚层页岩的自封闭性，共同保证了该井的含气性。

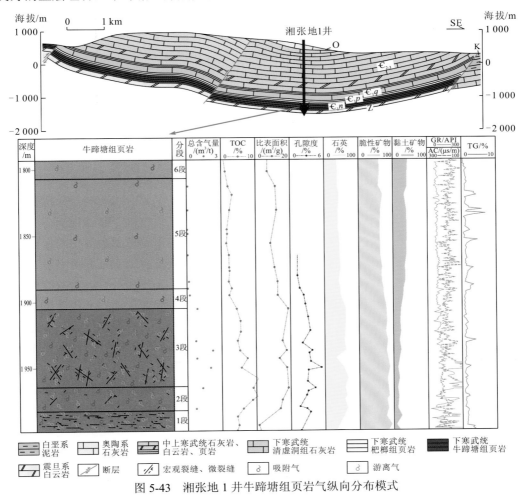

图 5-43　湘张地 1 井牛蹄塘组页岩气纵向分布模式

牛蹄塘组页岩的 TOC、矿物组分、孔隙与裂缝发育、物性、构造变形等特征在纵向上存在较强的非均质性，导致含气性具有较大差异。有机质是生、排烃的物质保证，同时决定着页岩对气体的吸附能力，其内发育的孔隙对储集空间也有一定贡献，牛蹄塘组页岩自上而下 TOC 逐渐增加，在下部 2、3 段最为富集，吸附气含量明显高于其上 4～6 段，总含气量也相对较高。矿物组成方面，1～3 段页岩石英等脆性矿物含量高、黏土矿物含量低，在构造应力作用下，其孔缝发育程度明显高于 4～6 段，第 3 段页岩内宏观裂缝广泛发育，且在局部密集分布，配合与其伴生的大量微裂缝与孔隙，有效地改善了该段的孔渗性，为游离气提供了有效储集场所，该段页岩含气性为 6 段中最好，游离气与吸附气含量均较高，游离气占比大于吸附气，在局部高孔缝发育带尤为富集，决定了含气量上限。其下第 2 段页岩，宏观裂缝发育程度有所减弱，微裂缝与孔隙也少于第 3 段，其整体含气量有所降低，主要为游离气含量减少，吸附气含量变化不大（图 5-43）。第 1 段因存在滑脱构造带，大量发育的低角度滑脱裂缝（滑脱层面）与部分倾斜裂缝、高角度裂缝构成复杂的裂缝网络系统，使该段成为一优质储层。同时，裂缝的发育也促进了吸附气向游离气的转化，极大地降低了吸附气比例，该段钻探中的高 TG 值与低解吸气含量也证明其所含气体中游离气占主导。上部 4～6 段页岩整体较致密、有机质与石英等脆性矿物含量低于下部页岩、孔缝欠发育、物性极差，其内游离气与吸附气含量均偏低，可作为直接有效的盖层，确保下部页岩气在多期构造作用下得以保存。

## 三、残留型（破坏型）页岩气富集模式

页岩气与常规天然气富集成藏相似，具有聚集与逸散的平衡过程。由于页岩储层颗粒极为细小（粒径<0.003 9 mm），孔隙以纳米级为主，基质渗透率极低，以纳达西（1 nD＝$10^{-6}$ mD）为主。页岩水平方向渗透率一般远大于垂直方向渗透率，一般认为平均水平渗透率是垂直渗透率的 3.7 倍，页岩气沿层方向逸散强度大于垂直层面方向。魏志红（2015）通过氦气法测试五峰组—龙马溪组覆压下的物性，模拟页岩层有效应力从 0 MPa 升高到 50 MPa 过程中孔隙度、渗透率的变化，推测在断裂不发育的情况下，页岩气层深埋区地应力较大，微裂缝不发育，渗透率极低，页岩气逸散方式为浓度差驱动的微弱扩散。随着埋深变浅到浅埋区甚至露头区，或逐渐靠近开启断裂（不考虑温度变化的影响），页岩气层渗透率、扩散系数、扩散强度将逐步增大。在露头区及其附近，或开启断裂及其附近，由于微裂缝发育，除存在浓度差驱动的强烈扩散外，还存在流体压力驱动的"裂缝渗流"逸散。

湘西北处于四川盆地外东南缘的强改造区内，大部分区域的三叠系及以上地层被剥蚀，剥蚀深度可达 4 500～6 000 m（刘树根 等，2016）。裂变径迹和地史模拟显示抬升时间由东南向西北逐渐变晚，递进变形（李双建 等，2011b）。雪峰山地区页岩气地质历史时期普遍存在沿页岩层系或垂直地层的逸散，是导致现今雪峰山地区页岩含气量低的主要原因。成藏的一种普遍特征是页岩含气量很低，同时页岩 TOC、GR 值等紧密相关，典型的单井包括湘桃地 1 井、湘临地 1 井、湘安地 1 井及 2015H-D5 井等，随着地层剥

蚀、页岩气逸散的程度不同，表现出湘桃地 1 井和湘临地 1 井的页岩气逸散-残留，以及湘安地 1 井、2015H-D5 井页岩气完全逸散的特点。

### （一）残留型（破坏型）页岩含气性特征

**1. 剥蚀区页岩气逸散典型井（湘桃地 1 井、湘临地 1 井）**

湘临地 1 井反映剥蚀区页岩气的逸散特征，该井位于雪峰隆起北缘太阳山凸起处，其目的层为下寒武统牛蹄塘组，完钻井深为 3 450 m，开孔层位为奥陶系马刀堉组，完整钻穿下奥陶统和寒武系，黑色页岩厚度总计 346 m，底部厚 73 m 的富有机质页岩（TOC 大于 2%）平均 TOC 为 3.14%。该井牛蹄塘组页岩保存完整、页岩裂缝极不发育，但富有机质页岩层钻井取心实测解吸气含量低于 0.5 m$^3$/t。

对湘桃地 1 井含气性的研究表明，高含气层段岩性主要是黑色页岩、黑色硅质、碳质页岩等，受到烃源岩控制的现象十分明显。湘桃地 1 井和湘临地 1 井富有机质页岩段 GR 值为 100～340 API，TOC 为 0.8%～6.0%，页岩 TOC 与 GR 呈正相关，符合正常的有机质沉积富集规律。尽管含气量较低，TG 与页岩 TOC、GR 呈正相关，依然表明页岩含气性受到有机质分布的控制。

在多期构造挤压的叠加作用下，牛蹄塘组页岩气层处于持续抬升阶段。随着持续不断地抬升，上覆岩层遭受剥蚀，对页岩气保存不利，主要表现在封堵条件变差和含气页岩层压力降低等，埋藏变浅后页岩气向地表基本散失殆尽。

**2. 开启断裂页岩气逸散典型井（湘安地 1 井、2015H-D5 井）**

以武陵断弯褶皱带的 2015H-D5 井为例，该井开孔层位为寒武系比条组，完钻井深为 1 648.25 m，牛蹄塘组厚度为 250.1 m，富有机质页岩厚度为 163.7 m，TOC 介于 1.36%～14.05%。2015H-D5 井断裂构造样式已在 5.3.1 小节中述及。实钻显示，2015H-D5 井页岩 TOC 与 GR 呈正相关，该井岩心含气量较低（平均含气量为 0.37 m$^3$/t），且随着 TOC、GR 的增加，TG 呈箱状保持不变，表现出页岩气彻底逸散的特点。

从钻探揭示的岩心特征来看，地层整体连续，但岩心裂缝发育，以水平裂缝和低角度裂缝为主，垂直裂缝和高角度裂缝较少。该井牛蹄塘组页岩裂缝特征已在 5.3.1 小节中述及。

### （二）残留型（破坏型）页岩气富集成藏特征

沅麻盆地位于雪峰山活动带内部，其沉降和沉积迁移特征显示其盆地性质在早燕山期与北西向的逆冲挤压作用有关，晚燕山期与板内拗陷有关。研究区燕山运动对油气成藏影响较大，齐岳山断裂以西川东地区持续沉降、接受沉积；齐岳山断裂以东地区持续隆升、遭受挤压变形、褶皱冲断，递进变形在不同区域变形程度、时间均有较大差异。磷灰石裂变径迹年龄数据和长度模拟结果一致表明：川东、鄂西渝东、川东南地区和黔中地区为 97 Ma，抬升剥蚀开始的时间为晚白垩世末期；湘鄂西、武陵断弯褶皱带为 137 Ma，江南雪峰隆起带在 157 Ma 开始遭受抬升剥蚀，印支运动之后总体上表现为单期次沉降-抬升过程，一旦开始抬升剥蚀，就未再次沉降埋藏，埋藏史类型为早抬持续型，现今雪峰基底隐伏断层多冲出地表，绝大部分的逆冲应力与位移量被释放；寒武系页岩具有生烃时期较早、抬升时期早及幅度大的特点，总体上对页岩气的富集和保存不利。

根据本节中典型井的解剖，可以构建剥蚀露头区附近、裂缝发育带附近牛蹄塘组页岩气逸散-残留富集保存模式，如图 5-44 所示。深水盆地-陆棚相沉积的牛蹄塘组页岩气层厚度、TOC、热演化程度等基础生烃条件均相似，不同构造位置孔渗性、裂缝分布、顶底板条件存在差异。在向斜（单斜）构造向露头区，页岩气层随着埋深减小、地应力渐次减小，渗透率渐次增大，导致页岩气逸散强度渐次增强，页岩含气量渐次减小，页岩气逸散方式从微弱扩散到强烈扩散或渗流渐变，页岩气保存条件差。

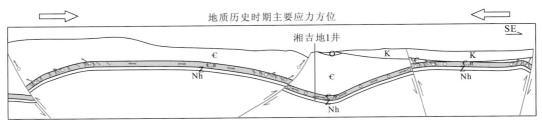

图 5-44　牛蹄塘组页岩气逸散-残留富集保存模式

背冲断裂带构造活动与变形强烈，保存条件差。而对冲断裂带构造相对稳定，有利于气体保存，主要有以下几个原因：①印支—早燕山期由东向西的推覆挤压，断裂普遍发育，褶皱作用相对较弱，由于局部应力阻挡形成对冲断裂带；②下盘构造活动与变形强度弱于上盘，适合气体保存；③地层上倾方向存在反向断裂遮挡，封闭性相对较好，且挤压背景下的逆断层一般具有一定的屏蔽性，可有效抑制与减缓页岩气逸散；④牛蹄塘组及上覆地层有较强的封盖性。

雪峰山地区寒武系页岩气除存在明显逸散外，其富集还与裂缝分布的模式有关。在区域断裂附近，一般断层上盘微裂缝比下盘更为发育，在开启断层附近，页岩气层地应力由于释放而减小，高角度微裂缝发育、渗透率增大，导致页岩气逸散强度大、页岩含气量低。但在区域断裂周边一定范围内，相对软弱的页岩层由于应力释放，会导致页岩层中水平裂缝、低角度裂缝发育，而高角度裂缝不发育，这些水平裂缝将成为游离态页岩气优先短距离运移的首选通道。此外，湘西北区内以挤压环境为主，属薄皮型盖层滑脱型，滑脱面较发育，页岩层局部滑脱伴生的裂缝同样具有一定的潜力。因此，对强改造构造环境的雪峰山地区而言，页岩气勘探应避开大规模高角度的逆冲断层，寻找裂缝的产状尽量平缓的页岩地层。

# 参 考 文 献

安志辉, 童金南, 叶琴, 等, 2014. 峡东青林口地区新元古代地层序列及沉积演变. 地球科学, 39(7): 795-806.

安志辉, 童金南, 叶琴, 等, 2018. 湖北宜昌樟村坪地区陡山沱组地层划分与对比. 地球科学, 43(7): 2206-2221.

柏道远, 姜文, 钟响, 等, 2015. 湘西沅麻盆地中新生代构造变形特征及区域地质背景. 中国地质, 42(6): 1851-1875.

陈代钊, 汪建国, 严德天, 等, 2012. 中扬子地区早寒武世构造-沉积样式与古地理格局. 地质科学, 47(4): 1052-1070.

陈平, 1984. 湖北宜昌计家坡下寒武统底部小壳化石的发现及其意义. 地层古生物论文集. 北京: 地质出版社, 49-64.

陈强, 康毅力, 游利军, 等, 2013. 页岩微孔结构及其对气体传质方式影响. 天然气地球科学, 24(6): 1298-1304.

陈世悦, 李聪, 张鹏飞, 等, 2011. 江南—雪峰地区加里东期和印支期不整合分布规律. 中国地质, 38(5): 1213-1219.

陈孝红, 汪啸风, 1998. 湘西地区晚震旦世—早寒武世黑色岩系的生物和有机质及其成矿作用. 地质学报, 72(4): 379.

陈孝红, 张国涛, 胡亚, 2016. 鄂西宜昌地区埃迪卡拉系陡山沱组页岩沉积环境及其页岩气地质意义. 华南地质与矿产, 32(2): 106-116.

陈孝红, 李华芹, 陈立德, 等, 2003. 三峡地区震旦系碳酸盐岩碳氧同位素特征. 地质论评, 49(1): 66-73.

陈孝红, 周鹏, 张保民, 等, 2015. 峡东埃迪卡拉系陡山沱组稳定碳同位素记录及其年代地层意义. 中国地质, 42(1): 207-223.

陈孝红, 王传尚, 刘安, 等, 2017. 湖北宜昌地区寒武系水井沱组探获页岩气. 中国地质, 44(1): 188-189.

陈孝红, 危凯, 张保民, 等, 2018. 湖北宜昌寒武系水井沱组页岩气藏主控地质因素和富集模式. 中国地质, 45(2): 207-226.

陈勇, 周瑶琪, 查明, 等, 2007. $CH_4$-$H_2O$ 体系流体包裹体拉曼光谱定量分析和计算方法. 地质论评, 53(6): 814-823.

程克明, 王世谦, 董大忠, 等, 2009. 上扬子区下寒武统筇竹寺组页岩气成藏条件. 天然气工业, 29(5): 40-44.

程鹏, 肖贤明, 2013. 很高成熟度富有机质页岩的含气性问题. 煤炭学报, 38(5): 737-741.

戴方尧, 郝芳, 胡海燕, 等, 2017. 川东焦石坝五峰—龙马溪组页岩气赋存机理及其主控因素. 地球科学, 42 (7): 1185-1194.

戴金星, 1990. 我国有机烷烃气的氢同位素的若干特征. 石油勘探与开发(5): 27-32.

戴金星, 1993. 天然气碳氢同位素特征和各类天然气鉴别. 天然气地球科学, 4(2-3): 1-40.

戴金星, 宋岩, 戴春林, 等, 1995. 中国东部无机成因气及其气藏形成条件. 北京: 科学出版社.

戴金星, 倪云燕, 黄士鹏, 等, 2016. 次生型负碳同位素系列成因. 天然气地球科学, 27(1): 1-7.

戴少武, 刘少峰, 程顺有, 2000. 江汉及邻区盆山耦合关系与油气. 西安: 西北大学出版社: 68-81.

邓大飞, 梅廉夫, 沈传波, 等, 2014. 江南—雪峰隆起北缘海相油气富集主控因素和破坏机制. 吉林大学学报(地球科学版), 44(5): 1466-1477.

邓铭哲, 何登发, 2018. 当阳地区地质结构及其对宜昌地区志留系页岩气勘探的意义. 成都理工大学学报(自然科学版), 45(4): 487-500.

邓铭哲, 何登发, 张煜颖, 2018. 鄂西仙女山断裂构造演化及其对长阳背斜圈闭性的影响. 石油实验地质, 40(2): 177-184.

丁道桂, 刘光祥, 2007. 扬子板内递进变形-南方构造问题之二. 石油实验地质, 2(3): 238-246.

丁悌平, 高建飞, 石国钰, 等, 2013. 长江水氢、氧同位素组成的时空变化及其环境意义. 地质学报, 87(5): 661-676.

丁文龙, 李超, 李春燕, 等, 2012. 页岩裂缝发育主控因素及其对含气性的影响. 地学前缘, 19(2): 212-220.

董大忠, 高世葵, 黄金亮, 等, 2014. 论四川盆地页岩气资源勘探开发前景. 天然气工业, 34(12): 1-15.

段利江, 唐书恒, 刘洪林, 等, 2008. 煤储层物性对甲烷碳同位素分馏的影响. 地质学报, 82(10): 1330-1334.

方朝合, 黄志龙, 王巧智, 等, 2014. 富含气页岩储层超低含水饱和度成因及意义. 天然气地球科学, 25(3): 471-476.

方维萱, 胡瑞忠, 苏文超, 等, 2002. 大河边—新晃超大型重晶石矿床地球化学特征及形成的地质背景. 岩石学报, 18(2): 247-256.

丰国秀, 陈盛吉, 1988. 岩石中沥青反射率与镜质体反射率之间的关系. 天然气工业, 8(3): 20-25.

冯乔, 张小莉, 王云鹏, 等, 2006. 鄂尔多斯盆地北部上古生界油气运聚特征及其铀成矿意义. 地质学报, 80(5): 748-752.

盖海峰, 肖贤明, 2013. 页岩气碳同位素倒转: 机理与应用. 煤炭学报, 38(5): 827-833.

刚文哲, 高岗, 郝石生, 等, 1997. 论乙烷碳同位素在天然气成因类型研究中的应用. 石油实验地质, 19(2): 164-167.

高键, 何生, 易积正, 2015. 焦石坝页岩气田中高密度甲烷包裹体的发现及其意义. 石油与天然气地质, 36(3): 472-480.

高键, 何生, 何治亮, 等, 2014. 中扬子京山地区方解石脉成因及其对油气保存的指示意义. 石油与天然气地质, 35(1): 33-41.

郭彤楼, 2016. 中国式页岩气关键地质问题与成藏富集主控因素. 石油勘探与开发, 43(3): 317-326.

郭彤楼, 张汉荣, 2014. 四川盆地焦石坝页岩气田形成与富集高产模式. 石油勘探与开发, 41(1): 28-36.

郭旭升, 2014a. 涪陵页岩气田焦石坝区块富集机理与勘探技术. 北京: 科学出版社: 160-176.

郭旭升, 2014b. 南方海相页岩气"二元富集"规律: 四川盆地及周缘龙马溪组页岩气勘探实践认识. 地质学报, 88(7): 1209-1218.

郭旭升, 胡东风, 段金宝, 2020. 中国南方海相油气勘探展望. 石油实验地质, 42(5): 675-686.

郭旭升, 胡东风, 魏祥峰, 等, 2016. 四川盆地焦石坝地区页岩裂缝发育主控因素及对产能的影响. 石油与天然气地质, 37(6): 799-808.

郭旭升, 胡东风, 李宇平, 等, 2017. 涪陵页岩气田富集高产主控地质因素. 石油勘探与开发, 44(4): 481-491.

郭英海, 赵迪斐, 2015. 微观尺度海相页岩储层微观非均质性研究. 中国矿业大学学报, 44(2): 300-307.

郭战峰, 刘新民, 盛贤才, 等, 2009. 东秦岭—大别造山带南侧加里东期古隆起特征及油气地质意义. 石油实验地质, 31(2): 181-185.

郭战峰, 杨振武, 刘新民, 等, 2006. 江汉平原古生界构造结构特征及油气勘探方向. 海相油气地质, 11(2): 9-16.

何建华, 丁文龙, 付景龙, 等, 2014. 页岩微观孔隙成因类型研究. 岩性油气藏, 26(5): 30-35.

何治亮, 程喆, 徐旭辉, 等, 2009. 东秦岭—大别及两侧的大地构造旋回与油气勘探领域. 石油实验地质, 31(2): 109-118.

何治亮, 胡宗全, 聂海宽, 等, 2017. 四川盆地五峰组—龙马溪组页岩气富集特征与"建造-改造"评价思路. 天然气地球科学, 28(5): 724-733.

何治亮, 汪新伟, 李双建, 等, 2011. 中上扬子地区燕山运动及其对油气保存的影响. 石油实验地质, 33(1): 1-11.

何治亮, 徐旭辉, 戴少武, 等, 2013. 东秦岭—大别造山带及两侧盆地演化与油气勘探. 武汉: 中国地质大学出版社: 46-53.

侯宇光, 何生, 易积正, 等, 2014. 页岩孔隙结构对甲烷吸附能力的影响. 石油勘探与开发, 41(2): 248-256.

湖北省地质局三峡地层研究组, 1978. 峡东地区震旦纪至二叠纪地层古生物. 北京: 地质出版社: 30-60.

湖北省地质矿产局, 1996. 湖北省岩石地层. 武汉: 中国地质大学出版社: 73-75.

胡东风, 张汉荣, 倪楷, 等, 2014. 四川盆地东南缘海相页岩气保存条件及其主控因素. 天然气工业, 34(6): 17-23.

胡文瑄, 陈琪, 王小林, 等, 2010. 白云岩储层形成演化过程中不同流体作用的稀土元素判别模式. 石油与天然气地质, 31(6): 810-818.

胡亚, 陈孝红, 2017. 三峡地区前寒武纪—寒武纪转折期黑色页岩地球化学特征及其环境意义. 地质科技情报, 36(1): 61-71.

黄籍中, 2000. 中上扬子区海相沉积烃源研究(之二). 天然气勘探与开发, 23(1): 9-27.

黄建中, 唐晓珊, 张纯臣, 等, 1994. 湘东南地区震旦纪地层的新划分与区域对比. 湖南地质, 13(3): 129-136.

黄金亮, 邹才能, 李建忠, 等, 2012. 川南下寒武统筇竹寺组页岩气形成条件及资源潜力. 石油勘探与开发, 39(1): 69-75.

黄俨然, 肖正辉, 焦鹏, 等, 2018. 湘西北牛蹄塘组探井页岩气富集要素的对比和启示. 中南大学学报(自然科学版), 49(9): 2240-2248.

霍多特, 1966. 煤与瓦斯突出. 宋士钊, 王佑安, 译. 北京: 中国工业出版社.

吉利明, 邱军利, 夏燕青, 等, 2012. 常见黏土矿物电镜扫描微孔隙特征与甲烷吸附性. 石油学报, 33(2): 249-256.

焦方正, 冯建辉, 易积正, 等, 2015. 中扬子地区海相天然气勘探方向、关键问题与勘探对策. 中国石油勘探, 20(2): 1-8.

焦伟伟, 汪生秀, 程礼军, 等, 2017. 渝东南地区下寒武统页岩气高氮低烃成因. 天然气地球科学, 28(12): 1882-1890.

金之钧, 周雁, 云金表, 等, 2010. 我国海相地层膏盐岩盖层分布与近期油气勘探方向. 石油与天然气地质, 31(6): 715-724.

康健, 2008. 岩石热破裂的研究及应用. 大连: 大连理工大学出版社.

李昂, 丁文龙, 张国良, 等, 2016. 滇东地区马龙区块筇竹寺组海相页岩储层特征及对比研究. 地学前缘, 23(2): 176-189.

李昌鸿, 刘新民, 付宜兴, 等, 2008. 江汉平原区中、古生界构造特征及演化. 地质科技情报, 27(2): 34-38.

李昌伟, 陶士振, 董大忠, 等, 2015. 国内外页岩气形成条件对比与有利区优选. 天然气地球科学, 26(5): 986-1000.

李海, 刘安, 罗胜元, 等, 2019. 鄂西宜昌斜坡区寒武系页岩储层发育特征: 以鄂宜页 1 井为例. 石油实验地质, 41(1): 76-82.

李建森, 李廷伟, 彭喜明, 等, 2014. 柴达木盆地西部第三系油田水水文地球化学特征. 石油与天然气地质, 35(1): 50-55.

李双建, 高波, 沃玉进, 等, 2011a. 中国南方海相油气藏破坏类型及其时空分布. 石油实验地质, 33(1): 43-49.

李双建, 李建明, 周雁, 等, 2011b. 四川盆地东南缘中新生代构造隆升的裂变径迹证据. 岩石矿物学杂志, 30(2): 225-233.

李四光, 仲揆, 1924. A suggestion of a new method for geological survey of igneous intrusions. 中国地质学会志(2): 109-115.

李天义, 何生, 何治亮, 等, 2012. 中扬子地区当阳复向斜中生代以来的构造抬升和热史重建. 石油学报, 33(2): 213-224.

李武广, 钟兵, 杨洪志, 等, 2014. 页岩储层含气性评价及影响因素分析: 以长宁—威远国家级试验区为例. 天然气地球科学, 25(10): 1653-1660.

李贤庆, 王元, 郭曼, 等, 2015. 川南地区下古生界页岩气储层孔隙特征研究. 天然气地球科学, 26(8): 1464-1471.

李相方, 蒲云超, 孙长宇, 等, 2014. 煤层气与页岩气吸附/解吸的理论再认识. 石油学报, 35(6): 1113-1129.

李忠雄, 陆永潮, 王剑, 等, 2004. 中扬子地区晚震旦世—早寒武世沉积特征及岩相古地理. 古地理学报, 6(2): 151-162.

梁狄刚, 郭彤楼, 陈建平, 等, 2008. 中国南方海相生烃成藏研究的若干新进展(一): 南方四套区域性海相烃源岩的分布. 海相油气地质, 13(2): 1-16.

梁峰, 朱炎铭, 漆麟, 等, 2016. 湖南常德地区牛蹄塘组富有机质页岩成藏条件及含气性控制因素. 天然气地球科学, 27(1): 180-188.

林良彪, 陈洪德, 朱利东, 2010. 川东茅口组硅质岩地球化学特征及成因. 地质学报, 84(4): 500-507.

林拓, 张金川, 李博, 等, 2014. 湘西北常页1井下寒武统牛蹄塘组页岩气聚集条件及含气特征. 石油学报, 35(5): 839-846.

凌文黎, 高山, 程建萍, 等, 2006. 扬子陆核与陆缘新元古代岩浆事件对比及其构造意义: 来自黄陵和汉南侵入杂岩 ELA-ICPMS 锆石 U-Pb 同位素年代学的约束. 岩石学报, 22(2): 387-396.

刘安, 包汉勇, 李海, 等, 2016. 湖北省上奥陶统五峰组—下志留统龙马溪组页岩气地质条件分析及有利区带预测. 华南地质与矿产, 32(2): 126-134.

刘安, 李旭兵, 王传尚, 等, 2013. 湘鄂西寒武系烃源岩地球化学特征与沉积环境分析. 沉积学报, 31(6): 1122-1132.

刘安, 欧文佳, 危凯, 等, 2017. 张家界大坪镇灯影组古油藏特征及天然气勘探意义. 地质学报, 91(8): 1848-1859.

刘安, 欧文佳, 黄惠兰, 等, 2018. 湘鄂西地区奥陶系—志留系滑脱层古流体对页岩气保存的意义. 天然气工业, 38(5): 34-43.

刘斌, 沈昆, 1999. 流体包裹体热力学. 北京: 地质出版社: 27-83.

刘德汉, 戴金星, 肖贤明, 等, 2010. 普光气田中高密度甲烷包裹体的发现及形成的温度和压力条件. 科学通报, 55(4-5): 359-366.

刘德汉, 肖贤明, 田辉, 等, 2013. 论川东北地区发现的高密度甲烷包裹体类型与油裂解气和页岩气勘探评价. 地学前缘, 20(1): 64-71.

刘洪林, 王红岩, 2013. 中国南方海相页岩超低含水饱和度特征及超压核心区选择指标. 天然气工业, 33(7): 140-144.

刘江涛, 李永杰, 张元春, 等, 2017. 焦石坝五峰组—龙马溪组页岩硅质生物成因的证据及其地质意义. 中国石油大学学报(自然科学版), 41(1): 34-41.

刘力, 何生, 翟刚毅, 等, 2019. 黄陵背斜南翼牛蹄塘组二段页岩岩心裂缝脉体成岩环境演化与页岩气保存. 地球科学, 44(11): 3583-3597.

刘莉, 包汉勇, 李凯, 等, 2018. 页岩储层含气性评价及影响因素分析: 以涪陵页岩气田为例. 石油实验地质, 40(1): 58-63.

刘芮岑, 李祥辉, 胡修棉, 2018. 湖南茶陵盆地晚白垩世古降水氧同位素. 沉积学报, 36(6): 1169-1176.

刘树根, 邓宾, 钟勇, 等, 2016. 四川盆地及周缘下古生界页岩气深埋藏-强改造独特地质作用. 地学前缘, 23(1): 11-28.

刘新民, 付宜兴, 郭战峰, 等, 2009. 中扬子区南华纪以来盆地演化与油气响应特征. 石油实验地质, 31(2): 160-165.

刘震, 邵新军, 金博, 等, 2007. 压实过程中埋深和时间对碎屑岩孔隙度演化的共同影响. 现代地质, 21(1): 125-132.

刘之远, 1947. 黔北寒武纪与奥陶纪地层间之不连续. 地质论评, 5: 385-395, 524.

刘忠宝, 高波, 张钰莹, 等, 2017. 上扬子地区下寒武统页岩沉积相类型及分布特征. 石油勘探与开发, 44(1): 21-31.

柳广弟, 赵忠英, 孙明亮, 等, 2012. 天然气在岩石中扩散系数的新认识. 石油勘探与开发, 39(5): 559-565.

楼章华, 马永生, 郭彤楼, 等, 2006. 中国南方海相地层油气保存条件评价. 天然气工业, 26(8): 8-11.

卢龙飞, 张锐, 徐杰, 等, 2018. 病毒对海洋细菌代谢的影响及其生物地球化学效应. 地球科学进展, 33(3): 225-235.

罗胜元, 陈孝红, 李海, 等, 2019. 鄂西宜昌下寒武统水井沱组页岩气聚集条件与含气特征. 地球科学, 44(11): 3598-3615.

罗胜元, 何生, 王浩, 2012. 断层内部结构及其对封闭性的影响. 地球科学进展, 27(2): 154-164.

马力, 陈焕疆, 甘克文, 等, 2004. 中国南方大地构造和海相油气地质. 北京: 地质出版社: 259-336.

马学平, 孙元林, 白志强, 等, 2004. 湘中佘田桥剖面上泥盆统弗拉斯阶地层研究新进展. 地层学杂志, 28(4): 369-374.

马永生, 蔡勋育, 赵培荣, 2018. 中国页岩气勘探开发理论认识与实践. 石油勘探与开发, 45(4): 561-574.

马永生, 陈洪德, 王国力, 等, 2009. 中国南方层序地层与古地理. 北京: 科学出版社.

马永生, 楼章华, 郭彤楼, 等, 2006. 中国南方海相地层油气保存条件综合评价技术体系探讨. 地质学报, 80(3): 406-417.

马勇, 钟宁宁, 韩辉, 等, 2014. 糜棱化富有机质页岩孔隙结构特征及其含义. 中国科学(地球科学), 44(10): 2202-2209.

梅廉夫, 刘昭茜, 汤济广, 等, 2010. 湘鄂西—川东中生代陆内递进扩展变形: 来自裂变径迹和平衡剖面的证据. 地球科学, 35(2): 161-174.

梅廉夫, 邓大飞, 沈传波, 等, 2012. 江南—雪峰隆起构造动力学与海相油气成藏演化. 地质科技情报, 31(5): 85-93.

孟凡洋, 陈科, 包书景, 等, 2018. 湘西北复杂构造区下寒武统页岩含气性及主控因素分析: 以慈页 1 井为例. 岩性油气藏, 30(5): 29-39.

孟强, 王晓锋, 王香增, 等, 2015. 页岩气解析过程中烷烃碳同位素组成变化及其地质意义: 以鄂尔多斯盆地伊陕斜坡东南部长 7 页岩为例. 天然气地球科学, 26(2): 333-340.

孟宪武, 田景春, 张翔, 等, 2014. 川西南井研地区筇竹寺组页岩气特征. 矿物岩石, 34(2): 96-105.

苗凤彬, 彭中勤, 汪宗欣, 等, 2020. 雪峰隆起西缘下寒武统牛蹄塘组页岩裂缝发育特征及主控因素. 地质科技通报, 39(2): 31-42.

苗凤彬, 彭中勤, 王传尚, 等, 2019. 雪峰隆起西缘湘张地 1 井牛蹄塘组页岩含气性特征及控制因素. 地球科学, 44(11): 3662-3677.

聂百胜, 段三明, 1998. 煤吸附瓦斯的本质. 太原理工大学学报, 29(4): 417-421.

聂海宽, 包书景, 高波, 等, 2012. 四川盆地及其周缘下古生界页岩气保存条件研究. 地学前缘, 19(3): 280-294.

聂海宽, 张金川, 李玉喜, 2011. 四川盆地及其周缘下寒武统页岩气聚集条件. 石油学报, 32(6): 959-967.

聂海宽, 金之钧, 边瑞康, 等, 2016. 四川盆地及其周缘上奥陶统五峰组—下志留统龙马溪组页岩气

"源-盖控藏"富集. 石油学报, 37(5): 557-571.

彭女佳, 何生, 郝芳, 等, 2017. 川东南彭水地区五峰组—龙马溪组页岩孔隙结构及差异性. 地球科学, 42(7): 1134-1146.

彭善池, 2009. 华南新的寒武纪生物地层序列和年代地层系统. 科学通报, 54(18): 2691-2698.

彭中勤, 田巍, 苗凤彬, 等, 2019. 雪峰古隆起边缘下寒武统牛蹄塘组页岩气成藏地质特征及有利区预测. 地球科学, 44(10): 3512-3528.

蒲泊伶, 董大忠, 牛嘉玉, 等, 2014. 页岩气储层研究新进展. 地质科技情报, 33(2): 98-104.

丘元禧, 张渝昌, 马文璞, 1998. 雪峰山陆内造山带的构造特征与演化. 高校地质学报, 4(4): 432-433.

邱小松, 杨波, 胡明毅, 2013. 中扬子地区五峰组—龙马溪组页岩气储层及含气性特征. 天然气地球科学, 24(6): 1274-1283.

邱振, 谈昕, 卢斌, 等, 2018. 四川盆地巫溪地区五峰组—龙马溪组硅质岩地球化学特征. 矿物岩石地球化学通报, 37(5): 880-887.

饶家荣, 肖海云, 刘耀荣, 等, 2012. 扬子、华夏古板块会聚带在湖南的位置. 地球物理学报, 55(2): 484-502.

任纪舜, 姜春发, 张正坤, 等, 1980. 中国大地构造及其演化. 北京: 科学出版社.

单秀琴, 张宝民, 张静, 等, 2015. 古流体恢复及在储集层形成机理研究中的应用: 以塔里木盆地奥陶系为例. 石油勘探与开发, 42(3): 274-282.

单长安, 张廷山, 郭军杰, 等, 2015. 中扬子北部上震旦统陡山沱组地质特征及页岩气资源潜力分析. 中国地质, 42(6): 1944-1958.

沈传波, 梅廉夫, 刘昭茜, 等, 2009. 黄陵隆起中—新生代隆升作用的裂变径迹证据. 矿物岩石, 29(2): 54-60.

宋小庆, 江明, 彭钦, 等, 2019. 贵州主要岩石地层热物性参数特征及影响因素分析. 地质学报, 93(8): 2092-2103.

宋岩, 张新民, 柳少波, 等, 2012. 中国煤层气地质与开发基础理论. 北京: 科学出版社.

汤济广, 李豫, 汪凯明, 等, 2015. 四川盆地东南地区龙马溪组页岩气有效保存区综合评价. 天然气工业, 35(5): 15-23.

唐颖, 李乐忠, 蒋时馨, 2014. 页岩储层含气量测井解释方法及其应用研究. 天然气工业, 34(12): 46-54.

陶树, 汤达祯, 许浩, 等, 2009. 中、上扬子区寒武—志留系高过成熟烃源岩热演化史分析. 自然科学进展, 19(10): 1126-1133.

田华, 张水昌, 柳少波, 等, 2016. 富有机质页岩成分与孔隙结构对吸附气赋存的控制作用. 天然气地球科学, 27(3): 494-502.

田守嶒, 王天宇, 李根生, 等, 2017. 页岩不同类型干酪根内甲烷吸附行为的分子模拟. 天然气工业, 37(12): 18-25.

汪建国, 陈代钊, 严德天, 等, 2011. 湘西地区前寒武纪—寒武纪转折期碳酸盐-硅泥质沉积体系的截然转换: 地层-沉积样式, 形成机理及意义. 地质科学, 46(1): 27-41.

汪啸风, 曾庆銮, 周天梅, 等, 1983. 中国三峡东部地区奥陶系与志留系界线的生物地层. 中国科学(B辑)(12): 1123-1132.

王超翔, 边效曾, 1948. 湖南资水东坪峡筑壩区之地质. 地质论评, Z3: 317-324.

王传尚, 曾雄伟, 李旭兵, 等, 2013. 雪峰山西侧地区寒武系地层划分与对比. 中国地质, 40(2): 439-448.

王大锐, 杨家建, 1991. 有机物中氢同位素分析及在石油勘探中的应用. 石油勘探与开发(1): 31-37.

王飞宇, 关晶, 冯伟平, 等, 2013. 过成熟海相页岩孔隙度演化特征和游离气量. 石油勘探与开发, 40(6): 764-768.

王飞宇, 贺志勇, 孟晓辉, 等, 2011. 页岩气赋存形式和初始原地气量(OGIP)预测技术. 天然气地球科学, 22(3): 501-510.

王红岩, 刘玉章, 董大忠, 等, 2013. 中国南方海相页岩气高效开发的科学问题. 石油勘探与开发, 40(5): 574-579.

王军, 褚杨, 林伟, 等, 2010. 黄陵背斜的构造几何形态及其成因探讨. 地质科学, 45(3): 615-625.

王茂桢, 柳少波, 任拥军, 等, 2015. 页岩气储层粘土矿物孔隙特征及其甲烷吸附作用. 地质论评, 61(1): 207-216.

王朋飞, 姜振学, 韩波, 等, 2018. 中国南方下寒武统牛蹄塘组页岩气高效勘探开发储层地质参数. 石油学报, 39(2): 152-162.

王平, 刘少峰, 王凯, 等, 2012. 鄂西弧形构造变形特征及成因机制. 地质科学, 47(1): 22-36.

王濡岳, 丁文龙, 龚大建, 等, 2016. 黔北地区海相页岩气保存条件: 以贵州岑巩区块下寒武统牛蹄塘组为例. 石油与天然气地质, 37(1): 45-55.

王淑芳, 张子亚, 董大忠, 等, 2016. 四川盆地下寒武统筇竹寺组页岩孔隙特征及物性变差机制探讨. 天然气地球科学, 27(9): 1619-1628.

王淑芳, 邹才能, 董大忠, 等, 2014. 四川盆地富有机质页岩硅质生物成因及对页岩气开发的意义. 北京大学学报(自然科学版), 50(3): 476-486.

王衍琦, 张绍平, 应凤祥, 1996. 阴极发光显微镜在储层研究中的应用. 北京: 石油工业出版社.

王玉满, 黄金亮, 王淑芳, 等, 2016a. 四川盆地长宁、焦石坝志留系龙马溪组页岩气刻度区精细解剖. 天然气地球科学, 27(3): 423-432.

王玉满, 董大忠, 李新景, 等, 2015. 四川盆地及其周缘下志留统龙马溪组层序与沉积特征. 天然气工业, 35(3): 12-21.

王玉满, 董大忠, 黄金亮, 等, 2016b. 四川盆地及周边上奥陶统五峰组观音桥段岩相特征及对页岩气选区意义. 石油勘探与开发, 43(1): 42-50.

王玉满, 李新景, 陈波, 等, 2018. 海相页岩有机质炭化的热成熟度下限及勘探风险. 石油勘探与开发, 45(3): 385-395.

魏帅超, 陈启飞, 付勇, 等, 2018. 湘黔地区埃迪卡拉纪—寒武纪之交硅质岩的成因探讨: 来自稀土元素和 Ge/Si 比值的证据. 北京大学学报(自然科学版), 54(5): 1010-1020.

魏祥峰, 李宇平, 魏志红, 等, 2017. 保存条件对四川盆地及周缘海相页岩气富集高产的影响机制. 石油实验地质, 39(2): 147-153.

魏志红, 2015. 四川盆地及其周缘五峰组—龙马溪组页岩气的晚期逸散. 石油与天然气地质, 36(4): 659-665.

吴伟, 房忱琛, 董大忠, 等, 2015. 页岩气地球化学异常与气源识别. 石油学报, 36(11): 1332-1340.

武汉地质调查中心, 2013. 雪峰山西侧地区黔江走廊大剖面油气地质调查及地层研究.

武汉地质调查中心, 2014. 中南地区非常规油气形成地质背景与富集条件综合研究.

席斌斌, 腾格尔, 俞凌杰, 等, 2016. 川东南页岩气储层脉体中包裹体古压力特征及其地质意义. 石油实验地质, 38(4): 473-479.

解习农, 郝芳, 陆永潮, 等, 2017. 南方复杂地区页岩气差异富集机理及其关键技术. 地球科学, 42(7): 1045-1056.

熊永强, 张海祖, 耿安松, 2004. 热演化过程中干酪根碳同位素组成的变化. 石油实验地质, 26(5): 484-487.

徐方建, 李安春, 徐兆凯, 等, 2009. 东海内陆架沉积物稀土元素地球化学特征及物源意义. 中国稀土学报, 27(4): 574-582.

徐姝慧, 何生, 朱钢添, 等, 2018. 鄂西渝东下古生界海相页岩饱和烃组成特征及其指示意义. 石油与天然气地质, 39(2): 217-228.

徐政语, 林舸, 2001. 中扬子地区显生宙构造演化及其对油气系统的影响. 大地构造与成矿学, 25(1): 1-8.

颜丹平, 邱亮, 陈峰, 等, 2018. 华南地块雪峰山中生代板内造山带构造样式及其形成机制. 地学前缘, 25(1): 1-13.

杨瑞东, 毛家仁, 张位华, 等, 2004. 贵州早寒武世早期黑色页岩中生物化石保存及生态学研究. 沉积学报, 22(4): 664-671.

杨绍祥, 1998. 湘西花垣—张家界逆冲断裂带地质特征及其控矿意义. 湖南地质, 17(2): 96-100.

杨兴莲, 朱茂炎, 赵元龙, 等, 2005. 贵州寒武纪海绵动物化石组合特征. 微体古生物学报, 22(3): 295-303.

余川, 曾春林, 周洹, 等, 2018. 大巴山冲断带下寒武统页岩气构造保存单元划分及分区评价. 天然气地球科学, 29(6): 853-865.

余如洋, 黄少鹏, 张炯, 等, 2020. 二连盆地白音查干凹陷和乌里雅斯太凹陷岩石热导率测试与分析. 岩石学报, 36(2): 621-634.

余武, 沈传波, 杨超群, 2017. 秭归盆地中新生代构造-热演化的裂变径迹约束. 地学前缘, 24(3): 116-126.

袁玉松, 朱传庆, 胡圣标, 2007. 江汉盆地热流史、沉积构造演化与热事件. 地球物理学进展, 22(3): 934-939.

曾溅辉, 吴琼, 杨海军, 等, 2008. 塔里木盆地塔中地区地层水化学特征及其石油地质意义. 石油与天然气地质, 29(2): 223-229.

曾维特, 丁文龙, 张金川, 等, 2016. 渝东南—黔北地区下寒武统牛蹄塘组页岩裂缝有效性研究. 地学前缘, 23(1): 96-106.

曾义金, 陈作, 卞晓冰, 2016. 川东南深层页岩气分段压裂技术的突破与认识. 天然气工业, 36(1): 61-67.

翟刚毅, 包书景, 王玉芳, 等, 2017a. 古隆起边缘成藏模式与湖北宜昌页岩气重大发现. 地球学报, 38(4): 441-447.

翟刚毅, 王玉芳, 包书景, 等, 2017b. 我国南方海相页岩气富集高产主控因素及前景预测. 地球科学,

42(7): 1057-1068.

张成林, 张鉴, 李武广, 等, 2019. 渝西大足区块五峰组—龙马溪组深层页岩储层特征与勘探前景. 天然气地球科学, 30(12): 1794-1804.

张建坤, 何生, 颜新林, 等, 2017. 页岩纳米级孔隙结构特征及热成熟演化. 中国石油大学学报(自然科学版), 41(1): 11-24.

张金川, 金之钧, 袁明生, 2004. 页岩气成藏机理和分布. 天然气工业, 24(7): 15-18.

张君峰, 许浩, 周志, 等, 2019. 鄂西宜昌地区页岩气成藏地质特征. 石油学报, 40(8): 887-899.

张磊, 2014. 华南峡东及浙西早寒武世(黔东世)生物群及其与古环境协同演化研究. 武汉: 中国地质大学(武汉).

张琳婷, 郭建华, 焦鹏, 等, 2014. 湘西北下寒武统牛蹄塘组页岩气藏形成条件与资源潜力. 中南大学学报(自然科学版), 45(4): 1163-1173.

张敏, 黄光辉, 胡国艺, 等, 2008. 原油裂解气和干酪根裂解气的地球化学研究(I): 模拟实验和产物分析. 中国科学: 地球科学, 38(S2): 1-8.

张茜, 王剑, 余谦, 等, 2018. 扬子地台西缘盐源盆地下志留统龙马溪组黑色页岩硅质成因及沉积环境. 地质论评, 64(3): 610-622.

张文荣, 熊洁明, 文可东, 1992. 中扬子地区南、北对冲式逆掩推覆构造形成演化机制与成油气地质条件. 石油勘探与开发, 19(2): 1-9.

张文堂, 李积金, 钱义元, 等, 1957. 湖北峡东寒武纪及奥陶纪地层. 科学通报(5): 145-146.

张晓明, 石万忠, 徐清海, 等, 2015. 四川盆地焦石坝地区页岩气储层特征及控制因素. 石油学报, 36(8): 926-939, 953.

张亚冠, 杜远生, 徐亚军, 等, 2015. 湘中震旦纪—寒武纪之交硅质岩地球化学特征及成因环境研究. 地质论评, 61(3): 499-510.

张岩, 漆富成, 陈文, 等, 2017. 扬子板块北缘早—中志留世硅质岩成因及古沉积环境的地球化学研究. 地质学报, 91(10): 2322-2350.

赵家成, 魏宝华, 肖尚斌, 2009. 湖北宜昌地区大气降水中的稳定同位素特征. 热带地理, 29(6): 526-531.

赵建华, 金之钧, 金振奎, 等, 2016. 四川盆地五峰组—龙马溪组页岩岩相类型与沉积环境. 石油学报, 37(5): 572-586.

赵文智, 王兆云, 张水昌, 等, 2006. 油裂解生气是海相气源灶高效成气的重要途径. 科学通报, 51(5): 589-595.

赵文智, 李建忠, 杨涛, 等, 2016. 中国南方海相页岩气成藏差异性比较与意义. 石油勘探与开发, 43(4): 499-510.

赵小明, 童金南, 姚华舟, 等, 2010. 三峡地区印支运动的沉积响应. 古地理学报, 12(2): 177-184.

赵彦彦, 李三忠, 李达, 等, 2019. 碳酸盐(岩)的稀土元素特征及其古环境指示意义. 大地构造与成矿学, 43(1): 141-167.

赵宗举, 朱琰, 邓红婴, 等, 2003. 中国南方古隆起对中、古生界原生油气藏的控制作用. 石油实验地质, 25(1): 10-17.

郑昊林, 杨兴莲, 赵元龙, 等, 2014. 贵州金沙寒武系牛蹄塘组古盘虫类三叶虫的地层意义. 贵州大学学报(自然科学版), 31(1): 32-37.

中国地层典编委会, 2000. 中国地层典: 泥盆系. 北京: 地质出版社: 1-118.

钟太贤, 2012. 中国南方海相页岩孔隙结构特征. 天然气工业, 32(9): 1-4.

周家喜, 黄智龙, 周国富, 等, 2012. 黔西北天桥铅锌矿床热液方解石 C、O 同位素和 REE 地球化学. 大地构造与成矿学, 36(1): 93-101.

周庆华, 宋宁, 王成章, 等, 2015. 湖南常德地区牛蹄塘组页岩特征及含气性. 天然气地球科学, 26(2): 301-311.

周文, 徐浩, 余谦, 等, 2016. 四川盆地及其周缘五峰组—龙马溪组与筇竹寺组页岩含气性差异及成因. 岩性油气藏, 28(5): 18-25.

周云, 段其发, 曹亮, 等, 2018. 湘西花垣地区铅锌矿床流体包裹体显微测温与特征元素测定. 地球科学, 43(7): 2465-2483.

朱茂炎, 杨爱华, 袁金良, 等, 2019. 中国寒武纪综合地层和时间框架. 中国科学: 地球科学, 49(1): 26-65.

邹才能, 董大忠, 王社教, 等, 2010. 中国页岩气形成机理、地质特征及资源潜力. 石油勘探与开发, 37(6): 641-653.

左文超, 2000. 论印支运动在湖北境内表现特点: 兼论省内盖层褶皱形成主要时期. 湖北地矿, 14(3-4): 16-22.

BEHAR F, KRESSMANN S, RUDKIEWICZ J L, et al., 1992. Experimental simulation in a confined system and kinetic modelling of kerogen and oil cracking. Organic Geochemistry, 19(1-3): 173-189.

BERNARD B B, 1978. Light hydrocarbons in marine sediments. Texas: Texas A&M University.

BOSTRÖM K, KRAEMER T, GARTNER S, 1973. Provenance and accumulation rates of opaline silica, Al, Ti, Fe, Mn, Cu, Ni and Co in Pacific pelagic sediments. Chemical Geology, 11(2): 123-148.

BURRUSS R C, LAUGHREY C D, 2010. Carbon and hydrogen isotopic reversals in deep basin gas: Evidence for limits to the stability of hydrocarbons. Organic Geochemistry, 41(12): 1285-1296.

CHALMERS G R L, BUSTIN R M, 2012. Geological evaluation of Halfway-Doig-Montney hybrid gas shale-tight gas reservoir, northeastern British Columbia. Marine & Petroleum Geology, 38(1): 53-72.

COX R, LOWE D R, CULLERS R L, 1995. The influence of sediment recycling and basement composition on evolution of mudrock chemistry in the southwestern United States. Geochimica et Cosmochimica Acta, 59(14): 2919-2940.

CULLERS R L, PODKOVYROV V N, 2002. Geochemistry of the Mesoproterozoic Lakhanda shales in southeastern Yakutia, Russia: Implications for mineralogical and provenance control, and recycling. Precambrian Research, 104(1-2): 77-93.

CULVER E L, MAKUCH M, VERMEULEN E, et al., 2010. Geochemical constraints on the origin and volume of gas in the New Albany Shale (Devonian-Mississippian), eastern Illinois Basin. Bookbird World of Childrens Books, 94(11): 32-34.

DUAN Z H, MØUER N, WEARE J H, 1992. An equation of state for the $CH_4$-$CO_2$-$H_2O$ system: II. Mixtures from 50 to 1 000 ℃ and 0 to 1 000 bar. Geochimica et Cosmochimica Acta, 56(7): 2619-2631.

FATHI E, AKKUTLU I Y, 2009. Matrix heterogeneity effects on gas transport and adsorption in coalbed and shale gas reservoirs. Transport in Porous Media, 80(2): 281-304.

FISHER J B, BOLES J R, 1990. Water-rock interaction in Tertiary sandstones, San Joaquin Basin, California, USA; diagenetic controls on water composition. Chemical Geology, 82(1-2): 83-101.

FUEX A N, 1977. The use of stable carbon isotopes in hydrocarbon exploration. Journal of Geochemical Exploration, 7(77): 155-188.

GALE J F W, HOLDER J, 2008. Natural fractures in the barnett shale: Constraints on spatial organization and tensile strength with implications for hydraulic fracture treatment in shale-gas reservoirs//The 42nd U. S. Rock Mechanics-2nd U.S.-Canada Rock Mechanics Symposium. San Francisco: American Rock Mechanics Association.

GAO J, ZHANG J K, HE S, et al., 2019. Overpressure generation and evolution in lower paleozoic gas shales of the Jiaoshiba region, China: Implications for shale gas accumulation. Marine & Petroleum Geology, 102: 844-859.

GARVEN G, 1985. The role of regional fluid flow in the genesis of the pine point deposit, western Canada sedimentary basin. Economic Geology, 80(2): 307-324.

HAO F, ZOU H, 2013. Cause of shale gas geochemical anomalies and mechanisms for gas enrichment and depletion in high-maturity shales. Marine & Petroleum Geology, 44(3): 1-12.

HARPALANI S, CHEN G, 1997. Influence of gas production induced volumetric strain on permeability of coal. Geotechnical & Geological Engineering, 15(4): 303-325.

HARRIS E B, STRÖMBERG C A E, SHELDON N D, et al., 2017. Vegetation response during the lead-up to the middle Miocene warming event in the Northern Rocky Mountains, USA. Palaeogeography, Palaeoclimatology, Palaeoecology, 485: 401-415.

HATCH J R, LEVENTHAL J S, 1992. Relationship between inferred redox potential of the depositional environment and geochemistry of the Upper Pennsylvanian (Missourian) Stark Shale Member of the Dennis Limestone, Wabaunsee County, Kansas, U.S.A. Chemical Geology, 99(1-3): 65-82.

HILL D G, NELSON C R, 2000. Gas productive fractured shales: An overview and update. Gas Tips, 6(2): 4-13.

HILL R J, ZHANG E, KATZ B J, et al., 2007. Modeling of gas generation from the Barnett shale, Fort Worth Basin, Texas. AAPG Bulletin, 91(4): 501-521.

HU D, ZHANG H, NI K, et al., 2014. Preservation conditions for marine shale gas at the southeaster nmargin of the Sichuan Basin and their controlling factors. Natural Gas Industry B, 1(2): 178-184.

ISHIKAWA T, UENO Y, KOMIYA T, et al., 2008. Carbon isotope chemostratigraphy of a Precambrian/Cambrian boundary section in the Three Gorge area, South China: Prominent global-scale isotope excursions just before the Cambrian Explosion. Gondwana Research, 14(1-2): 193-208.

JACOBSEN S B, KAUFMAN A J, 1999. The Sr, C and O isotopic evolution of Neoproterozoic seawater. Chemical Geology, 161(1-3): 37-57.

JARVIE D M, HILL R J, RUBLE T E, et al., 2007. Unconventional shale-gas systems: The Mississippian barnet shale of North-Central Texas as one model for thermogenic shale-gas assessment. AAPG Bulletin, 91(4): 475-499.

JAVADPOUR F, 2009. Nanopores and apparent permeability of gas flow i nmudrocks (shales and siltstone). Journal of Canadian Petroleum Technology, 48(8): 16-21.

JENKINS C, OUENES A, ZELLOU A, et al., 2009. Quantifying and predicting naturally fractured reservoir behavior with continuous fracture models. AAPG Bulletin, 93(11): 1597-1608.

KIRK M F, MARTINI A M, BREECKER D O, et al., 2012. Impact of commercial natural gas production on geochemistry and microbiology in a shale-gas reservoir. Chemical Geology, 332-333: 15-25.

KROUSE H R, VIAU C A, ELIUK L S, et al., 1988. Chemical and isotopic evidence of thermochemical sulphate reduction by light hydrocarbon gases in deep carbonate reservoirs. Nature, 333(6172): 415-419.

LEWAN M D, 1997. Experiments on the role of water in petroleum formation. Geochimica et Cosmochimica Acta, 61(17): 3691-3723.

LIU A, OU W J, HUANG H L, et al., 2018. Significance of paleo-fluid in the ordoviciane silurian detachment zone to the preservation of shale gas in western Hunan-Hubei area. Natural Gas Industry B, 5(6): 565-574.

LIU Y, ZHANG J C, REN J, et al., 2016. Stable isotope geochemistry of the nitrogen-rich gas from lower cambrian shale in the Yangtze Gorges area, South China. Marine & Petroleum Geology, 77: 693-7032.

LOU Z H, ZHU R, JIN A M, et al., 2004. Evolution of hydrodynamic field, oil-gas migration and accumulation in Songliao Basin, China. Chinese Journal of Oceanology and Limnology, 22(2): 105-123.

LOUCKS R G, REED R M, RUPPEL S C, et al., 2012. Spectrum of pore types and networks i nmudrocks and a descriptive classification for matrix-related mudrock pores. AAPG Bulletin, 96(6): 1071-1098.

LU W J, CHOU I M, BURRUSS R C, et al., 2007. A unified equation for calculating methane vapor pressures in the $CH_4$-$H_2O$ system with measured raman shifts. Geochimica Cosmochimaica Acta, 71(16): 3969-3978.

LUPTON J E, 1983. Terrestrial inert gases: Isotope tracer studies and clues to primordial components in the mantle. Annual Review of Earth & Planetary Sciences, 11(1): 371-414.

MA Y, ZHONG N, LI D, et al., 2015 Organic matter/clay mineral intergranular pores in the lower cambrian Lujiaping shale in the north-eastern part of the upper Yangtze area, China: A possible microscopic mechanism for gas preservation. International Journal of Coal Geology, 137: 38-54.

MACHEL H G, KROUSE H R, SASSEN R, 1995. Products and distinguishing criteria of bacterial and thermochemical sulfate reduction. Applied Geochemistry, 10(4): 373-389.

MAGOON L B, DOW W G, 1991. The petroleum system from source to trap. Tulsa: AAPG Memoir, 60: 261-328.

MAMYRIN B A, ANUFRIEV G S, KAMENSKII I L, et al., 1970. Determination of the isotopic composition of atmospheric helium. Geochemistry International, 7: 498-505.

NELSON, 1985. Geologic analysis of naturally fractured reservoirs. Houston: Gulf Publishing.

ORR W L, 1974. Changes in sulfur content and isotopic ratios of sulfur during petroleum maturation: Study of big Horn Basin paleozoic oils. AAPG Bulletin, 58(11): 2295-2318.

PARNELL J, HONGHAN C, MIDDLETON D, et al., 2000. Significance of fibrous mineral veins in hydrocarbo nmigration: Fluid Inclusion studies. Journal of Geochemical Exploration, 69-70: 623-627.

PRINZHOFER A, HUC A Y, 1995. Genetic and post-genetic molecular and isotopic fractionations in natural gases. Chemical Geology, 126(3-4): 281-290.

PRINZHOFER A, NETO E V D S, BATTANI A, 2010. Coupled use of carbon isotopes and noble gas isotopes in the Potiguar basin(Brazil): Fluids Migration and mantle influence. Marine & Petroleum Geology, 27(6): 1273-1284.

RICE D D, 1981. Generation, accumulation and resource potential of biogenic gas. AAPG Bulletin, 65(1): 5-25.

RIMMER S M, 2004. Geochemical paleoredox indicators in Devonian-Mississippian black shales, Central Appalachian Basin (USA). Chemical Geology, 206(3-4): 373-391.

RIVERS J M, JAMES N P, KYSER T K, 2008. Early diagenesis of carbonates on a coolwater carbonate shelf, Southern Australia. Journal of Sedimentary Research, 78(12): 784-802.

RODRIGUEZ N D, PHILP R P, 2010. Geochemical characterization of gases from the mississippian barnett shale, Fort Worth Basin, Texas. AAPG Bulletin, 94(11): 1641-1656.

ROONEY M A, CLAYPOOL G E, CHUNG H M, 1995. Modeling thermogenic gas generation using carbon isotope ratios of natural gas hydrocarbons. Chemical Geology, 126(3-4): 219-232.

ROSS D J K, BUSTIN R M, 2007. Shale gas potential of the lower jurassic gordondale member, northeastern British Columbia, Canada. Bulletin of Canadian Petroleum Geology, 55(1): 51-75.

ROSS D J K, BUSTIN R M, 2009. The importance of shale composition and pore structure upon gas storage potential of shale gas reservoirs. Marine & Petroleum Geology, 26(6): 916-927.

ROSS D J K, BUSTIN R M, 2012. Impact of mass balance calculations on adsorption capacities in microporous shale gas reservoirs. Fuel, 86(17-18): 2696-2706.

SCHIMMELMANN A, SESSIONS A L, BOREHAM C J, et al., 2004. D/H ratios in terrestrially sourced petroleum systems. Organic Geochemistry, 35(10): 1169-1195.

SCHLOEMER S, KROOSS B M, 2004. Molecular transport of methane, ethane and nitrogen and the influence of diffusion on the chemical and isotopic composition of natural gas accumulations. Geofluids, 4(1): 81-108.

SHAN X Q, ZHANG B M, ZHANG J, et al., 2015. Paleofluid restoration and its application in studies of reservoir forming: A case study of the ordovician in Tarim Basin, NW China. Petroleum Exploration and Development, 42(3): 301-310.

SHEN C B, MEI L F, PENG L, et al., 2012. LA-ICPMS U-Pb zircon age constraints on the provenance of cretaceous sediments in the Yichang area of the Jianghan Basin, central China. Cretacous Research, 34: 172-183.

STRAPOC D, SCHIMMELMANN A, MASTALERZ M, 2006. Carbon isotopic fractionation of $CH_4$ and $CO_2$ during canister desorption of coal. Organic Geochemistry, 37(2): 152-164.

TAYLOR, STUART R, SCOTT M M, 1985. The continental crust, its composition and evolution: An examination of the geochemical record preserved in sedimentary rocks. Oxford: Blackwell Scientific.

THOMMES M, KANEKO K, NEIMARK A V, et al., 2015. Physisorption of gases, with special reference to the evaluation of surface area and pore size distribution (IUPAC technical report). Pure and Applied Chemistry, 87(9-10): 1051-1069.

TRIBOVILLARD N, ALGEO T J, LYONS T, et al., 2006. Trace metals as paleoredox and paleoproductivity proxies: An update. Chemical Geology, 232(1-2): 12-32.

UNGERER P, 1990. State of the art of research in kinetic modelling of oil formation and expulsion. Organic Geochemistry, 16(1-3): 1-25.

VEIZER J, ALA D, AZMY K, et al., 1999. $^{87}Sr/^{86}Sr$, $\delta^{13}C$ and $\delta^{18}O$ evolution of phanerozoic seawater. Chemical Geology, 161(1-3): 59-88.

VERNHET E, HEUBECK C, ZHU M Y, et al., 2007. Stratigraphic reconstruction of the Ediacaran Yangtze Platform margin (Hunan Province, China)using a large olistolith. Palaeogeography Palaeoclimatology Palaeoecology, 254(1-2): 123-139.

WHITICAR M J, 1990. A geochemical perspective of natural gas and atmospheric methane. Organic Geochemistry, 16(1-3): 531-547.

WHITICAR M J, FABER E, SCHOELL M, 1986. Biogenic methane formation in marine and freshwater environments: $CO_2$ reduction vs. acetate fermentation: Isotope evidence. Geochimica et Cosmochimica Acta, 50(5): 693-709.

WILSON T P, LONG D T, 1993. Geochemistry and isotope chemistry of CaNaCl brines in Silurian strata, Michigan Basin, USA. Applied Geochemistry, 8(5): 507-524.

WORDEN R H, SMALLEY P C, 1996. $H_2S$-producing reactions in deep carbonate gas reservoirs: Khuff Formation, Abu Dhabi. Chemical Geology, 133(1-4): 157-171.

WU H Q, POLLARD D D, 1995. An experiment study of the relationship between joint spacing and layer thickness. Journal of Structure, 17(6): 887-905.

XIA X Y, TANG Y C, 2012. Isotope fractionation of methane during natural gas flow with coupled diffusion and adsorption/desorption. Geochimica et Cosmochimica Acta, 77(1): 489-503.

XIONG Y Q, ZHANG L, CHEN Y, et al., 2016. The origin and evolution of thermogenic gases in organic-rich marine shales. Journal of Petroleum Science and Engineering, 143: 8-13.

XU C H, ZHOU Z Y, CHANG Y, et al., 2010. Genesis of daba arcuate structural belt related to adjacent basement upheavals: Constraints from fission-track and (U-Th)/He thermochronology. Science China Earth Sciences, 53(11): 1634-1646.

XU Z Y, JIANG S, YAO G S, et al., 2019. Tectonic and depositional setting of the lower cambrian and lower siluria nmarine shales in the Yangtze Platform, South China: Implications for shale gas exploration and production. Journal of Asian Earth Sciences, 170: 1-19.

YANG R, HE S, HU Q H, et al., 2017. Geochemical characteristics and origin of natural gas from Wufeng-Longmaxi shales of the Fuling gas field, Sichuan Basin(China). International Journal of Coal Geology, 171: 1-11.

ZHANG K, SONG Y, JIANG S, et al., 2019a. Shale gas accumulation mechanism in a syncline setting based on multiplegeological factors: An example of southern Sichuan and the Xiuwu Basin in the Yangtze Region. Fuel, 241: 468-476.

ZHANG S, ZHU G, 2006. Gas accumulation characteristics and exploration potential of marine sediments in Sichuan Basin. Acta Petrolei Sinica, 27(5): 1-8.

ZHANG Y Y, HE Z L, JIANG S, et al., 2019b. Fracture types in the lower cambrian shale and their effect on shale gas accumulation, upper Yangtze. Marine & Petroleum Geology, 99: 282-291.

ZHAO X Z, PU X G, JIANG W Y, et al., 2019. An exploration breakthrough in paleozoic petroleum system of Huanghua depression in Dagang oilfield and its significance, North China. Petroleum Exploration and Development, 46(4): 651-663.

ZHOU L, SU J, HUANG J H, et al., 2011. A new paleoenvironmental index for anoxic events: Mo isotopes in black shales from upper Yangtze marine sediments. Science China Earth Science, 41(3): 309-319.

ZHU G, ZHANG S, LIANG Y, 2006. The characteristics of natural gas in Sichuan Basin and its sources. Earth Science Frontiers, 13(2): 234-248.

ZHU M Y, ZHANG J M, LI G X, et al., 2004. Evolution of C isotopes in the cambrian of China: Implications for cambrian subdivision and trilobite mass extinctions. Geobios, 37(2): 287-301.

ZHU Q B, YANG K G, CHENG W Q, 2011. Structural evolution of northern Jiangnan uplift: Evidence from ESR dating. Geoscience, 25(1): 31-38.

ZUMBERGE J, FERWORN K, BROWN S, 2012. Isotopic reversal ('rollover')in shale gases produced from the mississippian Barnett and Fayetteville formations. Marine & Petroleum Geology, 31(1): 43-52.